Learning Calculus from Phenomena

現象から微積分を学ぼう

垣田高夫・久保明達・田沼一実 [著]

日本評論社

はじめに

　本書は大学初年級の微積分入門書である．内容は少し趣きを変えて，身近な現象を選びつつ，その単純化したモデルの説明に必要な数学を導入し，微積分の学習をすることを目標にする．

　第1章，第2章では，「日の出の瞬間の富士山の尾根を這う雲の流れ」を現象にとり，**微分法**を解説する．第3章では，ある現代美術作家の作品「集積体」に動機を得て**積分法**を説明する．第4章では，地形図・天気図を見ながら**偏微分法**へと進む．第5章では「図形の重心や立体の重心はどのように求めるのか」を問題提起として**多重積分法** (2重積分，3重積分) を解説し，**ポテンシャルエネルギー**を応用例に「富士山を (仮想的に) つくる仕事量」を計算する．

　こうして各章から，読者が高校の微積分に対し，新しい基礎づけ (特に第1章) と同時に，日常生活をとりまく「現象」を含めた内容を数学に折り込む方法をも学びつつ，「現代数学の初歩」を理解されることが著者らの願いである．そのために内容の厳密性にとらわれ過ぎず，繰り返し読み進み，興味を感得しながら取り組んでいただきたい．

　最後に，現代美術作家 木村林吉氏から貴重な資料の提供・作品写真の掲載のご快諾，NEXCO (西日本高速道路 (株) 東京支社) からは，高速道路標識データ送付と，質問へのご回答，JAXA (宇宙航空研究開発機構) から人工衛星についての詳しい資料・データの送付と質問へのご回答など，執筆に際して多方面からのご協力をいただくことができた．また，日本評論社の筧裕子氏には資料収集や読者の立場に立ってのコメントなど面倒な仕事を快く引き受けていただいた．

以上の労をお取り下さったすべての方々に，著者らは深く感謝をいたします．

2011 年 5 月
著者一同

本書の読み方

「現象からの微積分」として全体の流れをつかむことを第 1 の目標として読み進む．分からない証明などに出会ったら，いったんマークをしておいて証明はスキップし，**定義と定理の意味**を自分流に納得し，先へ進むのも一法であろう．その際，あとに続く「例」は必ず消化していただきたい．「例」や「問」は，理論を理解する助けになる．物理の講義などでは早々と偏微分法が使われるから，第 2 章から第 4 章にとぶ方法もあろう．いずれにしろ各自のレベルや都合に合わせて，読み方を選択・工夫することは可能である．例えば**収束の概念**には第 1 章の後半から第 2 章，第 3 章へと何回もイプシロン-デルタ (ε-δ) 論法が用いられるが，これはあいまいさを排したナイーブな定義の論理形式なので，各自の数学力向上のために "もの" にしていただきたい．11 ページの定義 1.2 と図 1.7 を見比べながら，例 1.2，問 1.2 を通過すれば証明の方法と意味はつかまえられよう．

♣ 印は初学者がいったん読みとばして先に進んでもよい箇所として，参考までにつけたものである．

♣' 印は読みとばすと次の定理の意味がつかめなかったり，図を描けばあたり前にも思える内容であったり，式変形は多少面倒であってもざっと読んだ方がよいと思われるような箇所につけた．

なお，本書では等号つき不等号 ≧(≦) を ≥(≤) と表すことにした．

目　次

はじめに i

第1章　極限・連続　　1
1.1　富士山のモデル 1
1.2　数列と関数のつながり 10
1.3　実数の連続性・数の集合の上限・下限 (曲線の長さ) 29
1.4　連続関数の基本的性質 37

第2章　微分法　　46
2.1　稜線に接線を引く 46
2.2　微分法の公式 56
2.3　三角関数と逆三角関数 65
2.4　指数関数・対数関数 75
2.5　微分方程式 (常微分方程式) 87
2.6　導関数のはたらき (増加と減少) 95
2.7　富士山の稜線の凹・凸 (凹関数・凸関数) 107
2.8　テーラー級数 (テーラー展開) 114
2.9　2段式ロケットの人工衛星 (極大・極小 I) 124
2.10　フェルマーの原理 (極大・極小 II) 131
2.11　曲線の曲がり度 (曲線の凹凸の度合い) 138

第3章　積分法　　146
3.1　集積体から定積分へ 146
3.2　定積分の定義 151
3.3　定積分の諸性質 160
3.4　曲線の長さ (続き) 174
3.5　定積分・不定積分の計算 179
3.6　広義積分 194
3.7　広義積分と現象 (続 曲線の曲がり度) 202

3.8	血液の流れ	206

第4章 偏微分法 216

4.1	曲面の上を歩く (2 変数関数の連続性，偏微分係数と偏導関数)	216
4.2	曲面上の路の傾き (合成関数の偏微分法)	225
4.3	山のけわしい路，ゆるやかな路 (方向微分)	229
4.4	接平面，微分	234
4.5	熱力学事始め	241
4.6	流れの方向とポテンシャル	244
4.7	ベクトル場とポテンシャルの代表例	252
4.8	定規を使って曲線を描こう	257

第5章 重積分法 270

5.1	積分とは「細分して積む」	270
5.2	立体の体積 (2 重積分)	273
5.3	2 重積分の変数変換	287
5.4	立体の重さ (3 重積分)	297
5.5	粒子の系から連続体へ	305
5.6	ポテンシャルエネルギー	312

付録 321

A.1	ボルツァーノ–ワイヤストラスの定理 (定理 1.14) の証明	321
A.2	コーシーの判定法 (定理 3.18) の証明	322
A.3	定理 1.19 の証明	323
A.4	微分と積分の公式	324

問・演習問題の略解	326
参考文献	341
索引	343

第1章 極限・連続

(上) 日の出前の富士山, (下) 日の出の富士山.

§1.1　富士山のモデル

　日の出前の一瞬の富士 (写真 (上)) は静寂の中に独立峰としてその幾何学的美しさを写し出している．山頂はフラットとはいえないが，稜線は左右がほぼ対称的な印象を与えている．写真 (下) は，やがて中腹あたりからあら

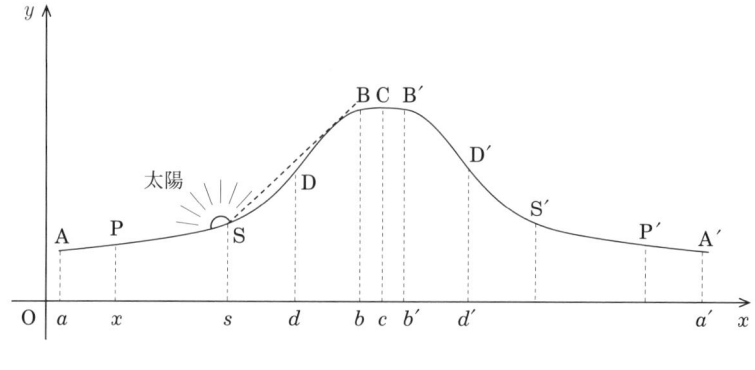

図 1.1

われる日の出が，しじまに光を投げかけて稜線をかけ昇り山頂を越え，上空に明暗の境界線を引く．そして右側稜線との間に「富士に立つ影」を形成した一瞬の光景であろうか．影の上端は山頂から真っすぐに稜線を延長したかのように天空に伸びている．

さて私たちはこれらの写真から，まず稜線は左右に「なめらか」な曲線を描いていると表現するだろう．この「なめらかな曲線」ということを直観的にではなく，数学的な説明をするとすればどのように表現するのか，あるいは富士山の影が頂上を離れたあと，どのように一定方向を保ちながら天空に向かってのびていくかなどを，数学の言葉で明確にしてみよう．こうした身近な話題から自然体で微積分の学習に入りたい．

そのために「富士山 (写真 (上)) の左右に分かれた稜線は，それぞれどこでも切れ目のない上り坂で山頂をはさんで互いに対称であり，山頂部分は水平である」という単純化された仮定をおく．すなわち，x-y 平面上にこのモデルを表すと，例えば図 1.1 のような富士山の図が得られる．

水平線を x 軸にとり，AA′, BB′ は x 軸に平行，BB′ の中点を C とする．仮定から左側の稜線 AB と右側の稜線 A′B′ は，C を通り y 軸に平行な直線に対称である．A, A′ はそれぞれ左右稜線の下端で，S は日の出の位置である (図 1.1 参照)．P は稜線 AB 上の動点とする．稜線は左右対称としたから左

側稜線 AB に注目しよう．AD 間は**へこみ型**，DB 間は**ふくらみ型**となっている．点 D を左側稜線の変曲点とよぼう．D に対応する D′ は右側稜線上の変曲点である．図において，大文字で示した稜線上の各点から x 軸に下ろした垂線の足の x 座標を，P は x，それ以外はそれぞれ対応する小文字とする．

一般にいま x 軸上の関数 $f(x)$ について考えよう．

1.1.1 極限・連続 I

定義 1.0 $f(x)$ をある実数の範囲 I で定義された関数とする．もし $x \in I$ が，実数 a に限りなく近づく，すなわち x と a の距離が限りなく **0** に近づくとき $f(x)$ とある実数 L との距離も限りなく **0** に近づくならば

$$\lim_{x \to a} f(x) = L \tag{1.1}$$

と表し，「$\boldsymbol{x}$ が $\boldsymbol{a}$ に近づくときの $\boldsymbol{f(x)}$ の極限値は $\boldsymbol{L}$ である」という．

例 1.1 範囲 I は 1 以外の実数全体とする．

$$f(x) = \frac{1-x^2}{1-x} \qquad (x \in I). \tag{1.2}$$

x が I において 1 に近づく場合の $f(x)$ の極限をとると

$$\lim_{x \to 1} f(x) = \lim_{x \to 1} (1+x) = 2.$$

注意 定義 1.0 では，a は範囲 I に含まれていてもいなくてもよい．実際上の例では

$$f(1) = \frac{0}{0}$$

となって $x=1$ では f は定義されない．しかし 1 は I には含まれないが，極限値は存在する．

$\lim_{x \to a}$ における「x が a に近づく」とは，x と a の距離が限りなく 0 に近づくという意味で「x を a にする ($x=a$ とする)」という意味ではないことに注意しよう．

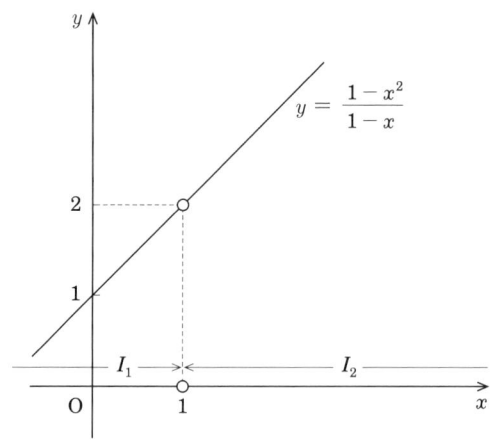

図 1.2

定義 1.0 において $a \in I$ かつ $L = f(a)$ ならば f は

$$x = a \text{ で連続である}$$

という．さらに I のすべての点で連続ならば，f は範囲 I で連続，あるいは I 上の**連続関数**とよぶ．

定義 1.0 の文中で，「x と a の距離 (または $f(x)$ と L の距離) が限りなく 0 に近づく」の部分は，定義 1.5 で論理的にはっきり表現しなおすことにしよう．

定義 1.1 x-y 平面上の曲線 C を考える．P_0 を C 上の定点，P を C 上の動点とする．

いま P が C に沿って P_0 に近づいて行くとき，直線 $P_0 P$ がある一定直線 l に近づくならば，l を点 P_0 における曲線 C の**接線**とよぶ．もちろん P は C 上，P_0 に関していずれの側からも P_0 に近づくものとする．

I を定義域とする関数 $f(x)$ について，x-y 平面上の点 $(x, f(x))$, $x \in I$ の全体

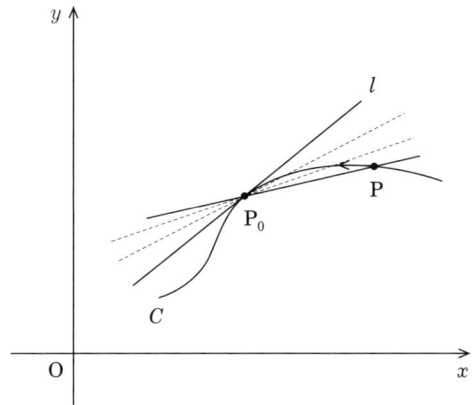

図 1.3

$$G(f) = \{(x, f(x)) | x \in I \}$$

を $y = f(x)$ の**グラフ**とよぶ．

図 1.1 の左稜線についての考察から始める．稜線上の動点 P の座標を (x,y) とする．x の変動に応じて y も変動する．いま x から y への対応を表す関数を F とする．したがって左側稜線は

$$G(F) = \{(x, y) | y = F(x);\ a \leq x \leq b \}$$

で表される．いま左側稜線上の一点を P_0 としよう．さて稜線に**切れ目がない**という仮定より，P が稜線上を P_0 の上方・下方のいずれから P_0 に近づいても P_0 に到達する (段差がない！)．一般に平面上で点 $P(x,y)$ が点 $P_0(x_0,y_0)$ に近づくとは

P と P_0 の距離 $\sqrt{(x-x_0)^2+(y-y_0)^2}$ が 0 に近づくこと

あるいは同じことであるが，次のように言える：

$$x \longrightarrow x_0 \quad \text{かつ} \quad y \longrightarrow y_0{}^{1)}.$$

さて稜線の場合，上方から P が P_0 に近づくときと下方から P_0 に近づくときの二通りがあるが，それぞれ次のように近づくことに相当する：

前者の場合は x は x_0 の右から（このとき $x \to x_0+0$ とかく）．

後者の場合は x は x_0 の左から（このとき $x \to x_0-0$ とかく）．

このとき次式が成り立つ：

$$\lim_{x \to x_0+0} F(x) = \lim_{x \to x_0-0} F(x) = F(x_0). \tag{1.3}$$

これが本来の表現 $\lim_{x \to x_0} F(x) = F(x_0)$ の意味するところである．x_0 は $[a,b]$ で任意にとれるから，$F(x)$ は $a \leq x \leq b$ 全体で連続である．一般に $f(x)$ について，x が x_0 に右から近づく場合の極限値を

$$\lim_{x \to x_0+0} f(x) = f(x_0+0) \quad \text{（右極限値）}$$

左から近づく場合の極限値を

$$\lim_{x \to x_0-0} f(x) = f(x_0-0) \quad \text{（左極限値）}$$

などと表す．$f(x)$ が $x=x_0$ で連続とは，$f(x_0)$, $f(x_0+0)$, $f(x_0-0)$ がすべて存在して同一の値になることである：$f(x_0) = f(x_0-0) = f(x_0+0)$．

稜線の場合，点 P が同一点 P_0 に上から下りるとき，下から上がるときに応じて，点 P_0 が切れ目になっていない仮定から，

$$F(x_0) = F(x_0-0) = F(x_0+0).$$

これが $F(x)$ の $x=x_0$ における連続性の式による表現であるが，これは関数の右極限値，左極限値の一つの例を表している（図1.4）．

---

[1] 問 4.1 (p.218) 参照．

1.1 富士山のモデル 7

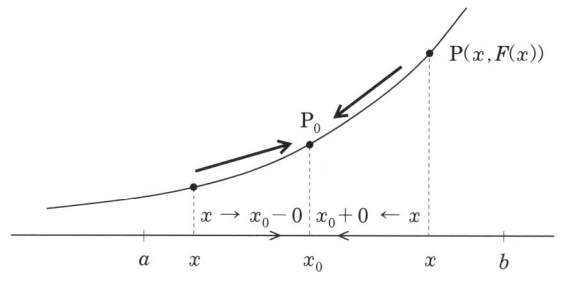

図 1.4

これから扱う関数の範囲 (定義域) は区間であることが多いので，まとめておく．

開区間　$(a,b) = \{x \mid a < x < b\}$

閉区間　$[a,b] = \{x \mid a \leq x \leq b\}$

半開区間 $[a,b) = \{x \mid a \leq x < b\}$

半開区間 $(a,b] = \{x \mid a < x \leq b\}$

また十分小さい数 $\varepsilon > 0$ (イプシロン) について

$$\text{開区間 } (c-\varepsilon, c+\varepsilon), \quad \text{閉区間 } [c-\varepsilon, c+\varepsilon]$$

をそれぞれ c の ε-開近傍，ε-閉近傍 (ε-近傍) などという[2]．

以上は有界区間であるが，無限区間としては

$$(a,\infty), \quad [a,\infty), \quad (-\infty,b), \quad (-\infty,b], \quad (-\infty,\infty)$$

などがある．例えば，

---

[2] 開区間 (a,b) のすべての点 x は，その十分小さな ε-近傍全体が (a,b) に入る集合なので**内点**とよぶ．閉区間 $[a,b]$ では端点 a,b は内点ではない．$[a,b]$ の内点全体が (a,b) なので，(a,b) を $[a,b]$ の**内部**ともいう (ε-近傍を単に近傍とよぶこともある)．

$(a,\infty)=\{x|x>a\}$, $(-\infty,b]=\{x|x\leq b\}$, $(-\infty,\infty)=\{x|-\infty<x<\infty\}$.
もちろん ∞ は数ではない. $(-\infty,b]$ は「**b 以下のすべての数**」, (a,∞) は「**a より大きいすべての数**」, $(-\infty,\infty)$ は「実数全体」の意味である.

定義 1.0 のあとの例 1.1 (p.3) で
$$I_1=(-\infty,1) \quad \text{および} \quad I_2=(1,\infty)$$
とするとき,
$$f_1(x)=x+1=f(x) \quad (x\in I_1), \quad f_2(x)=x+1=f(x) \quad (x\in I_2)$$
と定義すれば, f_1,f_2 はそれぞれ I_1,I_2 を定義域とする別々な連続関数である. あらためて
$$\tilde{f}(x)=x+1 \quad (x\neq 1), \quad \tilde{f}(1)=2$$
と定義すると, $\tilde{f}(x)$ は $f(x)$ を $(-\infty,\infty)$ に連続的に拡張した関数ということになる. あとで「富士山の右側稜線上方の影」の境界方向を考えるときには, 関数の「なめらかな拡張」を実際に扱う.

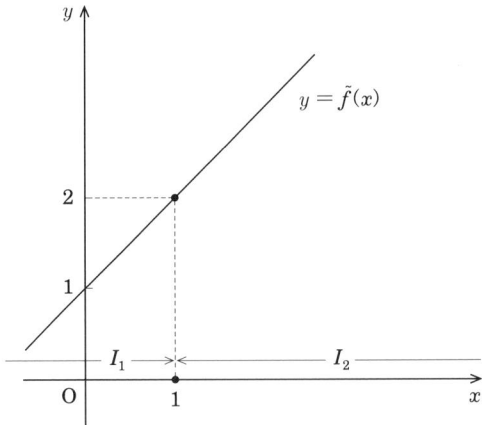

図 1.5

1.1.2 富士山モデルの関数式

さて連続関数 $F(x)$[3] を用いて富士山モデル全体の連続関数の式 $\overline{F}(x)$ を求めておこう．図 1.1 の左側稜線

$$y = F(x) \qquad (a \leq x < b)$$

に続く頂上部分 BB′ は

$$y = F(b) \qquad (b \leq x \leq b'),$$

右側稜線は仮定から直線 $x = c$ に関し左側稜線と対称であるから，グラフの式をあらためて

$$y = Q(x)$$

と定義すると，x の対称点は $2c - x$，したがって

$$Q(x) = F(2c - x), \qquad b' < x \leq a'.$$

ゆえに求める関数式は次式で与えられる．

$$\overline{F}(x) = \begin{cases} y = F(x), & x \in [a,b) \\ y = F(b), & x \in [b,b'] \\ y = F(2c-x), & x \in (b',a'] \end{cases}$$

これから先の「富士山モデル」の考察は左右対称の仮定に基づき，以下左側稜線に限定しておおよそ以下の順に進めよう．

1° 富士山モデルの稜線は**切れ目のない**(**連続**)，へこみ型からふくらみ型に変わる (図 1.6) 上り坂曲線で，

2° 稜線の各点では接線が引ける，

3° 2° の各接線の傾きは常に正で，へこみ型部分 AD では増加，ふくらみ型部分 DB では減少する，

---

[3] これを左稜線関数とよぶことがある．

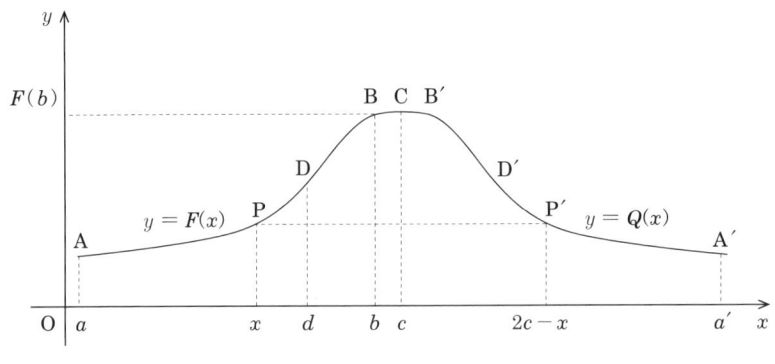

図 1.6

4° 接線の傾きは連続的に変化する (P は横座標 x の動点).
5° 頂上近くの接線の傾きと日の出による明暗の境界との関係を考察する.

§1.2 数列と関数のつながり

今後第 2 章にかけての目標は, 富士山モデルにおいて少し系統的に数学的知識を準備しながら「へこみ」「ふくらみ」「接線」「増加」「減少」などの言葉を厳密に考えていくことである. まず数列から始めよう.

関数とは, まず定義域が与えられていてその中の各数に, **一定の対応のさせ方**により, 値域とよばれる範囲の数値が対応する, この**対応のさせ方**そのもののことである. 一方**数列**は, $a_1, a_2, \cdots, a_n, \cdots$ などのように番号づけられた数の集まり $\{a_n\}$ であるが, **数列は特別な関数**とみることもできる.

自然数全体 $\{1, 2, \cdots, n, \cdots\}$ を定義域として, 実数への対応 f があり, 各 n は f によって別な範囲の実数に対応づけられていると考えて

$$f(1)=a_1, \quad f(2)=a_2, \quad \cdots, \quad f(n)=a_n, \quad \cdots$$

と表したとすると, 数列 $\{a_1, a_2, \cdots, a_n, \cdots\}$ が得られる. こう考えれば数列もまた関数の一種とみなすこともできる. しかしこれは単なる形式上の関数

と数列の関わりと言うことである．数列の話を進めよう．まず数列の収束の定義を述べる (定義 1.5 (p.22) 参照．ε-δ 方式の数列版).

定義 1.2 $\{a_n\}$ が α に収束する ($\lim_{n\to\infty} a_n = \alpha$) とは，正数 ε を任意に与えたとき，ある番号 N を選ぶと N 以上のすべての n について $\{a_n\}_{n\geq N}$ が α の ε-近傍に含まれてしまうこと，すなわち

$$N \leq n \implies |a_n - \alpha| < \varepsilon$$

が成り立つような N を選びうることである．

α を a_n の極限値といい，$a_n \to \alpha$ $(n\to\infty)$ とも略記する．

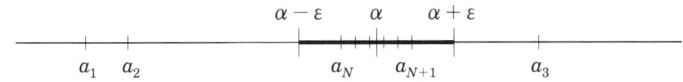

図 1.7 ある番号 N 以上の $a_N, a_{N+1}, \cdots, a_n, \cdots$ が α の ε-近傍の中に集中する．

例 1.2 数列 $\{a_n\}$ において $a_n = \dfrac{1}{1+n^2}$ $(n=1,2,\cdots)$ であるとき，$\{a_n\}$ は 0 に収束する．$\varepsilon = 0.001$ と与えたとき $|a_n - 0| < \varepsilon$ が成立するような N を求めよ (N は一つとは限らない).

解 $\dfrac{1}{1+n^2} < 10^{-3}$ より $10^3 - 1 < n^2$．よって $\sqrt{999} < n$ を満たす n は 31.6 以上の整数 32 であるから，$\varepsilon = 10^{-3}$ に対する N は 32 以上の整数ならなんでもよい． ■

問 1.1 $a_n = \dfrac{c}{n}$ $(n=1,2,\cdots)$, c は定数とするとき，$a_n \to 0$ $(n\to\infty)$ である．$\varepsilon = 10^{-5}$ に対して $|a_n - 0| < \varepsilon$ が成立するような N を求めよ．

問 1.2 $\lim_{n\to\infty} \dfrac{1+n}{1-n} = -1$ である．特に $\varepsilon = 10^{-2}$ として定義 1.2 にいう N を求めよ．

定理 1.1 (挟みうちの原理 I) 数列 $\{a_n\}$, $\{b_n\}$, $\{c_n\}$ が

(1) $a_n \leq c_n \leq b_n \quad (n=1,2,\cdots)$

(2) $\lim_{n\to\infty} a_n = \lim_{n\to\infty} b_n = \gamma$

を満たしているとする．このとき

$$\lim_{n\to\infty} c_n = \gamma$$

が成立する．

証明 一般に $A \leq C \leq B$ ならば

$$|C| \leq \max(|A|,|B|)^{4)}$$

である ($C>0, =0, <0$ に分けて考えればよい)．いま，

$$A = a_n - \gamma, \quad B = b_n - \gamma, \quad C = c_n - \gamma$$

とおくと仮定から

$$|c_n - \gamma| \leq \max(|a_n - \gamma|, |b_n - \gamma|)$$

が成り立つ．定義 1.2 から $\lim_{n\to\infty} a_n = \gamma$ であるから任意の $\varepsilon > 0$ を与えると，ある N_1 が存在して N_1 以上の n について $|a_n - \gamma| < \varepsilon$ となる．同様にある N_2 が存在して N_2 以上の n について $|b_n - \gamma| < \varepsilon$．そこで

$$N = \max(N_1, N_2)$$

とするとき，$|c_n - \gamma| < \varepsilon$ が N 以上の n について成立するから，$\lim_{n\to\infty} c_n = \gamma$ である． □

例 1.3 $0 < a < 1$ のとき $\lim_{n\to\infty} a^n = 0$ を示せ．

解 $b = \dfrac{1}{a}$ とおけば $b > 1$．そこで $b = 1 + h \ (h > 0)$ と表すと二項定理より

$$b^n = (1+h)^n = 1 + nh + \cdots + h^n > nh.$$

[4)] $\max(a,b)$ は a と b の大きい方の数を表す．

よって $0<a^n<\dfrac{1}{nh}=\left(\dfrac{1}{h}\right)\dfrac{1}{n}$. $\displaystyle\lim_{n\to\infty}\dfrac{1}{n}=0$ と定理 1.1 から $\displaystyle\lim_{n\to\infty}a^n=0$. ∎

例 1.4 $a>0$ $(a\neq 1)$ のとき $\displaystyle\lim_{n\to\infty}a^{\pm\frac{1}{n}}=1$ を示せ.

解 $0<a<1$ ならば,$\dfrac{1}{a}>1$,$\left(\dfrac{1}{a}\right)^{\frac{1}{n}}=\dfrac{1}{a^{\frac{1}{n}}}$ だから,$a>1$ の場合に帰着する.

$a>1$ とすると,$a^{\frac{1}{n}}>1$ より

$$b_n=a^{\frac{1}{n}}-1>0,\quad a=(1+b_n)^n>1+nb_n.$$

したがって,

$$0<b_n<\dfrac{a-1}{n}.$$

最右辺 $\to 0$ $(n\to\infty)$ だから $\displaystyle\lim_{n\to\infty}b_n=0$. よって $\displaystyle\lim_{n\to\infty}a^{\frac{1}{n}}=1$.

$$\lim_{n\to\infty}a^{-\frac{1}{n}}=\left(\lim_{n\to\infty}a^{\frac{1}{n}}\right)^{-1}=1. \quad ∎$$

例 1.5 $a>0$ とするとき $\displaystyle\lim_{n\to\infty}\dfrac{a^n}{n!}$ の値を求めよ.

解 $N>a$ となる整数 N を一つ定める.$n>N$ として

$$n!=N!(N+1)\cdots(n-1)n.$$

したがって

$$\dfrac{a^n}{n!}=\dfrac{a^N}{N!}\dfrac{a}{N+1}\cdots\dfrac{a}{n-1}\dfrac{a}{n}\leq C\left(\dfrac{a}{N}\right)^{n-N}.$$

ここで $C=\dfrac{a^N}{N!}$ とおいた(C は n に無関係な定数).

$0<\dfrac{a}{N}<1$ であるから例 1.3 より

$$\lim_{n\to\infty}\left(\dfrac{a}{N}\right)^{n-N}=\left(\dfrac{a}{N}\right)^{-N}\lim_{n\to\infty}\left(\dfrac{a}{N}\right)^n=0.$$

したがって $0 < \dfrac{a^n}{n!} \leq C\left(\dfrac{a}{N}\right)^{n-N}$ に定理 1.1 を用いれば

$$\lim_{n\to\infty} \frac{a^n}{n!} = 0. \quad \blacksquare$$

定義 1.3　単調増加数列 $\{a_n\}$ とは

$$a_1 \leq a_2 \leq \cdots \leq a_n \leq a_{n+1} \cdots \quad (単調増加)$$

$$a_1 \geq a_2 \geq \cdots \geq a_n \geq a_{n+1} \cdots \quad (単調減少)$$

のように並んだ数列で，特に $\leq$ をすべて $<$ ($\geq$ をすべて $>$) で置き換えたとき，これを**狭義単調増加 (減少)** 数列とよぶ．特に単調増加・減少を区別しないときは単に単調数列とよぶ．

定理 1.2　有界な単調増加 (または単調減少) 数列は収束する．

この定理は直観的に理解しやすいが，応用上重要な定理である．1.3 節の最後に「連続の公理」を用いて証明することにする．

定理 1.2 がよく引用される具体的な典型例としては，次の e の存在がある．

定理 1.3　(自然対数の底 e)　$\{a_n\} = \left\{\left(1+\dfrac{1}{n}\right)^n\right\}$ は収束列である．この数列の極限を e と書く．

証明　まず，$a_n = \left(1+\dfrac{1}{n}\right)^n$ が単調増加であることを示そう．二項定理より

$$\begin{aligned}
\left(1+\frac{1}{n}\right)^n &= 1 + \sum_{k=1}^{n} \frac{n(n-1)\cdots(n-k+1)}{k!}\left(\frac{1}{n}\right)^k \\
&= 1 + \sum_{k=1}^{n} \frac{1}{k!}\left(1-\frac{1}{n}\right)\left(1-\frac{2}{n}\right)\cdots\left(1-\frac{k-1}{n}\right) \\
&< 1 + \sum_{k=1}^{n} \frac{1}{k!}\left(1-\frac{1}{n+1}\right)\left(1-\frac{2}{n+1}\right)\cdots\left(1-\frac{k-1}{n+1}\right) \\
&< 1 + \sum_{k=1}^{n+1} \frac{1}{k!}\left(1-\frac{1}{n+1}\right)\left(1-\frac{2}{n+1}\right)\cdots\left(1-\frac{k-1}{n+1}\right) \\
&= \left(1+\frac{1}{n+1}\right)^{n+1}
\end{aligned}$$

ゆえに単調増加性 $a_n \leq a_{n+1}$ が成り立つ．次に a_n の有界性は上の第 2 の等式から

$$a_n < 1 + \sum_{k=1}^{n} \frac{1}{k!}.$$

一方 $k \geq 3$ ならば $k! > 2^{k-1}$ が成り立つから

$$\text{上式右辺} < 1 + 1 + \sum_{k=2}^{n} \frac{1}{2^{k-1}} < 3.$$

すなわち有界性 $a_n < 3$ が示された．したがって定理 1.2 より

$$e = \lim_{n \to \infty} \left(1 + \frac{1}{n}\right)^n. \quad \square$$

数列 $\{a_n\}$ から有限個または無限個の項を除いた数列 $\{a_{k_1}, a_{k_2}, \cdots, a_{k_n}, \cdots\}$ を $\{a_n\}$ の**部分列**とよぶ．ここで $k_1 < k_2 < \cdots < k_n < \cdots$ は自然数のある単調増加列である．部分列は $\{a_{n_1}, a_{n_2}, \cdots, a_{n_k}, \cdots\}$ などとも表す．

問 1.3 収束する数列の任意の部分列は，もとの数列と同じ極限に収束することを定義 1.2 に従って証明せよ．

定理 1.4 α を任意の実数とするとき，α に収束する単調増加な**有理数からなる数列** (有理数列) および単調減少な有理数列を選ぶことができる．

証明 α は正の数としておく (負のときは $-\alpha$ を考えればよい)．2 段階に分けて証明をしよう．

(1) x_1, x_2 は $0 < x_1 < x_2$ を満たす任意の実数とする．いま自然数 k を十分大きくとれば

$$x_1 + \frac{1}{k} < x_2$$

が成り立つ．そこで kx_1 より大きい最小の自然数 m を選べば

$$m - 1 \leq kx_1 < m$$

となる．ゆえに

$$\frac{m-1}{k} \le x_1 < \frac{m}{k}$$
$$x_1 < \frac{m}{k} = \frac{m-1}{k} + \frac{1}{k} \le x_1 + \frac{1}{k} < x_2.$$

したがって
$$x_1 < \frac{m}{k} < x_2.$$

(2) (1) の結果は $(0<) \ x_1 < x_2$ の間に，有理数 $\dfrac{m}{k}$ がとれることであるから，各自然数 k について

$$\alpha - \frac{1}{k} < r_k < \alpha - \frac{1}{k+1}, \quad \alpha + \frac{1}{k+1} < s_k < \alpha + \frac{1}{k}$$

を満たす有理数列 $\{r_n\}, \{s_n\}$ がある．二つの不等式から

$$r_k < r_{k+1}, \quad s_{k+1} < s_k \quad (k=1,2,\cdots).$$

すなわち $\{r_n\}$ は α に収束する単調増加有理数列，$\{s_n\}$ は α に収束する単調減少有理数列である． □

定理 1.4 は実数全体 $\boldsymbol{R}$ (という位相空間) の中での重要な役割をする定理である．すなわち有理数全体

$$\boldsymbol{Q} = \left\{ r = \frac{q}{p} \mid p, q \text{ は整数で } p \ne 0 \right\}$$

は $\boldsymbol{R}$ の部分集合であるが，$\boldsymbol{Q}$ の中の収束数列の極限を $\boldsymbol{Q}$ に全部つけ加えると実数全体に一致する．任意の実数に対して，その実数にどんなに近いところにも無数の有理数が存在する．このことを $\boldsymbol{Q}$ は $\boldsymbol{R}$ で稠密であるという．記号では，しばしば $\overline{\boldsymbol{Q}} = \boldsymbol{R}$ などと表す．これも実数の一つの**現象**[5]といってよいかもしれない．

---

[5] 例えば，細長い管の中にバクテリアがいっぱい生きている水が入っているとすれば，管の中でバクテリアの全体は稠密である，といった具合に．

1.2 数列と関数のつながり

1.2.1 指数関数 a^x・べき関数 x^a

指数関数 $a^x (a>0, a\neq 1)$ の指数 x が有理数の場合は高校の教科書にあるが, $a^{\sqrt{2}}$ とか a^π のような, x が無理数の場合は a^x はどう定義するのだろうか. これまでの流れから思いつくのは, $\sqrt{2}$ とか π などに収束する有理数列 $\{r_n\}$ を選んで $\{a^{r_n}\}$ というもう一つの数列をつくり, その極限をもって $a^{\sqrt{2}}$ とか a^π とすればどうであろうか. これは実際そういう数列を選べばよさそうである. しかしまだ収束の他にも問題が残る. 例えば π に収束する有理数列は一組とは限らないから, 有理数列がちがうたびに極限 a^π が別な値になってしまったら a^π の定義にならない. 次の定理が成り立つ.

定理 1.5 $\{r_n\}$ を数 x に収束する任意の有理数列とすると $\lim_{n\to\infty} a^{r_n}$ が存在する. ここで $a>0, a\neq 1$. この極限は有理数列 $\{r_n\}$ のとり方には無関係に定まる. そこで $a^x = \lim_{n\to\infty} a^{r_n}$ と定義する.

☙'「証明 $\{r_n\}$ はまず x に収束する単調増加な有理数列とする. $a>1$ とすると $\{a^{r_n}\}$ は単調増加で, x より大きい n_0 (自然数) を一つとると $a^{r_n} < a^{n_0}$ (上に有界). したがって極限 $\lim_{n\to\infty} a^{r_n}$ が存在する (定理 1.2). $0<a<1$ ならば $\{a^{r_n}\}$ は単調減少で同様に $\lim_{n\to\infty} a^{r_n}$ が存在する.

今度は $\{s_n\}$ を x に収束する任意の有理数列としよう. $t_n = s_n - r_n$ とおくと $\{t_n\}$ も有理数列で, $t_n \to 0$ $(n\to\infty)$ である. そこで任意の自然数 L を与えたとき, 番号 N を十分大きくとれば $N\leq n$ を満たすすべての n に対して

$$-\frac{1}{L} < t_n < \frac{1}{L}$$

が成り立つ. したがって指数 $\pm\frac{1}{L}, t_n$ が有理数なので

$$a>1 \implies a^{-\frac{1}{L}} < a^{t_n} < a^{\frac{1}{L}}, \quad a<1 \implies a^{-\frac{1}{L}} > a^{t_n} > a^{\frac{1}{L}} \quad (1.4)$$

となる. ここで例 1.4 (p.13) から $\lim_{L\to\infty} a^{\pm\frac{1}{L}} = 1$ であったことを思い出すと,

収束の定義より任意の $\varepsilon>0$ を与えたとき，この ε に応じて自然数 L を十分大きく選んでおけば

$$1-\varepsilon < a^{\pm\frac{1}{L}} < 1+\varepsilon. \tag{1.5}$$

すなわち

$$N\leq n \quad \text{ならば常に} \quad 1-\varepsilon < a^{t_n} < 1+\varepsilon$$

が (1.4) から得られる．すなわち $\lim_{n\to\infty} a^{t_n}=1$ が成り立つ．よって

$$a^{t_n}=a^{s_n-r_n}=\frac{a^{s_n}}{a^{r_n}}$$

より

$$\lim_{n\to\infty} a^{r_n}=\lim_{n\to\infty} a^{s_n}. \quad \square$$

こうしてどんな実数 x についても，x に収束する任意の有理数列 $\{r_n\}$ をとれば，$a^x = \lim_{n\to\infty} a^{r_n}$．よって矛盾なく a^x が定義されることがわかった．」

定義 1.4 $h(x)$ は区間 I 上の関数とする．任意の $x_1,x_2\in I$ について常に

$$x_1 < x_2 \implies h(x_1)\leq h(x_2) \quad (h(x_1)\geq h(x_2)) \tag{1.6}$$

を満たすとき，$h(x)$ は I において**単調増加** (**単調減少**) という．もし (1.6) において等号つき不等号 $\leq$ ($\geq$) が等号なしの不等号 $<$ ($>$) でおきかえられるときは**狭義単調増加** (**狭義単調減少**) という．

定理 1.6 $a>0, a\neq 1$ とする．このとき a^x は指数法則が成り立つ．また実数全体で定義され，$0<a<1$ では狭義単調減少．$a>1$ では狭義単調増加である．

証明 $a>1$ の場合のみ証明する．x に収束する有理数列 $\{r_n\}$, y に収束する有理数列 $\{s_n\}$ をとるとき

$$a^{r_n+s_n}=a^{r_n}a^{s_n} \quad (\text{これは既知})$$

が成り立つから $n\to\infty$ として次の定理 1.7 の (3) により

$$a^{x+y} = a^x a^y \quad \text{(指数法則)}$$

が得られる．

狭義単調増加性は，$x_1 < x_2$ が有理数の場合は $a^{x_1} < a^{x_2}$ は既知であるから，x_1, x_2 はともに無理数としよう．

いま有理数 r_0, s_0 を $x_1 < r_0 < s_0 < x_2$ を満たすように選んでおく．このとき x_1 に収束する狭義単調増加な有理数列 $\{r_n\}$，および x_2 に収束する狭義単調減少な有理数列 $\{s_n\}$ を選ぶと次式が成り立つ．

$$a^{r_n} \leq a^{x_1} \leq a^{r_0} < a^{s_0} < a^{x_2} \leq a^{s_n} \quad (n=1,2,\cdots).$$

$n\to\infty$ ならしめると

$$a^{x_1} = \lim_{n\to\infty} a^{r_n} \leq a^{r_0} < a^{s_0} \leq \lim_{n\to\infty} a^{s_n} = a^{x_2}$$

が成立する．よって $a^{x_1} < a^{x_2}$．したがって a^x は狭義単調増加関数である．

$0 < a < 1$ の場合は $\left(\dfrac{1}{a}\right)^x$ が狭義単調増加であることから，a^x は狭義単調減少になる．　□

以上から $x > 0$ である限り任意の実数 α について x^α も定義され，指数法則が成り立つ．また x が正の変数についてべき関数 $f(x) = x^\alpha$ も定まる．この節は少し長くなったが，終わりに数列の極限に関する公式を述べよう．

定理 1.7 数列 $\{a_n\}, \{b_n\}$ はともに収束列とする．このとき

(1) $\displaystyle\lim_{n\to\infty}(a_n + b_n) = \lim_{n\to\infty} a_n + \lim_{n\to\infty} b_n$

(2) $\displaystyle\lim_{n\to\infty}(ca_n) = c \lim_{n\to\infty} a_n \quad$ (ただし c は定数)

(3) $\displaystyle\lim_{n\to\infty}(a_n b_n) = \lim_{n\to\infty} a_n \lim_{n\to\infty} b_n$

(4) $\displaystyle\lim_{n\to\infty} \frac{a_n}{b_n} = \frac{\lim_{n\to\infty} a_n}{\lim_{n\to\infty} b_n} \quad$ (ただし $b_n \neq 0$ かつ $\lim_{n\to\infty} b_n \neq 0$ とする)

証明 あまり ε-δ 形式の収束の定義 (定義 1.2) がくり返されるのも読者に

定数とするとき次のようにおく．

$$\lim_{n\to\infty} a_n = \alpha, \quad \lim_{n\to\infty} b_n = \beta, \quad \alpha - a_n = \varepsilon_n, \quad \beta - b_n = \varepsilon'_n.$$

♣「**(3) の証明** $\varepsilon > 0$ を任意に与えるとき，自然数 N を十分大きくとれば，

$$N \leq n \implies 0 < |\varepsilon_n|, |\varepsilon'_n| < \frac{\varepsilon}{|\alpha|+|\beta|+1} \quad (<\varepsilon)$$

としてよい．

$$a_n b_n = \alpha\beta + \alpha\varepsilon'_n + \beta\varepsilon_n + \varepsilon_n\varepsilon'_n$$

であるから $n \geq N$ であるかぎり

$$|a_n b_n - \alpha\beta| = |\alpha\varepsilon'_n + \beta\varepsilon_n + \varepsilon_n\varepsilon'_n| < (|\alpha|+|\beta|+1)\frac{\varepsilon}{|\alpha|+|\beta|+1} = \varepsilon$$

を得る[6]．したがって $\displaystyle\lim_{n\to\infty} a_n b_n = \alpha\beta = \lim_{n\to\infty} a_n \lim_{n\to\infty} b_n$．」

♣「**(4) の証明**

$$\frac{a_n}{b_n} = a_n \cdot \frac{1}{b_n} \quad \text{だから} \quad \lim_{n\to\infty}\frac{1}{b_n} = \frac{1}{\beta}$$

を示せば (3) からしたがう．実際，$|\beta - \varepsilon'_n| > |\beta| - |\varepsilon'_n| > |\beta| - \varepsilon$ より

$$\left|\frac{1}{b_n} - \frac{1}{\beta}\right| = \frac{|\beta - b_n|}{|\beta||\beta - \varepsilon'_n|} < \frac{\varepsilon}{|\beta|(|\beta|-\varepsilon)}.$$

$\varepsilon < \dfrac{|\beta|}{2}$ とおいてよいから，最右辺 $< \dfrac{2\varepsilon}{\beta^2}$．すなわち

$$\lim_{n\to\infty}\frac{a_n}{b_n} = \frac{\displaystyle\lim_{n\to\infty} a_n}{\displaystyle\lim_{n\to\infty} b_n}. \qquad \square\text{」}$$

ここまでは収束数列 $\{a_n\}$ だけを扱ってきたが，$a_n (n \to \infty)$ が収束しないとき $\{a_n\}$ は**発散数列**という．

---

[6] 定義 1.2 に合わせて任意の ε を $\dfrac{\varepsilon}{|\alpha|+|\beta|+1}$ でおきかえてとったのであるが，要するに ε は任意に小さい値であればよいから，こんな細工は本来不要である．

1.2.2 発散数列の例

$\lim_{n\to\infty} n^2 = +\infty$ と書くが $+\infty$ はシンボルで数ではない.

$\lim_{n\to\infty} (-1)^n$ の記号はないが, $\{(-1)^n\}$ は振動するという.

$\lim_{n\to\infty} (-n)^3$ は振動しながら発散する.

$-\infty$ への発散も $+\infty$ と同じ様な例はいくらでもある.

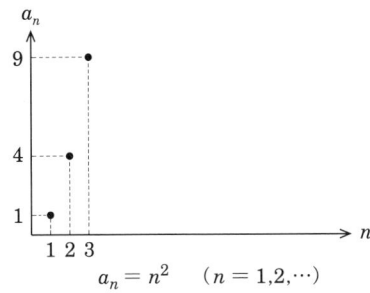
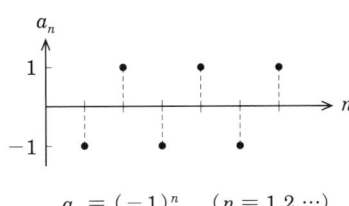

図 1.8

$\lim_{n\to\infty} a_n = \pm\infty$ は次のように定義される. 任意の数 $L>0$ を与えたとき, ある自然数 N があり

$$N \leq n \implies a_n > L \quad (a_n < -L)$$

が成立するとき, a_n は正 (負) の無限大に発散するといい,

$$\lim_{n\to\infty} a_n = +\infty \quad (\lim_{n\to\infty} a_n = -\infty)$$

と表す.

例 1.6 $a>1$ ならば $\lim_{x\to +\infty} a^x = +\infty, \lim_{x\to -\infty} a^x = 0.$

解 $b = \dfrac{1}{a}$ とおく.

$[x]$ を x の整数部分 (例えば $[\sqrt{2}]=1, [\pi]=3$)

とするとき，例 1.3 (p12) より $\lim_{x\to +\infty} b^{[x]}=0$ したがって $\lim_{x\to +\infty} a^{[x]}=+\infty$. $a^{[x]}\leq a^x$ であるから

$$\lim_{x\to +\infty} a^x = \infty.$$

$x<0$ のとき $\lim_{x\to -\infty} a^{[x]}=0$. $a^x \leq a^{[x]}$ より

$$\lim_{x\to -\infty} a^x = 0.$$

特に，$\lim_{x\to +\infty} e^x=+\infty$, $\lim_{x\to -\infty} e^x=0$ である． ∎

1.2.3 極限・連続 II

$1°$ (p.9) については 1.1.1 節において稜線が切れ目のない曲線であることから $F(x)$ が連続関数のグラフであることを導いた．ここで極限の定義 1.0 について再度明確な形で述べなおそう．

定義 1.5 $f(x)$ は区間 I で定義された関数とする．$x\in I$ が数[7] a に限りなく近づくとき，$f(x)$ が限りなく数 L に近づくとは，

> 任意の正数 ε を与えたとき，ある正数 δ を適当に選ぶことにより
> $$0<|x-a|<\delta \implies |f(x)-L|<\varepsilon$$

が成立することである．このことを

$$\lim_{x\to a} f(x)=L \quad \text{または} \quad f(x)\to L \quad (x\to a)$$

とも表し，$x\to a$ のとき $f(x)$ は L に **収束する** という．

定義 1.5 は $\lim_{x\to a} f(x)=L$ の ε-δ 方式とよばれているものである．

$y=f(x)$ のグラフ上の ○ は値 $f(a)$ が与えられていなくてもよいことを示す．図 1.9 は，$\varepsilon>0$ が与えられたとき，

$$a \text{ のある } \delta\text{-近傍} \quad (a-\delta, a+\delta)$$

---

[7] 本書では実数のみを使うから，単に数とよぶときは断らない限り実数をさす．

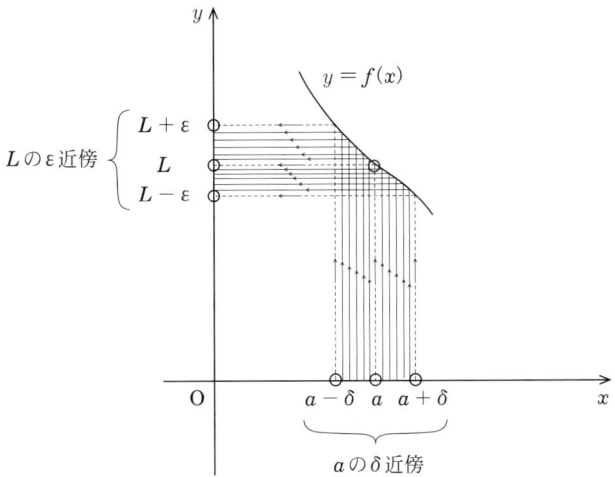

図 1.9 ε (given) は任意に与えた正数, δ (to find) は ε に対して定める正数.

を定めると，その中のすべての x ($\Leftrightarrow 0<|x-a|<\delta$) について $f(x)$ はすべて

$$L \text{ の } \varepsilon\text{-近傍} = (L-\varepsilon, L+\varepsilon)$$

の中に含まれてしまう ($\Leftrightarrow |f(x)-L|<\varepsilon$) ことを表している．ここで $0<|x-a|<\delta$ は，δ をより小さくとれば $0<|x-a|\leq\delta$ と等号を入れてもよい (δ-閉近傍)．また $f(x)$ が $x=a$ で連続ならば $f(a)$ は定義されているから $0\leq|x-a|\leq\delta$, すなわち $|x-a|\leq\delta$ としてよいことに注意．

ところで数列の収束と関数の収束とはどんなかかわりがあるだろうか．次の定理がある．

定理 1.8 $f(x)$ が $x\to x_0$ のとき極限値 L をもつならば，$x_n\to x_0$ $(n\to\infty)$ を満たすどんな数列 $\{x_n\}$（ただし $x_n\neq x_0$）に対しても

$$\lim_{n\to\infty} f(x_n) = L \tag{1.7}$$

が成り立つ．逆に $x_n\to x_0$ $(n\to\infty)$ であるどんな数列 $\{x_n\}$ ($x_n\neq x_0$) についても (1.7) が成り立てば，次式が成り立つ．

$$\lim_{x \to x_0} f(x) = L \tag{1.8}$$

証明 前段: (1.8) が成り立つとしているから，定義 1.5 の ε, δ に応じて十分大きな N をとれば $N \leq n$ を満たすすべての n について $|x_n - x_0| < \delta$ が成り立つ．よって (1.8) から自動的に $|f(x_n) - L| < \varepsilon$ $(n > N)$ がしたがう．すなわち (1.7) が成り立つ．

後段:「$x_n \to x_0 (n \to \infty)$ である任意の数列 $\{x_n\}$ が (1.7) を満たす」という命題から (1.8) の命題を背理法で示そう．

もし (1.8) が成立しないとすると，ある $\varepsilon\ (>0)$ をとるときどんなに $\delta\ (>0)$ を小さく選んだとしても，ある x_δ (δ に関係した x) が

$$0 < |x_\delta - x_0| < \delta \quad \text{かつ} \quad |f(x_\delta) - L| \geq \varepsilon$$

を満たすことになる．特に $\delta = \dfrac{1}{n}$ に対する x_δ を x_n と定めた数列 $\{x_n\}$ は $n \to \infty$ で x_0 に収束するから (1.7) の命題に反する．よって (1.8) が成立しなければならない． □

この定理を用いると数列の挟みうちの原理 (定理 1.1) から関数についての挟みうちの原理を導くことができる．不等式で関数を評価するときなど，解析学では必要不可欠なものである．

定理 1.9　(挟みうちの原理 II)　関数 $f(x), g(x), h(x)$ が

(1)　$f(x) \leq h(x) \leq g(x)$

(2)　$\displaystyle\lim_{x \to x_0} f(x) = \lim_{x \to x_0} g(x) = L$

を満たしているとする．このとき $\displaystyle\lim_{x \to x_0} h(x) = L$．

証明　$x_n \to x_0\ (n \to \infty)$ である数列 $\{x_n\}$ に対して，$f(x_n) = a_n, g(x_n) = b_n, h(x_n) = c_n$ とおくと定理 1.1 の仮定は $\gamma = L$ として満たされる．ゆえに $\displaystyle\lim_{n \to \infty} c_n = \lim_{n \to \infty} h(x_n) = L$．よって定理 1.8 の後段から $\displaystyle\lim_{x \to x_0} h(x) = L$．　□

ε-δ 式収束判定法は単に厳密な収束の定義としてしか一般にはとらえられていないが，別な見方をすれば近似の誤差評価式でもある，という納得のい

くすぐれた解説が，文献 [2] の巻末に森毅氏により与えられている．一読をお薦めしたい．18 世紀〜19 世紀を中心に微積分の発展のエッセンスが ε-δ 評価式から始まって簡潔に展開されている．初めの部分を少し引用させていただくと

「ε や δ を使った評価式というのは，そのまま誤差の評価式ではないか．
　例えば，
$$\lim_{x \to a} f(x) = b$$
を，
$$|x-a| \leq \delta \quad \text{なら} \quad |f(x)-b| \leq \varepsilon$$
と書いてみよう．(中略)

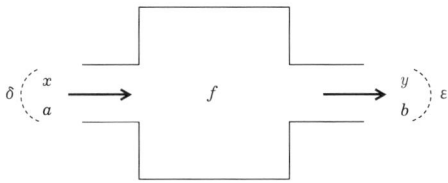

　これは，ブラック・ボックス f で，インプット x を入れればアウトプット y が出てくる，とも思える．そのときに，a をインプットして b をアウトプットさせたいとき，誤差の ε だの δ だのがありうる．そこで，アウトプットの誤差を ε 以下に制御しようと思えば，インプットの誤差を δ 以下にしておけばよい，というのがこの評価式である．つまり，極限の定義とは，近似の誤差の評価式でもある」

とまことに明快である．

さてこれまで述べた離散的変数の数列 $\{x_n\}$ に対する $f(x_n)$ の収束と，連続的変数 x についての $f(x)$ の収束とが定理 1.8 により初めて結びつくことになった．この定理は大そう有用であることが次の公式の証明からもわかる．

定理 1.10 $\lim_{x \to x_0} f(x) = \alpha, \lim_{x \to x_0} g(x) = \beta$ とすると

(1) $\lim_{x \to x_0} (f(x) + g(x)) = \alpha + \beta$

(2) c を定数とするとき $\lim_{x \to x_0} cf(x) = c\alpha$

(3) $\lim_{x \to x_0} f(x)g(x) = \alpha\beta$

(4) $g(x) \neq 0, \beta \neq 0$ とするとき $\lim_{x \to x_0} \dfrac{f(x)}{g(x)} = \dfrac{\alpha}{\beta}$.

証明 x_0 に収束する $\{x_n\}$ と，$a_n = f(x_n), b_n = f(x_n)$ とおき定理 1.7 と定理 1.8 を組み合わせればよい． □

定理 1.10 で f, g を x の連続関数とすれば $f+g, cf, fg, \dfrac{f}{g}$ もまた連続関数と結論することができる．

連続関数の極限値に関する公式にまとめると，

定理 1.11 f, g は開区間 I 上の連続関数，$a \in I$ を任意にとるとき，

(1) $\lim_{x \to a} cf(x) = c \lim_{x \to a} f(x) = cf(a)$ （ただし c は定数）

(2) $\lim_{x \to a} (f(x) + g(x)) = \lim_{x \to a} f(x) + \lim_{x \to a} g(x) = f(a) + g(a)$

(3) $\lim_{x \to a} f(x)g(x) = \lim_{x \to a} f(x) \lim_{x \to a} g(x) = f(a)g(a)$

(4) $\lim_{x \to a} \dfrac{f(x)}{g(x)} = \dfrac{\lim_{x \to a} f(x)}{\lim_{x \to a} g(x)} = \dfrac{f(a)}{g(a)}$，ただし $g(x) \neq 0$ とする．

したがって，連続関数の定数倍，連続関数の和，連続関数の積はすべて連続関数，連続関数の商は，分母が 0 にならない限り，連続関数である．

連続関数の例で一番簡単なものは定数関数，また x 自身は x の連続関数，したがって x^2 は (3) から連続関数，一般に

$$x^m \quad (m = 1, 2, \cdots)$$

は連続関数．(1),(2),(3) より多項式関数

$$a_0 x^n + a_1 x^{n-1} + \cdots + a_{n-1} x + a_n$$

も連続関数である．

例 1.7 $a > 0, a \neq 1$ とする．関数 $f(x) = a^x$ は $I = (-\infty, \infty)$ において連続

である.

解 $a>1$ とする. 例 1.4 (p.13) より $\lim_{n\to\infty} a^{\frac{1}{n}} = 1$ であったから, $N>0$ を十分大きく選ぶとき

$$N \leq n \implies a^{\frac{1}{n}} - 1 < \varepsilon \tag{1.9}$$

が成り立つ. そこで $\delta = \dfrac{1}{N}$ として, 実数 h に対して

$$0 \leq h < \delta \implies 0 \leq a^h - 1 < \varepsilon \tag{1.10}$$

を示せば $\lim_{h\to+0} a^h = 1$ が証明されたことになる. (1.9) より $a^{\frac{1}{N}} - 1 = a^\delta - 1 < \varepsilon$. したがって $0 \leq h < \delta$ ならば定理 1.6 から a^x の狭義単調増加性により $a^0 = 1 \leq a^h < a^{\frac{1}{N}}$. 各項から 1 を引くと (1.9) から $0 \leq a^h - 1 < a^{\frac{1}{N}} - 1 < \varepsilon$. よって (1.10) が言える. $h < 0$ のときは $h' = -h$ とおくと $a^h = \dfrac{1}{a^{h'}}$ より

$$\lim_{h\to-0} a^h = \frac{1}{\lim_{h'\to+0} a^{h'}} = 1.$$

ゆえに $\lim_{h\to 0} a^h = 1$. $a^{x+h} - a^x = a^x(a^h - 1)$ (x は任意の実数) であるから

$$\lim_{h\to 0}(a^{x+h} - a^x) = a^x \lim_{h\to 0}(a^h - 1) = 0.$$

したがって $\lim_{h\to 0} a^{x+h} = a^x$ $(-\infty < x < \infty)$ が成立するからすべての x について a^x は連続.

$0 < a < 1$ の場合は $\left(\dfrac{1}{a}\right)^x = \dfrac{1}{a^x}$, $\dfrac{1}{a} > 1$ より, やはり a^x は連続である. □

例 1.8 $f(x)$ が区間 I で連続ならば $|f(x)|$ もそうであることを示せ.

解 a を I の任意の点とするとき, 不等式

$$||\alpha| - |\beta|| \leq |\alpha - \beta|$$

に $\alpha = f(x)$, $\beta = f(a)$ を代入すれば

$$||f(x)|-|f(a)||\leq |f(x)-f(a)| \quad \text{よって,}$$

$$\lim_{x\to a}|f(x)-f(a)|=0 \quad \text{から} \quad \lim_{x\to a}|f(x)|=\lim_{x\to a}|f(a)|.$$

すなわち $|f(x)|$ は a で連続. a は I の任意の点だから $|f(x)|$ は I 上の連続関数である. ∎

x が一定の数に限りなく近づくときの $f(x)$ の極限値について述べてきたが, x が限りなく大きく (小さく) なるときの $f(x)$ の極限値の定義も重要である. そのとき極限値 α が存在するとすれば,

$$\lim_{x\to +\infty}f(x)=\alpha \quad \left(\lim_{x\to -\infty}f(x)=\alpha\right)$$

などと表す. 定義 1.5 に対応していえば

定義 1.6 $\lim_{x\to +\infty}f(x)=\alpha$ ($\lim_{x\to -\infty}f(x)=\alpha$) とは, 任意に $\varepsilon>0$ を与えたとき, ある数 L を適当に選ぶことにより

$$\boxed{x>L \ (x<L) \implies |f(x)-\alpha|<\varepsilon}$$

が成立することである.

この極限についても定理 1.10 に対応する公式が成り立つ.

例 1.9 次を証明せよ.

$$\lim_{x\to\infty}\frac{1}{x^m}=0 \quad (m \text{ は正の定数}), \quad \lim_{x\to\infty}\frac{1}{1+x^2}=0.$$

解 第 2 式を証明しよう. $1>\varepsilon>0$ を任意に与えて $\frac{1}{1+x^2}<\varepsilon$ を変形すると $\frac{1}{\varepsilon}-1<x^2$. したがって $L=\sqrt{\frac{1}{\varepsilon}-1}$ とおくとき $L<x \implies \frac{1}{1+x^2}<\varepsilon$. ∎

注意 こうしたわかりきった証明を ε-δ 式に証明する必要はないが, 収束を示す過程に論理的な説明がないと曖昧になるような場合こそ ε-δ の出番になるといってもよい. 数列や関数の極限を求めるのに, 通常は知られた極限計算 (公式等) や挟みうちの原理 (I)(II) などがしばしば用いられる.

問 **1.4** 次を求めよ．

(1) $\displaystyle\lim_{x\to -3}\frac{x^2-x-12}{x+3}$ (2) $\displaystyle\lim_{x\to 1}\frac{\sqrt{x}-1}{\sqrt{x^3}-1}$

(3) $\displaystyle\lim_{x\to 0}\frac{x-1+\sqrt{x^2-x+1}}{x}$

問 **1.5** 次を求めよ．

(1) $\displaystyle\lim_{x\to 0}\frac{x^2}{1-\tan x}$ (2) $\displaystyle\lim_{x\to 0}x\sin\frac{1}{x}$ (3) $\displaystyle\lim_{x\to \pi/2+0}e^{\tan x}$

§1.3 実数の連続性・数の集合の上限・下限 (曲線の長さ)

微積分を建築構造に例えると，関数の連続性という概念はその礎石に相当する．そして実数全体が切れ目のない連続体という意味での「実数の連続性」に深く根ざしている．それを連続の公理として要請しよう．

> **連続の公理** 実数の全体の中で上に有界な集合は最小上界をもつ．下に有界な集合は最大下界をもつ．

ここで聞きなれない"上に (下に) 有界"とか"最小上界 (最大下界)"という用語の意味を説明しよう．

M を実数からなるある集合とするとき，定数 a があって，すべての $x\in M$ が $x\leq a$ を満たすならば M は**上に有界**，a は M の**上界**とよぶ．

a が M の上界なら a 以上の実数はまた M の上界であるが，このような M の上界全体からなる集合には必ず最小数 (最小上界) が存在する，ということを**公理として認める**のである．同じように M が下に有界とか，b が M の下界とか最大下界の意味もおのずと明らかであろう．

M が下に有界ならば $-M=\{-x\,|\,x\in M\}$ は上に有界となるから，公理としての要請は前半だけでよい．

最小上界を M の**上限** (supremum)　　$(=\sup M)$

最大下界を M の**下限** (infimum)　　$(=\inf M)$

などと表す．M が上に有界でなければ $\sup M = +\infty$，下に有界でなければ $\inf M = -\infty$ とかく．上にも下にも有界な M は**有界集合**であるという．

例 1.10 (1) $M = (a, b]$ ならば次が成り立つ．

$$\sup M = b \quad (= \max M), \quad \inf M = a \quad (\neq \min M).$$

(2) $M = \left\{ 1 - \dfrac{1}{x} \;\middle|\; x > 0 \right\}$ ならば 2 は M の一つの上界，1 は M の最小上界 $= \sup M$ である ((1) の $\max M$ は M の最大数，$\min M$ は M の最小数)．

また $\displaystyle\lim_{x \to +0} \left(1 - \frac{1}{x} \right) = -\infty$　であるから　$\inf M = -\infty$．

$M = \{ f(x) \mid x \in I \}$，$I$ が $f(x)$ の定義域のとき次のように表す．

$$\sup M = \sup_{x \in I} f(x), \quad \inf M = \inf_{x \in I} f(x)$$

M が有界 $\iff$ $f(x)$ は I 上で有界な関数．

$M = \{ a_n \}$ のときは，次のように表す．

$\sup M = \sup\limits_{n} a_n (=$ 数列 $\{ a_n \}$ の上限$)$，$\quad \inf M = \inf\limits_{n} a_n (=$ 数列 $\{ a_n \}$ の下限$)$

M が上に有界な集合ならば上限 $\sup M = \alpha < \infty$ であるが，次のような言いかえができる．

α が M の上限 $\iff$ (i) α より大きい x は M に属さない．
　　　　　　　　　　　　(ii) 任意の $\varepsilon > 0$ について $\alpha - \varepsilon < x \leq \alpha$
　　　　　　　　　　　　　を満たす $x \in M$ がある．

(i) は「α は M の上界の一つ」を表す．
(ii) は「α は M の上界の最小数」を意味する．

この特徴づけは便利なので上限 (sup) の性質 (i),(ii) などとして利用する．

問 1.6 下限 (inf) の性質を上にならって述べよ．

1.3.1 曲線の長さ

曲線の長さをどう定義するかを上限 (sup) の応用として述べることにする．ここでの定義は第 3 章の積分のところで，曲線の長さの積分表示を与えるときに再び議論しよう．

これまでは一つの連続関数 $f(x)$ のグラフ，として曲線を考えてきたが，より一般に二つの連続関数 $f(t), g(t)$ のペアにより平面曲線を定義する．

t が $[a,b]$ において変動するとき，$x=f(t), y=g(t)$ のペアが定める点 (x,y) の軌跡を，**パラメタ t の連続曲線**[8]とよぶ．特に $f(t)\equiv t$ の場合 $y=g(x)$ が得られる．したがって今までに扱ってきた曲線もパラメタ曲線とみることができる．

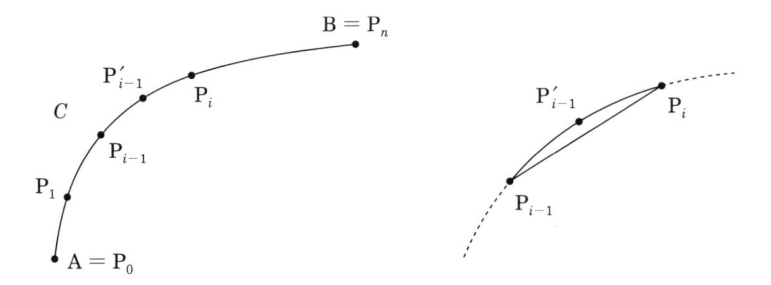

図 1.10

さて点 $P=(f(t),g(t))(a\leq t\leq b)$ の描く曲線を C で表そう．C の

$$\text{始点は } A=(f(a),g(a)), \quad \text{終点は } B=(f(b),g(b)).$$

C 上に有限個の点 $P_1, P_2, \cdots, P_{n-1}$ をとり，$A=P_0, B=P_n$ とする．

$$\text{線分：} \quad AP_1, \quad P_1P_2, \quad \cdots, \quad P_{n-1}B$$

からなる折れ線をつくり，折れ線の長さで曲線 C の長さを近似することを

---

[8] これだけの単純な定義では曲線は自分自身と何度も交わったり，ときには正方形を埋めつくしてしまうような図形が現れる (ペアノ曲線) こともあることを注意しておこう (文献 [1] の付録 II または §12, p.32 参照)．

考える．これら C 上の分点 $\{{\rm P}_i\}$ に新しく $\{{\rm P}'_i\}$ を付け加えてできる折れ線の長さは，最初の折れ線の長さより一般には大きくなるであろう．例えば，

$$\cdots,\quad {\rm P}_{i-1},\quad {\rm P}'_{i-1},\quad {\rm P}_i,\quad \cdots$$

のように弧 ${\rm P}_{i-1}{\rm P}_i$ の間に ${\rm P}'_{i-1}$ を新しい分点として加えれば，

$$\overline{{\rm P}_{i-1}{\rm P}_i} \leq \overline{{\rm P}_{i-1}{\rm P}'_{i-1}} + \overline{{\rm P}'_{i-1}{\rm P}_i}$$

となることから明らかである．

したがって分点をどんどん増やしていけば折れ線の長さは増加していくから，分点の増やし方を定めて対応する折れ線の長さの極限を C の長さ，と定義したらという発想を思いつきそうである．しかし C 上の分点の組の選び方は無数にあるからこれでは定義にならない．無数にある**分点の選び方を一斉に考える**必要がある．

次のように考えよう．$[a,b] \ni t_1, t_2, \cdots, t_{n-1}$ を大きさの順に

$$a = t_0 < t_1 < \cdots < t_{n-1} < t_n = b$$

のように選んだとき，これを $[a,b]$ の**分割**とよび Δ (デルタ) と表す．Δ に対応して C 上の分点

$$ {\rm P}_i = (f(t_i), g(t_i)) \quad (i=1, \cdots, n-1)$$

が定まる．以下 $x_i = f(t_i), y_i = g(t_i)$ と略記する．このとき分点からきまる折れ線の長さを l_Δ と表すと

$$l_\Delta = \sum_{i=1}^n \overline{{\rm P}_{i-1}{\rm P}_i} = \sum_{i=1}^n \sqrt{(x_i - x_{i-1})^2 + (y_i - y_{i-1})^2}. \tag{1.11}$$

そこで $[a,b]$ のあらゆる分割に対する集合 $\{l_\Delta\}$ が上に有界ならば，公理から最小上界が存在するから，それを C の長さと定義する．

定義 1.7 区間 $[a,b]$ 上の連続関数 f, g で与えられるパラメタ曲線

$$C = \{(x, y) \mid x = f(t), y = g(t),\ a \leq t \leq b\}$$

の長さ l を

$$l = \sup_{\Delta} l_\Delta{}^{9)} \tag{1.12}$$

により定める．ここで Δ は $[a,b]$ の分割を表し，(1.11) の l_Δ の集合はあらゆる分割に対して有界であるとする．

補助定理 1.12 f を $I=[a,b]$ 上の関数とする．$f(t)$ が I で単調増加 (減少) であるための必要十分条件は，$\Delta=\{x_1,\cdots,x_n\}$ を I の任意の分割とするとき，数列 $\{f(x_1),\cdots,f(x_n)\}$ が単調増加 (減少) となることである．

証明 十分条件であることを示せばよい．数列 $\{f(x_i)\}_{i=1}^n$ が単調増加であるとしよう．$x'_1 < x'_2$ を任意にとったとき，Δ' を x'_1, x'_2 を分点として含む I の分割とする．仮定より，$f(x'_1) \leq f(x'_2)$ が成り立つから，$f(x)$ は I で単調増加な関数である．数列 $\{f(x_i)\}_{i=1}^n$ が単調減少の場合も同様である． □

定理 1.13 f,g を $I=[a,b]$ 上の単調増加 (減少) 連続関数とする．このとき連続曲線 $C=\{(x,y)|x=f(t), y=g(t), a\leq t\leq b\}$ は長さを持つ．

証明 f は単調増加，g は単調減少とするとき，(1.11) 式の l_Δ を上から評価してみよう．

$$l_\Delta = \sum_{i=1}^n \sqrt{(f(t_i)-f(t_{i-1}))^2 + (g(t_i)-g(t_{i-1}))^2}$$
$$\leq \sum_{i=1}^n (|f(t_i)-f(t_{i-1})| + |g(t_i)-g(t_{i-1})|)$$

(両辺の Σ の中を平方して得られる)．ここで最右辺の二つの絶対値の中身が，補助定理 1.12 より各 i について定符号または 0 なので，

$$\text{上式} \leq \{f(b)-f(t_{n-1})+(f(t_{n-1})-f(t_{n-2}))+\cdots+(f(t_2)-f(t_1))$$
$$+(f(t_1)-f(a))\} - \{(g(b)-g(t_{n-1}))+(g(t_{n-1})-g(t_{n-2}))+\cdots$$
$$+(g(t_2)-g(t_1))+(g(t_1)-g(a))\}$$

---

[9] 明確な表現が必要なときは C の長さ $l=\sup_\Delta l_\Delta$ を $L(C)$ と表すことにする．

$$= (f(b)-f(a)) - (g(b)-g(a)) \leq |f(b)-f(a)| + |g(b)-g(a)|.$$

他の分割に対しても同様で，結局 Δ のとり方に無関係に次式が成り立つ．

$$l_\Delta \leq |f(b)-f(a)| + |g(b)-g(a)|. \tag{1.13}$$

すなわち $\{l_\Delta\}$ は常に上に有界，よって $l = \sup_\Delta l_\Delta < +\infty$ である． □

例 1.11 a, b を正の定数とするとき

$$x = a\cos t, \quad y = b\sin t \quad (0 \leq t < 2\pi) \tag{1.14}$$

は楕円のパラメタ表示による方程式である．

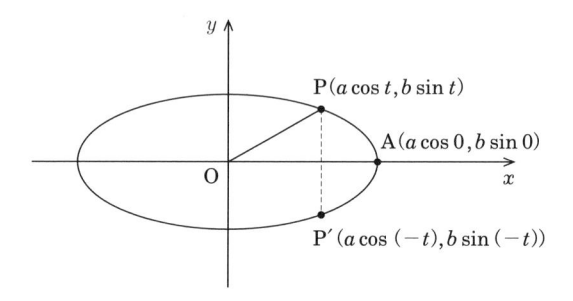

図 1.11

$f(t) = a\cos t, g(t) = b\sin t$ は

$$0 < t < \frac{\pi}{2}, \quad \frac{\pi}{2} < t < \pi, \quad \pi < t < \frac{3\pi}{2}, \quad \frac{3\pi}{2} < t < 2\pi$$

と各象限に分けて考えると，それぞれの象限において狭義単調増加または狭義減少関数である．そこで点 $P = (a\cos t, b\sin t)$ $\left(0 < t < \dfrac{\pi}{2}\right)$ を定め，点 $A = (a\cos 0, b\sin 0)$ から弧 AP の長さ $l = L(\overparen{AP})$ の存在を確かめよう．

弧 AP に内接する折れ線は，弧 AP 上に任意にとった有限個の分点を順に結んで得られる．各分点 $P_i (i = 0, 1, \cdots, n)$ は $(0, t)$ 区間の分割

に対応しているとすると内接する折れ線の長さ l_Δ は

$$\Delta: 0=t_0<t_1<\cdots<t_{n-1}<t_n=t$$

$$l_\Delta=\sum_{i=1}^n \sqrt{a^2(\cos t_i-\cos t_{i-1})^2+b^2(\sin t_i-\sin t_{i-1})^2}$$

で与えられる．(1.13) 式から上式右辺は

$$l_\Delta \leq |a\cos 0-a\cos t|+|b\sin 0-b\sin t|=a(1-\cos t)+b\sin t \quad (1.15)$$

となり右辺は分割 Δ に無関係．よって集合 $\{l_\Delta\}$ は有界であるから

$$l=\sup_\Delta l_\Delta \leq a(1-\cos t)+b\sin t \quad \left(0<t\leq \frac{\pi}{2}\right). \quad (1.16)$$

1.3.2　弧と弦の比 (円)

特に $a=b=1$ のとき (1.14) 式は

$$x=f(t)=\cos t,\quad y=g(t)=\sin t$$

となり，単位円 $x^2+y^2=1$ のパラメタ表示である．さて P→A のとき A, P の作る弦と弧の比がどのような値になるか調べることにしよう[10]．

この場合，弧 AP は弧度 t ラジアンに対する図形だから，

$$L(\widehat{\mathrm{AP}})=t.$$

したがって (1.16) 式は

$$t\leq 1-\cos t+\sin t. \quad (1.17)$$

さらに点 A から円周上を $-t$ だけ回転した点を P$'$ とすると

$$\mathrm{P}'=(\cos(-t),\sin(-t))$$

である．弧 PP$'$ は弦 PP$'$ の上に張られているから $L(\widehat{\mathrm{AP}})$ の定義および (1.17) から

[10)]円でない場合は 3.4 節を参照．

$$0 < 2\sin t = \overline{PP'} < \overline{PA} + \overline{P'A} < 2t = L(\overset{\frown}{PP'}) \leq 2(1-\cos t + \sin t).$$

すなわち

$$0 < \sin t < t \leq 1 - \cos t + \sin t = 2\sin^2 \frac{t}{2} + \sin t \quad \left(0 < t < \frac{\pi}{2}\right).$$

t を $\dfrac{t}{2}$ におきかえても同じように $\sin \dfrac{t}{2} < \dfrac{t}{2}$ が成り立つから

$$< 2\left(\frac{t}{2}\right)^2 + \sin t.$$

各辺から $\sin t$ を引けば

$$0 < t - \sin t < \frac{t^2}{2} \quad \text{あるいは} \quad 0 < 1 - \frac{\sin t}{t} < \frac{t}{2}.$$

ここで $t \to 0$ とするとき関数の挟みうちの原理 (定理 1.9 (p.24)) から次式が成り立つ.

$$\lim_{t \to +0} \frac{\sin t}{t} = 1.$$

また

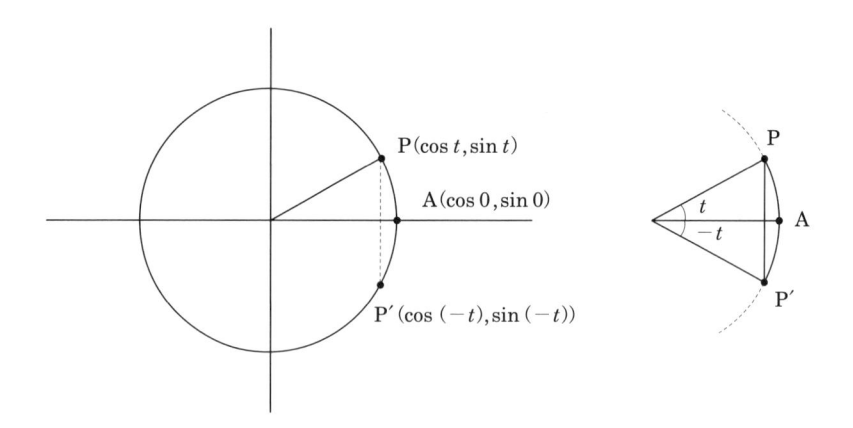

図 **1.12**

$$\lim_{t\to -0}\frac{\sin t}{t} = \lim_{t\to -0}\frac{\sin(-t)}{(-t)} = \lim_{s\to +0}\frac{\sin s}{s} \qquad (s=-t).$$

したがって

$$\boxed{\lim_{t\to 0}\frac{\sin t}{t}=1.} \tag{1.18}$$

あるいは図 1.12 に戻って次の結果が，曲線の長さの定義から得られた．

$$(\overline{\mathrm{AP}}\text{の長さ})/(\overset{\frown}{\mathrm{AP}}\text{の長さ}) \to 1 \qquad (\mathrm{P}\to\mathrm{A}). \tag{1.19}$$

この節の終わりに，やり残した 1.2 節の定理 1.2 の証明をしよう．$\{a_n\}$ の極限が $\sup_n a_n$ であろうという見当は容易につく．

定理 1.2 の証明 $\{a_n\}$ は上に有界な単調増加列とすると

$$a = \sup_n a_n < \infty \tag{1.20}$$

が存在する．これが a_n の極限値になる．実際，sup の性質 (ii) から，任意の $\varepsilon > 0$ に対しある a_N が次式を満たす．

$$a - \varepsilon < a_N \leq a.$$

a_n は単調増加，a は a_n の上限，よって N 以上のすべての n について

$$a - \varepsilon < a_n < a + \varepsilon$$

が成立する．よって $\lim_{n\to\infty} a_n = a$． □

§1.4 連続関数の基本的性質

この節で述べる連続関数の性質に関する定理のいくつかは，巻末の付録 (A.1, A.3 節) にまわすが，それらの証明はあとにし，まず定理自身の中身を理解し次節に進むのがよい．

連続関数として以下では閉区間で定義された場合が多い．もし $f(x)$ が区

間 (a,b) で定義された連続関数で,
$$\lim_{x\to a+0} f(x) = f(a+0)$$
が存在するとすれば,あらためて $f(a+0)$ を $f(a)$ と定めると,$f(x)$ は $[a,b]$ 上に拡張された関数になる.このとき $f(x)$ は $x=a$ で連続になる.

☘ ε-δ 方式でそれを検証してみよう.$\varepsilon>0$ を与えたとき,
$$f(x) \to f(a+0) \quad (x \to a+0)$$
であるから,ある $\delta>0$ があって
$$a \leq x < a+\delta \quad \text{ならば} \quad |f(x)-f(a+0)| < \varepsilon.$$
a が端点であるから a の δ 近傍 $=[a,a+\delta)$ とみれば,$f(x)$ は $x=a$ で連続である.

$f(b-0)$ が存在すれば,同様に f の $x=b$ の値を $f(b)=f(b-0)$ と定めれば $f(x)$ は $x=b$ で連続となる.このときは b の δ 近傍 $=(b-\delta,b]$ にとる.したがって f が $[a,b]$ で連続関数とは,(a,b) で連続かつ $f(a+0), f(b-0)$ が存在することである.

定理 1.14 (ボルツァーノ–ワイヤストラスの定理)

有界数列は,収束部分列を含む. (証明は付録 A.1 節)

この定理は定理 1.16 の証明にもつながる.

定理 1.15 $f(x)$ は区間 I 上の連続関数とする.もし $f(c)>0$ $(c \in I)$ ならば,c のある近傍 U があって,U 内のすべての x において $f(x)>0$ が成立する.

☘' **証明** 連続の定義から任意の $\varepsilon>0$ に対して $\delta>0$ を十分小さくとれば,c が I の内点[11]のとき,c の近傍 $U=(c-\delta,c+\delta)$ のすべての x について次式

---

[11] p.7 の脚注 2 参照.

が成り立つ:

$$|f(x)-f(c)|<\varepsilon \quad \text{すなわち} \quad f(c)-\varepsilon < f(x) <f(c)+\varepsilon.$$

ε を小さくとり，$f(c)-\varepsilon=k>0$ としておけば左辺から

$$f(x)>k \qquad (x\in U).$$

もし c が I の左端の点ならば $U=[c,c+\delta)$，c が I の右端の点ならば $U=(c-\delta,c]$ とするとき，上と同様に

$$k<f(x) \qquad (x\in U)$$

が成り立つ． □

定理 1.16 有界閉区間 I 上の連続関数 $f(x)$ は有界である．

証明 $I=[a,b]$ とする．定数 $K>0$ があり，すべての $x\in I$ について

$$|f(x)| \leq K \tag{1.21}$$

を示そう．(1.21) を否定すると，どんな自然数 n についても，ある $x_n\in I$ があって

$$|f(x_n)|>n \qquad (n=1,2,\cdots) \tag{1.22}$$

となる．この数列 $\{x_n\}$ は有界数列 $(a\leq x_n \leq b)$ だから**定理 1.14** から，$\{x_n\}_{n=1,2,\cdots}$ の中から収束する部分列 $\{x_{n_k}\}_{k=1,2,\cdots}$ をとりだすことができる．$x_{n_k}\to x_0$ $(k\to\infty)$ としよう．$x_0\in [a,b]$ である．さて f の連続性から

$$f(x_{n_k})\to f(x_0) \qquad (k\to\infty).$$

さらに例 1.8 (p.27) から $|f(x_{n_k})|\to |f(x_0)|$ が成り立つ．しかし (1.22) から $|f(x_{n_k})|>n_k \to \infty$ $(k\to\infty)$ であり，これは $x_0\in [a,b]$ に反する．よって (1.21) が成立しなければならない． □

問 1.7 $I=(0,1]$ 上の連続関数で非有界なものの例をあげよ．

定理 1.17 (**最大・最小値の原理**) 有界閉区間 I 上の連続関数 $f(x)$ は I

で最大値および最小値をとる.

証明 これも背理法で証明しよう. 前定理から $f(x)$ は I 上で有界. よって, $\sup_I f(x) = \alpha < +\infty$ でなければならない. そこで $M = \{f(x) | x \in I\}$ とおくとき M の最大数 $= \max_{x \in I} f(x) = \alpha$ というのが定理の主張である. いまこの主張を否定すると, I のすべての x について $f(x) < \alpha$ が成立することになる. そこで

$$g(x) = \frac{1}{f(x) - \alpha} \qquad (x \in I)$$

と定義すると, I において $f(x) - \alpha < 0$ だから $g(x)$ は I 上の連続関数になる. したがって $g(x)$ は I 上で有界でなければならない (定理 1.16). sup の性質 (ii) から任意の自然数 k をとるごとに次のような $x_k \in I$ が存在する.

$$\alpha - \frac{1}{k} < f(x_k) < \alpha \qquad (k = 1, 2, \cdots).$$

このとき

$$f(x_k) - \alpha \to 0 \qquad (k \to \infty).$$

したがって

$$g(x_k) \to \infty \qquad (k \to \infty)$$

となり, これは $g(x)$ の有界性に反する. ゆえに $f(x)$ は最大値 α を I においてとる. 最小値をとることも $\inf_I f(x)$ を考えれば同様に証明される. □

問 1.8 $I = [0, 1)$ 上の連続関数で, 最大値はもつが最小値をもたないものの例をあげよ.

定理 1.18 (中間値の定理) $f(x)$ は区間 I 上の連続関数で, a, b $(a < b)$ において $f(a) \neq f(b)$ とするとき, $f(a)$ と $f(b)$ の間の任意の数 γ に対して

$$a < c < b \quad \text{かつ} \quad f(c) = \gamma$$

を満たす c が I の中に必ず存在する.

まず次の例を見てみよう．

例 1.12　a,b,c を定数とすると 3 次方程式
$$x^3+ax^2+bx+c=0$$
はある実数解 α をもつことを示せ．

解　$f(x)=x^3+ax^2+bx+x$, $g(x)=1+\dfrac{a}{x}+\dfrac{b}{x^2}+\dfrac{c}{x^3}$ とおく．3 次関数 $f(x)$ は $(-\infty,\infty)$ で連続であり，
$$f(x)=x^3 g(x) \quad (x\neq 0), \quad \lim_{x\to\pm\infty}g(x)=1.$$
そこで，$\varepsilon=\dfrac{1}{2}$ に対して正数 L を十分大きく選ぶとき，
$$|x|\geq L \quad \Longrightarrow \quad |g(x)-1|\leq \dfrac{1}{2}$$
が成り立つ．よって $|x|\geq L$ ならば
$$|f(x)-x^3|=|g(x)-1||x^3| < \dfrac{1}{2}|x^3|,$$

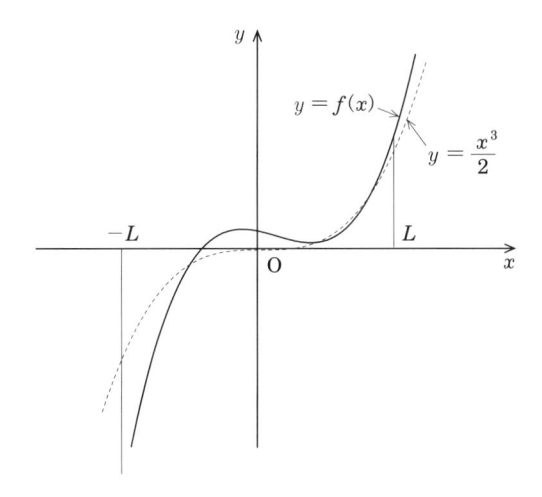

図 1.13

すなわち $-\dfrac{1}{2}|x^3| \leq f(x) - x^3 \leq \dfrac{1}{2}|x^3| \qquad (|x| \geq L)$

が成り立つ．$x>0$, $x<0$ の場合に分けると

$x \leq -L$ ならば上式右辺から $f(x) < x^3 + \dfrac{1}{2}|x^3| = \dfrac{1}{2}x^3$.

したがって $f(-L) < 0$．

$x \geq L$ ならば $f(x) > x^3 - \dfrac{1}{2}|x^3| = \dfrac{1}{2}x^3$

より $f(L) > 0$．したがって

$$f(-L) < 0 < f(L)$$

であるから中間値の定理を閉区間 $I = [-L, L]$ に用いれば，

$$-L < \alpha < L \quad かつ \quad f(\alpha) = 0$$

となる $\alpha \in I = [-L, L]$ が存在する． ■

上の例は $f(x)$ が負方向の遠方では $-\infty$ に，正方向の遠方では $+\infty$ になることが直感的には明らかだから，$-\infty$ から $+\infty$ までグラフが連続的につながっている以上，どこかで x 軸を横切ると推論できようが，それは中間値の定理を援用することにより保証されるのである．

❦’ **定理 1.18 の証明** $f(a) < f(b)$ と仮定しよう．$I_1 = [a, b] \subset I$ であるから

$$g(x) = f(x) - \gamma$$

は I_1 で連続で

$$g(b) = f(b) - \gamma > 0, \quad g(a) < 0.$$

よって集合

$$H = \{x \in I_1 \mid g(x) > 0\}$$

は b の I_1 におけるある近傍 $[b_1, b]$ を含む (定理 1.15)．また H は a を含まな

い下に有界な集合である．そこで
$$c = \inf H$$
とおくと，inf の定義より $a<x<c$ である x は H に含まれないから $g(x) \leq 0$．したがって
$$g(c) = \lim_{x \to c-0} g(x) \leq 0. \tag{1.23}$$

一方 inf の性質 (ii) から，任意の自然数 n に応じて
$$c < x_n < c + \frac{1}{n}$$
を満たす x_n が H の中に含まれる．よって
$$g(x_n) > 0 \quad かつ \quad x_n \to c \quad (n \to \infty).$$
したがって $g(x)$ の連続性から
$$g(c) = \lim_{n \to \infty} g(x_n) \geq 0 \tag{1.24}$$
すなわち (1.23),(1.24) から $g(c)=0$ が成り立つ．これは
$$f(c) = \gamma, \quad a < c < b$$
を意味している． □

1.4.1 一様連続性

区間 I の上の連続関数を $f(x)$ とする．$x_0 \in I$ ならば $\varepsilon > 0$ を任意に与えたとき，$\delta > 0$ を適当に小さくとれば
$$|x - x_0| < \delta \implies |f(x) - f(x_0)| < \varepsilon \tag{1.25}$$
が成り立つ．δ は ε に応じて定まるから ε に関係する．ここで実は x_0 は固定して考えているから $\delta = \delta(\varepsilon)$ と表すのが正しい．しかしもし x_0 が別な位置にあれば，一般には δ は x_0 にも関係すると考えるべきであろう．そのときは $\delta = \delta(\varepsilon, x_0)$ とでも表した方が明確である．わかりやすい例をあげよう．

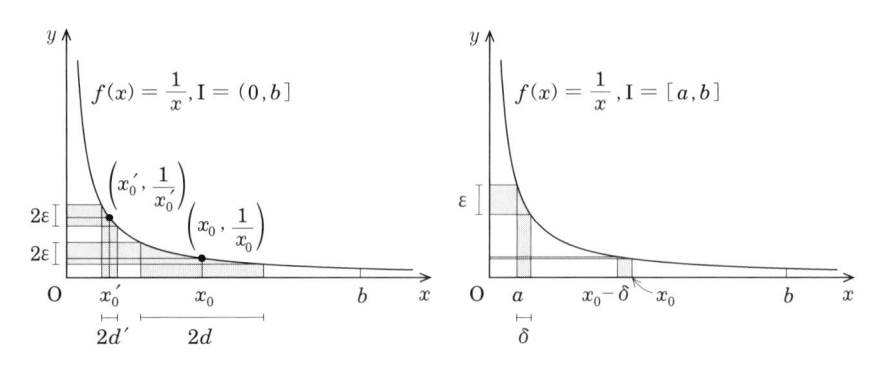

図 1.14 左図で，$2d$ は区間 $(x_0-\delta, x_0+\delta)$ の長さ，$2d'$ は区間 $(x_0'-\delta', x_0'+\delta')$ の長さ．

定義域 $I=(0,b]$ 上の連続関数 $f(x)=\dfrac{1}{x}$ のグラフは図 1.14 (左) のようになる．x_0 が十分 0 に近い点 x_0' に移れば $\delta=\delta(\varepsilon, x_0')$ もまた十分 0 に近づき，$\delta(\varepsilon, x_0')$ の下限は 0 である．一方，図 1.14 (右) のような閉区間 $I=[a,b]$ $(a>0)$ の場合には，$f(x)$ の性質から δ を $x_0=a$ の場合に定めておけば，他の x_0 にも共通の δ として (1.25) が成立する．

そこで $\delta=\delta(\varepsilon, x_0)$ が $x_0 \in I$ には無関係に ε だけに関係する (1.25) が成立するような，ある強い連続性を次のように定義しよう．

定義 1.8 区間 I 上で定義された関数 $f(x)$ が I で**一様連続**とは，$\varepsilon>0$ を任意に与えたとき，ε だけに依存した $\delta>0$ があって

$|x-x'|<\delta$ であるすべての $x, x'(\in I)$ のペアについて $|f(x)-f(x')|<\varepsilon$

が成り立つことである．

次の定理は，一般に連続関数の性質は，定義域を有界閉区間にもつとき最も有効に発揮される，ともいえよう．

定理 1.19 有界閉区間 I 上の連続関数は，I 上で一様連続である．

(証明は付録 A.3 節)．

■ 演習問題

1. $f(x)=\dfrac{x^3+x^2-x-1}{x^2-1}$ とするとき，その定義域は $x=\pm 1$ を除いた実数全体である．
  (1) $\lim_{x\to 1\pm 0}f(x),\ \lim_{x\to -1\pm 0}f(x)$ を求めよ．
  (2) $y=f(x)$ のグラフをかけ．
  (3) $f(x)$ を実数全体の上に拡張した連続関数 $\tilde{f}(x)$ を求めよ．

2. $f(x),g(x)$ は $[a,b]$ で連続な関数で，(a,b) のすべての有理数 r について $f(r)=g(r)$ が成り立つとする．このときすべての $x\in[a,b]$ について $f(x)=g(x)$ が成立する．

3. 任意の数 x,y について
$$f(x+y)=f(x)+f(y)$$
が成り立つ連続関数 $f(x)$ を求めよ．ただし $f(x)\not\equiv 0$ とする．

4. 次の各極限値を求めよ．
  (1) $\displaystyle\lim_{x\to\pm 0}\dfrac{\sqrt{1+x+x^2}+x-1}{|x|}$ (2) $\displaystyle\lim_{x\to 0}\dfrac{\sqrt[3]{1+x}-\sqrt[3]{1-x}}{x}$

5. 有界数列 $\{a_n\},\{b_n\}$ について次を証明せよ．
  (1) $\sup_n(a_n+b_n)\leq \sup_n a_n+\sup_n b_n$
  (2) $\inf_n(a_n+b_n)\geq \inf_n a_n+\inf_n b_n$
  (3) $\sup_n(a_n+\alpha)=\sup_n a_n+\alpha$　（α：定数）
  (4) $\inf_n(a_n+\alpha)=\inf_n a_n+\alpha$　（α：定数）

6. 具体的に l_Δ と $\overline{l}_\Delta$ の有界性を補助定理 1.12 を用いて表せ．

第2章 微分法

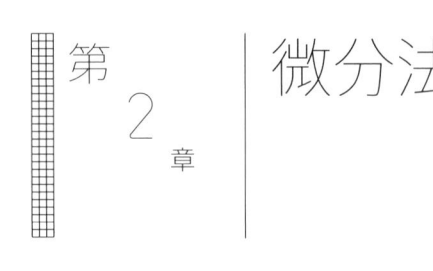

§2.1 稜線に接線を引く

すでに定義1.1で接線を幾何学的に導入したが，この議論をより精密にするために無限小という考え方をもとに，解析的にもう一度接線の定義をこころみよう．

2.1.1 無限小

xの関数uが$x \to x_0$のとき極限値0をもつ場合，uはx_0で**無限小**とよぶ．無限小の例にはいくつも出会っている．例えば

$$u = x^n \,(n\text{ は正の整数}) \text{ は } x_0 = 0 \text{ で無限小}$$

$$u = \cos x \text{ は } x_0 = \frac{\pi}{2} \text{ で無限小}$$

など．もしu, vがともにx_0で無限小とするとき，$\dfrac{v}{u}$もまた無限小ならばvはuより**高位の無限小**であるといい

$$v = o(u)$$

と表す．もしまた$\dfrac{v}{u}$が有界$(x \to x_0)$なときは

$$v = O(u) \quad \left(\text{特に} \lim_{x \to x_0} \frac{v}{u} = 1 \text{ のときは } v \sim u\right)$$

と表す．このときvはu**同位の無限小**という．o, Oは無限小の階級 (order) を示すランダウの記号である．例えば

$$x^2 = o(x) \quad (x \to 0), \quad \sin x = O(1) \quad (x \to 0). \quad 特に \quad \sin x \sim x \quad (x \to 0)$$

2.1.2 接線と微分可能性 I

いま定義域 I 上の関数 $f(x)$ のグラフ上の点を $\mathrm{P}_0 = (x_0, y_0)$ とする．P_0 を通る傾き m の直線

$$y = y_0 + m(x - x_0) \tag{2.1}$$

をとり x_0 に近い x について，(2.1) の y に対する $f(x)$ の差 $= y - f(x)$ と，$x - x_0$ との比を計算すると

$$\frac{y - f(x)}{x - x_0} = \frac{y_0 + m(x - x_0) - f(x)}{x - x_0} = m - \frac{f(x) - f(x_0)}{x - x_0}. \tag{2.2}$$

もし $x \to x_0$ のとき，右辺の値が 0 に収束するならば

$$y - f(x) = o(x - x_0) \qquad (y - f(x) は x - x_0 より高位の無限小)$$

となる．これは，(2.1) の直線が点 P_0 において $f(x)$ のグラフに密着しているとみなすことができよう．このような m の値は存在するであろうか．

(2.2) の右辺の $x \to x_0$ における極限が 0 に収束する条件は

$$m = \lim_{x \to x_0} \frac{f(x) - f(x_0)}{x - x_0}. \tag{2.3}$$

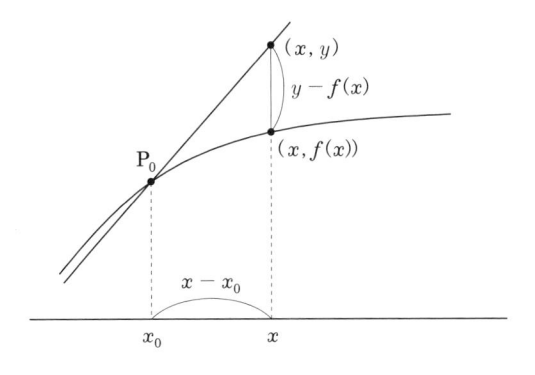

図 2.1

したがって (2.3) の右辺の極限値を (2.1) の傾き m にとればよいが，この極限値の存在は $f(x)$ に課されるべき条件である．そこで次のような定義に到達する．

定義 2.1 定義域 I 上の関数 $f(x)$ がそのグラフ上の点 $P_0=(x_0,y_0)$ で接線をもつとは，P_0 を通る直線

$$y=y_0+m(x-x_0) \qquad (m \text{ は定数}) \tag{2.4}$$

を x_0 の近傍で考えるとき，y と $f(x)$ の差が

$$y-f(x)=o(x-x_0) \qquad (x\to x_0)$$

を満たすことである．このとき

$$m=\lim_{x\to x_0}\frac{f(x)-f(x_0)}{x-x_0}$$

を傾きとする直線 (2.4) を $\boldsymbol{y=f(x)}$ の $\mathbf{P_0}$ における**接線**と定義する．この m の値を $f'(x_0)$ と表し，$f(x)$ の $x=x_0$ における**微分係数**または**微係数**という．

こうして P_0 における接線の方程式は

$$y-y_0=f'(x_0)(x-x_0) \tag{2.5}$$

で与えられる．ここで

$$f'(x_0)=\lim_{x\to x_0}\frac{f(x)-f(x_0)}{x-x_0}.$$

$f(x)$ は，極限値 $f'(x_0)$ をもつとき，$x=x_0$ で**微分可能**であるという．

定理 2.1 $f(x)$ が x_0 で微分可能ならば x_0 で連続である．

証明

$$\begin{aligned}\lim_{x\to x_0}(f(x)-f(x_0))&=\lim_{x\to x_0}\frac{f(x)-f(x_0)}{x-x_0}(x-x_0)\\&=\lim_{x\to x_0}\frac{f(x)-f(x_0)}{x-x_0}\lim_{x\to x_0}(x-x_0)=f'(x_0)\cdot 0=0.\end{aligned}$$

よって $\lim_{x\to x_0} f(x) = f(x_0)$. □

この定理の逆は成立しない．次の例を考えよう．

例 2.1 $f(x)$ を $x \neq 0$ では $x\cos\dfrac{1}{x}$ に等しく $x=0$ では 0 と定義される関数とする．

$$\lim_{x\to 0}\frac{f(x)-f(0)}{x} = \lim_{x\to 0}\cos\frac{1}{x}$$

は存在しないから f は $x=0$ では微分不可能であるが

$$|f(x)-f(x_0)| = |x|\left|\cos\frac{1}{x}\right| \leq |x| \to 0 \qquad (x\to 0)$$

より，f は $x=0$ で連続ではある．一般に

$$\text{微分可能} \;\overset{\Longrightarrow}{\Longleftarrow}\; \text{連続}$$

ということである．

2.1.3　導関数

f が定義域 I の各点 x で微分可能ならば x における微係数 $f'(x)$ が存在する．x の変動とともに微係数 $f'(x)$ も変動するので，対応

$$x \mapsto f'(x)$$

により I 上の関数 f' が定められる．f' を f の**導関数**とよぶ．f から f' を導くことを f を**微分する**という．

$f(x) = x^3$ の導関数は

$$f'(x) = \lim_{\Delta x\to 0}\frac{(x+\Delta x)^3 - x^3}{\Delta x} = \lim_{\Delta x\to 0}[3x^2 + 3x(\Delta x) + (\Delta x)^2] = 3x^2$$

であるから，x^3 を微分すると $3x^2$，例 2.3 (p.55) におけるように x^n を微分すると nx^{n-1} となる．

一般に I の各点 x での微係数 $f'(x)$ は $\Delta y = f(x+\Delta x) - f(x)$ とおくとき

$$\lim_{\Delta x\to 0}\frac{\Delta y}{\Delta x} = \lim_{\Delta x\to 0}\frac{f(x+\Delta x) - f(x)}{\Delta x}$$

とも表される．この極限値を $\dfrac{dy}{dx}$ ともかく．したがって上の例では

$$\frac{d(x^3)}{dx} = 3x, \qquad \frac{d(x^n)}{dx} = nx^{n-1}.$$

一般には $\dfrac{dy}{dx} = \dfrac{df}{dx} = f'(x)$ である．

　f について微分する操作は可能な限り同様に続けられる．f を 1 回微分して f', $f'(x)$ も I で微分可能ならもう一回微分して f'', $f''(x)$ が微分可能なら $f''', \cdots$ という具合である．微分する操作を表す記号で，その 1 回操作は

$$\frac{d}{dx}, \qquad D$$

などが用いられる．以下同様に 2 回操作は

$$\frac{d^2}{dx^2} \quad \left(\text{または} \left(\frac{d}{dx}\right)^2\right), \quad D^2; \; \frac{d^2}{dx^2}f = \left(\frac{d}{dx}\right)^2 f = f'' \quad \text{または} \quad D^2 f = f''.$$

一般に n 回の操作は

$$\frac{d^n}{dx^n} \quad \left(\text{または} \left(\frac{d}{dx}\right)^n\right), \quad D^n; \; \frac{d^n}{dx^n}f = \left(\frac{d}{dx}\right)^n f \quad \text{または} \quad D^n f = f^{(n)}.$$

$f'(x)$ を f の 1 階導関数 (1 次導関数)，$f''(x)$ を f の 2 階導関数 (2 次導関数)，$\cdots$，$f^{(n)}(x)$ を f の **n 階導関数** (n 次導関数) とよぶ．何回でも微分可能な関数は**無限階微分可能**であるという．f' が存在してかつ連続のとき，f は (1 回) **連続微分可能**といい，C^1-級の関数とよぶ．一般に f が C^n-級関数とは，f が n 回微分可能，かつ $f^{(n)}(x)$ が連続関数のことである．無限回微分可能な関数は C^∞-級の関数とよぶ．一般に微分できる回数の多いものほど関数としての振舞いはよくなる．しかし無限階微分可能な関数よりもっとすぐれた性質をもつ関数がある．それはあとで述べる，べき級数に展開可能な関数 (テイラー展開可能な関数) で**解析関数**とよばれるものである．解析関数は変域が実数の世界から (虚数も含む) 複素数の世界にまで拡張され，これまで学んできた初等関数の本質がそこで初めて明らかになる．

2.1.4 微分

さてここで**微分** (differential) の説明をしよう．これは**微分する** (differentiate) こととは少し違う．いま定理 2.1 の前にもどり

$$dx = x - x_0, \quad dy = y - y_0 \tag{2.6}$$

とおくとき接線 (2.5) は次のように表される．

$$dy = f'(x_0)dx. \tag{2.7}$$

この都合のよい記号の説明が必要である．$y = f(x)$ を $x = x_0$ の近傍で考えてみる．

$$\Delta x = x - x_0, \quad \Delta y = f(x) - f(x_0)$$

とおけば

$$\frac{\Delta y}{\Delta x} = \frac{f(x) - f(x_0)}{x - x_0}$$

である．ここで $x \to x_0$ の極限が

$$\frac{dy}{dx} = \lim_{\Delta x \to 0} \frac{\Delta y}{\Delta x} \quad \left(\text{左辺は正確には } \frac{dy}{dx}\bigg|_{x=x_0}\right)$$

であり，$\frac{dy}{dx}$ は接線の傾きを表すもので (2.7) のように dx, dy には本来意味はない．

(2.6) は x-y 座標系の中の各点 (x_0, y_0) を起点に局所座標系をその近傍で考えたときの変数 dx, dy を考えると思ってもよい．この場合 (2.7) で定義した dy は独立変数 dx に対応する従属変数として明確な意味を持っている．したがって極限値

$$\frac{dy}{dx} = \lim_{\Delta x \to 0} \frac{\Delta y}{\Delta x}$$

はあらためて，dx, dy を分母，分子とした $\frac{dy}{dx}$ とみることもできる．例えば，$g(x)$ の原始関数を $G(x)$ とするとき，$y = G(x)$ とかくと

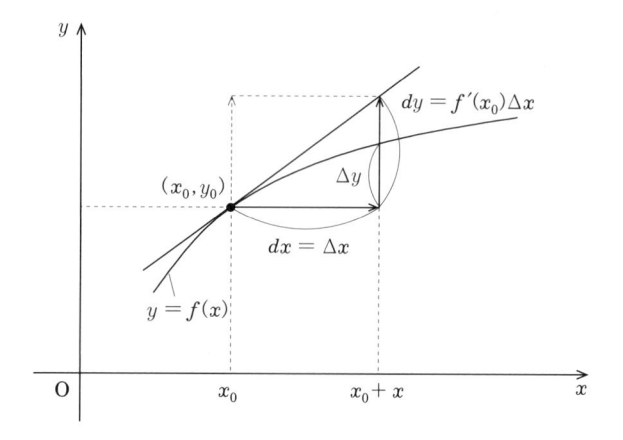

図 2.2　x_0 から変動する独立変数 dx に対して接線上を動く従属変数 $dy = f'(x_0)dx$ (dx の 1 次関数).

$$\frac{dy}{dx} = g(x) \quad \longrightarrow \quad dy = g(x)dx.$$

両辺に積分記号をかけて

$$\int dy = \int 1 dy = \int g(x)dx$$

$$y = G(x) + C$$

と形式的に表すことは，微分方程式[1]を解くときなどに違和感なく用いることができる．

2.1.5　接線と微分可能性 II

定理 2.1 の前で述べたことは次のようにまとめることができる．

$$\frac{f(x) - f(x_0)}{x - x_0} - m = \rho(x)\text{[2]}$$

とおくと

---

[1] 簡単に言えば，未知関数とその導関数の方程式．詳しくは 2.5 節を参照．
[2] ρ：ロー．

$$f(x)=f(x_0)+m(x-x_0)+\rho(x)(x-x_0)$$

によって

定理 2.2 $y=f(x)$ のグラフに点 $(x_0,f(x_0))$ で接線が引けるための必要十分条件は

$$\begin{cases} f(x)=f(x_0)+m\cdot(x-x_0)+\rho(x)(x-x_0), \\ \lim_{x\to x_0}\rho(x)=0 \end{cases} \tag{2.8}$$

と表されることである．

注意 (2.8) において $\rho(x_0)=0$ と定義しておけば $\rho(x)\to\rho(x_0)(x\to x_0)$．すなわち $\rho(x)$ は $x=x_0$ で連続となるから，(2.8) は x_0 までこめて成り立つ（ρ を x_0 までこめて x_0 の近傍に拡張したことになる．こうしておくと合成関数を扱うときなどに便利）．

定理 2.3 $f(x)$ について (2.8) が成り立つことは

$$m=f'(x_0)=\lim_{x\to x_0}\frac{f(x)-f(x_0)}{x-x_0}$$

が成り立つこと，すなわち $f(x)$ が $x=x_0$ で微分可能ということと同値である．

表現を代えれば次のようにいえる．

定理 2.4 $f(x)$ が $x=x_0$ で微分可能とは，$x=x_0$ の近傍で $f(x)$ が (2.8) の式で表されることである．

注意 定理 2.3 から区間 I で微分可能な $f(x)$ が定数であれば，区間 I で $f'(x)\equiv 0$ は当然であるが，逆に $f'(x)$ が区間 I において恒等的に 0 ならば，$f(x)$ はそこで定数である．このことは後に平均値の定理 (定理 2.12) の系 2.1 (p.100) で示される．

定義 2.2 x_0 が $f(x)$ の定義域 I の左端にあるときは，極限値

$$f'_+(x_0) = \lim_{x \to x_0+0} \frac{f(x)-f(x_0)}{x-x_0} \quad (右微分係数)$$

が存在するならば，$f(x)$ は $\boldsymbol{x=x_0}$ で微分可能 と定義し，あらためて $f'_+(x_0)$ を $f'(x_0)$ と表す．同様に x_0 が $f(x)$ の定義域 I の右端の点ならば，極限値 $f'_-(x_0) = \lim_{x \to x_0-0} \frac{f(x)-f(x_0)}{x-x_0}$ (左微分係数) が存在するとき，$x=x_0$ で微分可能とし，この極限値 を $f'(x_0)$ と表す．

注意 $I=[a,b]$ の場合，$a<x_0<b$ ならば，f が x_0 で微分可能とは

$$f'(x_0) = \lim_{x \to x_0} \frac{f(x)-f(x_0)}{x-x_0}$$

が存在することであったが，これはもちろん $f'_+(x_0)=f'_-(x_0)=f'(x_0)$ が成立していることである．$x_0=a$ の場合は，a で微分可能とは $f'_+(a)$ が存在する場合で，$f'_+(a)$ をあらためて $f'(a)$ と表す．同様に $f'_-(b)$ が存在する場合，$x_0=b$ で微分可能とし，$f'_-(b)$ を $f'(b)$ と表す．

2.1.6　富士山モデルの場合

$y=F(x)$ $(a \leq x \leq b)$ (左稜線) において，$x=a,b$ で接線が引けるとは，$F'_+(a)$, $F'_-(b)$ がそれぞれ存在することとし，各接線とは $F'(a)=F'_+(a)$, $F'(b)=F'_-(b)$ の定義に従って，

(I)　$y-F(a)=F'(a)(x-a)$

(II)　$y-F(b)=F'(b)(x-b)$

を指す．これらは本来の接線ではないので，(I) を右半接線 (II) を左半接線，と仮に本書では名付けておこう．

2.1.7　微分係数の計算例

例 2.2　$f(x)=x^3$ とするとき，$f'(-1), f'(-2)$ を求めよ．

解
$$f'(-1) = \lim_{x \to -1} \frac{f(x)-f(-1)}{x-(-1)} = \lim_{x \to -1} \frac{x^3+1}{x+1}$$

2.1 稜線に接線を引く   55

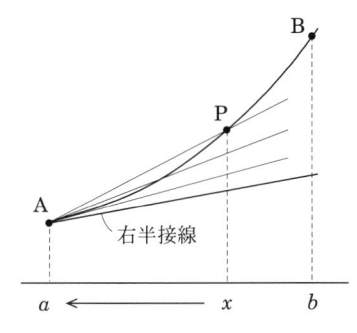

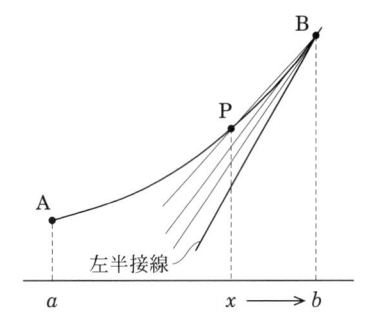

図のキャプション: 右半接線 / 左半接線

図 **2.3**

$$= \lim_{x \to -1}(x^2 - x + 1) = 3.$$
$$f'(2) = \lim_{x \to 2}\frac{x^3 - 2^3}{x - 2} = \lim_{x \to 2}(x^2 + 2x + 4) = 12. \qquad ■$$

例 2.3 $f(x) = x^n$ (n は自然数) の $x = x_0$ における微係数を求めよ．

解 $\dfrac{f(x) - f(x_0)}{x - x_0} = \dfrac{x^n - x_0^n}{x - x_0} = x^{n-1} + x_0 x^{n-2} + \cdots + x_0^{n-2} x + x_0^{n-1}.$

よって
$$f'(x_0) = \lim_{x \to x_0}\frac{f(x) - f(x_0)}{x - x_0} = n x_0^{n-1}. \qquad ■$$

例 2.4 $f(x) = x|x|$ のとき $f'(0)$ を求めよ．

解 $f(x) = \begin{cases} x^2 & (x \geq 0) \\ -x^2 & (x < 0) \end{cases}$ であるから

$$\lim_{x \to +0}\frac{f(x) - f(0)}{x} = \lim_{x \to +0} x = 0. \quad \text{よって} \quad f'_+(0) = 0.$$
$$\lim_{x \to -0}\frac{f(x) - f(0)}{x} = \lim_{x \to -0}(-x) = 0. \quad \text{よって} \quad f'_-(0) = 0.$$

したがって $f'(0) = 0.$ ■

例 2.5 $f(x)=|x|$, $I=(-\infty,\infty)$ について，$x_0 \in I$ における微分可能性をしらべ，微係数を求めよ．

解 $x_0 > 0$ ならば $f(x_0)=x_0$ かつ x_0 の近傍の x について $f(x)=x$. よって
$$\frac{f(x)-f(x_0)}{x-x_0} \equiv 1, \quad f'(x_0)=1.$$
$x_0 < 0$ ならば $f'(x_0)=-1$.

$x_0 = 0$ ならば，右微係数 $f'_+(0)=1$, 左微係数 $f'_-(0)=-1$.

よって $x \neq 0$ では微分可能で $f'(x)=\pm 1$ $(x \lessgtr 0)$, $x=0$ では微分不可能． ∎

問 2.1 $f(x)$ は開区間 I で定義されていて，$x_0 \in I$ では微分可能で $f'(x_0) \neq 0$ とする．このとき定義に従って，$\dfrac{1}{f(x)}$ は x_0 で微分可能で，その微分係数は $\left(\dfrac{1}{f}\right)'(x_0) = -\dfrac{f'(x_0)}{f(x_0)^2}$ で与えられることを示せ．

§2.2　微分法の公式

関数 f, g の 1 次結合 $af+bg$ (a,b は定数), 積 fg, 商 f/g を次のように定める．

$$(af+bg)(x) = af(x)+bg(x)$$
$$(fg)(x) = f(x)g(x)$$
$$(f/g)(x) = f(x)/g(x) \qquad (\text{ただし } g \neq 0).$$

定理 2.5 f, g は区間 I 上で微分可能な関数とする．このとき $af+bg$ (a,b は定数), fg, f/g ($g \neq 0$) も微分可能で，次の各式が成り立つ．

$$(af+bg)' = af'+bg' \tag{2.9}$$

$$(fg)' = f'g+fg' \tag{2.10}$$

$$(f/g)' = (f'g-fg')/g'. \tag{2.11}$$

証明 (2.9) は明らかなので，(2.10) から証明する．
$$\frac{(fg)(x+h)-(fg)(x)}{h}=\frac{f(x+h)-f(x)}{h}g(x+h)+f(x)\frac{g(x+h)-g(x)}{h}.$$
両辺で $\lim_{h\to 0}$ をとると，定理 1.11 (p.26)，定理 2.1 (p.48) より，
$$(fg)'(x)=f'(x)g(x)+f(x)g'(x).$$
(2.11) を示そう．$g\neq 0$ ならば次式が成り立つ（問 2.1 (p.56) より）．
$$\left(\frac{1}{g}\right)'=-\frac{g'}{g^2}.$$
$\dfrac{f}{g}=f\dfrac{1}{g}$ と書き表して (2.10) を用いると，
$$\left(\frac{f}{g}\right)'=f'\cdot\left(\frac{1}{g}\right)+f\cdot\left(\frac{1}{g}\right)'=\frac{f'}{g}+f\cdot\left(-\frac{g'}{g^2}\right)=\frac{f'g-fg'}{g^2}. \qquad \square$$

2.2.1 合成関数

$f(x)$ は区間 I 上の連続関数，$g(x)$ は区間 J 上の連続関数とするとき，
$$f(I)=\{f(x)\,|\,x\in I\}\subset J$$
ならば f と g の**合成関数**
$$x\in I\to g\circ f(x)=g(f(x))$$
が定義され，**$g\circ f$ も I 上の連続関数**である．実際，
$$x_0\in I, \quad y_0=f(x_0)\in J$$
とすると，$x\to x_0$ ならば $f(x)\to f(x_0)$ より，
$$g\circ f(x)=g(f(x))\to g(f(x_0))=g\circ f(x_0)$$
が成り立つ．

定理 2.6 (合成関数の微分公式)　f は x 軸上の区間 I 上で微分可能，g は y 軸上の区間 J 上で微分可能で，$f(I) \subset J$ すなわち $x \in I$ のとき $f(x) \in J$ ならば，合成関数 $g \circ f$ は I 上で微分可能で次式が成り立つ．

$$D(g \circ f) = (Dg \circ f) \times (Df). \tag{2.12}$$

注意　$z = g(y),\ y = f(x)\ (y \in J, x \in I)$ とするとき (2.12) は，

$$\frac{d}{dx}(g(f(x)) = \frac{dg}{dy}\bigg|_{y=f(x)} \times \frac{df}{dx}$$

あるいは $g(f(x))' = g'(f(x))f'(x)$．もっと簡単に，

$$\frac{dz}{dx} = \frac{dz}{dy}\frac{dy}{dx} \tag{2.12'}$$

と表してもよい．

証明　仮定からそれぞれ z は y について，y は x について微分可能であるから，定理 2.2 より

$$\Delta y = f'(x)\Delta x + \rho_1(x)\Delta x, \qquad \lim_{\Delta x \to 0} \rho_1(x) = 0$$

$$\Delta z = g'(y)\Delta y + \rho_2(y)\Delta y, \qquad \lim_{\Delta y \to 0} \rho_2(y) = 0$$

が成り立つ．そこで第 1 式の Δy を第 2 式に代入して，

$$\Delta z = (g'(y) + \rho_2(y))(f'(x) + \rho_1(x))\Delta x$$
$$= (g'(y)f'(x) + \rho_2(y)f'(x) + g'(y)\rho_1(x))\Delta x + \rho_2(y)\rho_1(x)\Delta x.$$

ゆえに

$$\frac{\Delta z}{\Delta x} = g'(y)f'(x) + \rho_2(y)f'(x) + g'(y)\rho_1(x) + \rho_2(y)\rho_1(x).$$

(ここで $\lim_{\Delta x \to 0}$ をとれば，$\lim_{\Delta x \to 0} \Delta y = 0$ であるが，$\Delta x \neq 0$ でも $\Delta y = 0$ となる関数 f もあり得るから，

$$\frac{\Delta z}{\Delta x} = \frac{\Delta z}{\Delta y}\frac{\Delta y}{\Delta x}$$

とは一般に書けない). $\lim_{\Delta x \to 0} \rho_1(x) = 0$, $\lim_{\Delta x \to 0} \rho_2(y) = 0$ を使えば

$$\lim_{\Delta x \to 0} \frac{\Delta z}{\Delta x} = g'(y)f'(x) + 0 \cdot f'(x) + 0 \cdot g'(y) + 0 \cdot 0$$
$$= g'(f(x))f'(x).$$

よって,

$$\frac{dz}{dx} = \frac{dz}{dy}\frac{dy}{dx}. \quad \square$$

2.2.2 逆関数の存在と性質

今度は逆関数について考えよう．もとの関数 f を閉区間 I 上の連続かつ狭義単調増加[3]な関数と仮定する．$I = [a, b]$ ならば，

$$\min_I f(x) = f(a), \quad \max_I f(x) = f(b)$$

となる．

$$f(I) = [f(a), f(b)] = J$$

とかくと，中間値の定理 (定理 1.18 (p.40)) から，J の任意の y にはただ一つの x が存在し $f(x) = y$ を満たす．すなわち，

$$\text{対応}: I \ni x \to f(x) \in J$$

は I から J 上への 1 対 1 対応である．したがって

$$\text{逆対応}: y(= f(x)) \to x$$

が定義できる．これを f の**逆関数**と呼び f^{-1} と表す $\left(\dfrac{1}{f}\text{ではない}!\right)$. すなわち

$$f^{-1}: J \ni y \to f^{-1}(y) = x \in I.$$

f^{-1} を主体的に考えるときは

---

[3] 定義 1.4 (p.18).

$$x \in J \to f^{-1}(x) = y$$

のように書いても混乱は起きまい．

逆関数の単調性　f^{-1} は狭義単調増加になる．これには，

$$y_1, y_2 \in J, \quad y_1 < y_2 \implies f^{-1}(y_1) < f^{-1}(y_2)$$

を示せばよい．これを背理法で示そう．

$$y_1 < y_2 \quad \text{かつ} \quad f^{-1}(y_1) \geq f^{-1}(y_2)$$

となる $y_1, y_2 \in J$ が存在したとする．$f(x_1) = y_1$, $f(x_2) = y_2$ を満たす $x_1, x_2 \in I$ をとると，$f^{-1}(y_1) \geq f^{-1}(y_2)$ から $x_1 \geq x_2$．f は単調増加なので

$$f(x_1) \geq f(x_2) \quad \text{すなわち} \quad y_1 \geq y_2.$$

これは矛盾である．ゆえにこのような $y_1, y_2 \in J$ は存在せず，f^{-1} は狭義単調増加が示された．

　f が狭義単調減少ならば，同様に逆関数 f^{-1} が $J = [f(b), f(a)]$ から I 上への狭義単調減少な関数として定義される．

逆関数の連続性　f^{-1} の連続性は f の連続性がそのまま遺伝する．f が狭義単調増加の場合について検証しよう (狭義単調減少についても同じようにできる)．

　$J \ni y_0$ と $\varepsilon > 0$ を任意にとったとき，

$$y \in J, \ |y - y_0| < \delta \quad \text{ならば} \quad |f^{-1}(y) - f^{-1}(y_0)| \leq \varepsilon$$

となるように $\delta > 0$ を定められればよい．y_0 に対し，$y_0 = f(x_0)$ となる $x_0 \in I$ がただ一つ定まる．そこで，

$$y_1 = f(x_0 - \varepsilon), \quad y_2 = f(x_0 + \varepsilon)$$

とおく．ただし

$$x_0 - \varepsilon < a \quad \text{のときは} \quad y_1 = f(a), \quad b < x_0 + \varepsilon \quad \text{のときは} \quad y_2 = f(b)$$

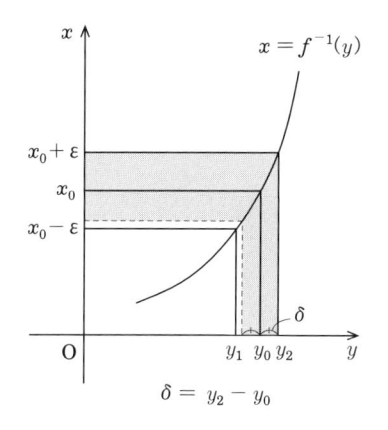

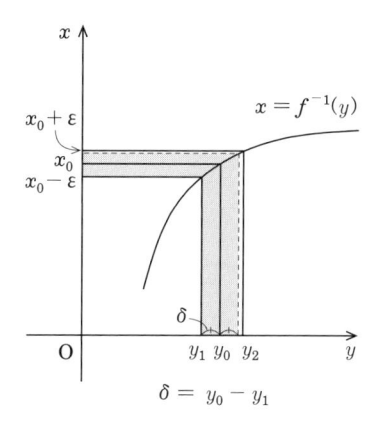

図 2.4

とおく.図 2.4 から $y_0 \neq f(a), f(b)$ のときは,

$$\delta = \min(y_2 - y_0, y_0 - y_1),$$

$y_0 = f(a)$ または $f(b)$ のときはそれぞれ

$$\delta = y_2 - y_0, \quad \delta = y_0 - y_1$$

と定めれば,

$$|y - y_0| \leq \delta \implies |f^{-1}(y) - f^{-1}(y_0)| \leq \varepsilon$$

が確かに成り立つ.よって f^{-1} は J 上で連続である.

$f(x)$ が I 上の狭義単調減少な連続関数の場合も

$$f(I) = J \qquad (端点 f(a) が最大, f(b) が最小)$$

となり,$f^{-1}: J \to I$ が同様に狭義単調減少な連続関数として定義される.

例 2.6 $I = [0,1]$ 上の連続関数 $f(x) = \dfrac{1}{1+x^2}$ は狭義単調減少であることを示し,$f^{-1}(x)$ とその定義域 J を求めよ.

解 $0 \leq x_1 < x_2 \leq 1$ をとり,$y_1 = f(x_1)$, $y_2 = f(x_2)$ とするとき,

$$y_1 - y_2 = \frac{(x_2-x_1)(x_2+x_1)}{(1+x_1^2)(1+x_2^2)} > 0.$$

よって f は I 上の狭義単調減少な連続関数であるから，逆関数 f^{-1} が存在する．

$$J = f(I) = [f(1), f(0)] = \left[\frac{1}{2}, 1\right]$$

より，f^{-1} は定義域 $J = \left[\frac{1}{2}, 1\right]$ から $[0,1]$ の上への狭義単調減少な連続関数である．$y = \dfrac{1}{1+x^2}$ から

$$x = \sqrt{\frac{1}{y} - 1} = f^{-1}(y), \quad y \in \left[\frac{1}{2}, 1\right].$$

したがって，

$$f^{-1}(x) = \sqrt{x^{-1} - 1}, \quad J = \left[\frac{1}{2}, 1\right]. \quad \blacksquare$$

以上より

$$I \ni x \quad \xrightarrow{f} \quad y = f(x) \quad \xrightarrow{f^{-1}} \quad x = f^{-1}(y) = f^{-1}(f(x))$$

であるから，f と f^{-1} で合成された関数 $f^{-1} \circ f$ は x を x に対応させる関数である．すなわち

$$f^{-1} \circ f(x) = f^{-1}(f(x)) \equiv x \qquad (x \in I).$$

逆関数の微分可能性　狭義単調な連続関数 f については f^{-1} もそうであるが，狭義単調な f が微分可能であっても，f^{-1} には微分可能性はそのまま反映されない．図 2.5 を見てみよう．

図 2.5 (左) は $y = f(x)$ のグラフで f は狭義単調増加・微分可能な関数であり，$f'(x_1) = f'(x_2) = 0$ であるとする．図 2.5 (右) は $x = f^{-1}(y)$ のグラフで f^{-1} は狭義単調増加であるが y_1, y_2 では微分不可能であることを示している．

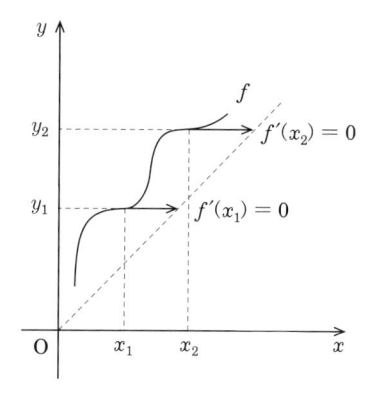

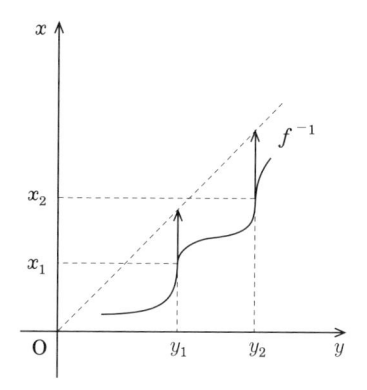

図 2.5

例 2.7　$f(x)=x^3$ は狭義単調増加・微分可能で $f'(0)=0$ を満たすから，図 2.5 の具体的な例である．

定理 2.7　$y=f(x)$ は区間 I 上で微分可能な狭義単調関数で，$f'(x)\neq 0$ $(x\in I)$ とする．このとき逆関数 $x=f^{-1}(y)$ も狭義単調関数で $J=f(I)$ で微分可能となり，次式が成り立つ．

$$D(f^{-1})=\frac{1}{Df} \quad \left(\text{または}\frac{dx}{dy}=\frac{1}{\frac{dy}{dx}}\right). \tag{2.13}$$

証明　$f^{-1}(y)$ が任意の $y=y_0\in J=f(I)$ で微分可能であることを示せばよい．$y_0=f(x_0)$ $(x_0\in I)$ とする．$x=f^{-1}(y)$ として $x\neq x_0$ ならば $y\neq y_0$ であるから，

$$\frac{x-x_0}{y-y_0}=\frac{1}{\dfrac{y-y_0}{x-x_0}}.$$

$f(x)$ が I で微分可能ならば連続，したがって $f^{-1}(y)$ は y の連続関数であるから，$y\to y_0$ とすると $x\to x_0$．また $x\to x_0$ ならば上式の右辺の分母は $f'(x_0)$ に近づく．仮定より，$f'(x_0)\neq 0$ であるから，

$$\lim_{y \to y_0} \frac{x - x_0}{y - y_0} = \frac{1}{\lim_{x \to x_0} \dfrac{y - y_0}{x - x_0}} = \frac{1}{f'(x_0)}.$$

したがって $f^{-1}(y)$ は y_0 で微分可能で，

$$(f^{-1})'(y_0) = \frac{1}{f'(x_0)}$$

が成り立つ．x_0 が I の任意の点であったから，y_0 は J の任意の点としてよい．ゆえに，$J = f(I)$ において

$$Df^{-1}(y) = \frac{1}{Df(x)} \quad \text{または} \quad \frac{dx}{dy} = \frac{1}{\dfrac{dy}{dx}}. \qquad \square$$

問 2.2 合成関数の微分法を用いて，$(f^{-1} \circ f)(x) = f^{-1}(f(x)) \equiv x$ の両辺を x で微分し，(2.13) 式を導け．

問 2.3 微分可能な関数 $f(x)$ と $g(x)$ がある．

$$f(3) = 4, \quad g(3) = 2, \quad f'(3) = -6, \quad f'(2) = -3, \quad g'(3) = 5$$

であるとき，$x = 3$ における $\left(\dfrac{f}{g}\right)'$ の値，$f(g(x))$ の導関数の値を求めよ．

問 2.4 $a (\geq 0)$ において f が微分可能のとき

$$\lim_{x \to a} \frac{f(x) - f(a)}{\sqrt{x} - \sqrt{a}}$$

を $f'(a)$ を用いて表せ．

問 2.5 $F(x) = f(xf(xf(x)))$ で

$$f(1) = 2, \quad f(2) = 3, \quad f'(1) = 4, \quad f'(2) = 5, \quad f'(3) = 6$$

であるとき $F'(1)$ を求めよ．

問 2.6 (1) $g(x) = 1 - x^3$ のグラフ上の点 $(0, 1)$ における接線の方程式を求めよ．

(2) $h(x) = \dfrac{1}{2x-1}$ のグラフ上の点 $\left(-1, -\dfrac{1}{3}\right)$ における接線の方程式を求めよ.

(3) $y = 6x^3 + 5x - 3$ という曲線には傾きが 4 となる接線は存在しないことを示せ.

(4) $y = \tan x$ の点 $\left(\dfrac{\pi}{3}, \sqrt{3}\right)$ における接線の方程式を求めよ.

§2.3 三角関数と逆三角関数

$\sin x$ の導関数を求めるために重要な極限公式

$$\lim_{x \to 0} \frac{\sin x}{x} = 1 \tag{2.14}$$

は,すでに第 1 章の 1.3.1 節,1.3.2 節および例 1.11 において曲線の長さを定義した上で導いた[4]. この公式と三角関数の和・積公式から $\sin x$ の導関数がすぐに得られるが,それはあとに回そう.

$\sin x$ のグラフは,まずどんな点でも接線が引けるから,いたるところで微分ができるだろうと推定できる. それを頭に入れておいて次のような力学的考察をしてみよう.

2.3.1 傘の滴

雨の中を登校途中に,傘をさしながら柄を中心に回転させ,滴を四方に飛び散らせた経験を誰でももつであろう. いま柄を中心軸にして傘が一定の速さで左回転しているとして,特定の傘の骨の先端の一てきの滴に注目する. それをそのまま地表に投影すれば円運動が実現することになる.

図 2.6 は滴が特定の位置で円軌道から離れる場合であるが,滴が一点のまま仮定すれば,一般に軌道上のどの位置からも,離れた瞬間に接線方向に飛ぶであろう. より明確に回転する傘を地表に射影した場合,一つの滴を定めて (メリーゴーラウンドのように) 回転する円盤上の固定点と考えてみる.

---

[4] (1.18) 式.

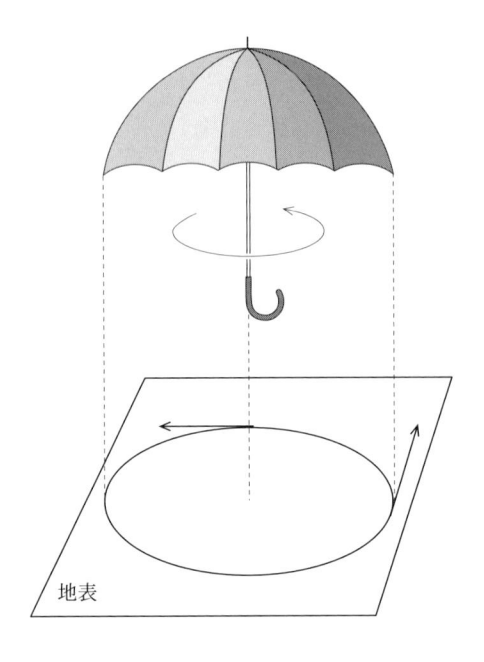

図 2.6

例えば遊園地のメリーゴーラウンド上の人は，回る軌道上に束縛されているけれども，たえず接線方向にほうり出されるような感覚を受けるであろう．見方を変えて，中心 O の単位円を固定し，その上を動点 P が正の向きに (反時計回りに) 一定の速さで移動しているとする．その位置は x 軸上の点から回転した角度 (ラジアン) で測る．例えば角度が θ ラジアンとは，対応する円弧の長さが θ で定義される角度である．比例関係から，半径 r の円では θ ラジアンの円弧の長さは $r\theta$ となる．

点 P が単位時間 (例えば 1 秒) に回転する角度を角速度という．一般に半径 r の円周上を正の向き (反時計回りの向き) に移動する点 P の，時刻 0 から時刻 t までの角変位を $\phi(t)$ で表すと，時刻 t から $t+\Delta t$ までの時間の

$$\text{平均角速度} = \frac{\phi(t+\Delta t) - \phi(t)}{\Delta t} \quad (\text{rad}/\text{秒})$$

$$\theta = \theta(\mathrm{rad}/秒)$$

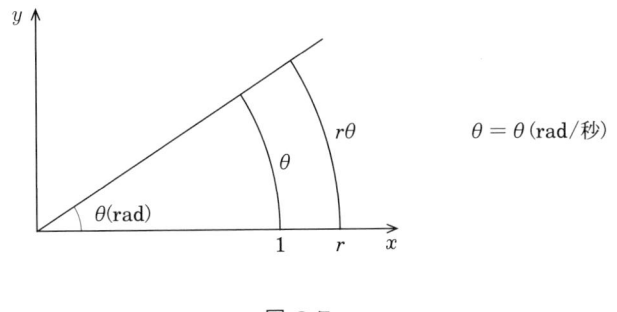

図 2.7

である．Δt を限りなく小さくしたときの極限値

$$\dot{\phi}(t) = \lim_{\Delta t \to 0} \frac{\phi(t+\Delta t) - \phi(t)}{\Delta t}$$

を点 P の時刻 t における角速度をいい，記号 $\omega(t)$ で表すこともある．$\dot{\phi}(t)$ が t に無関係な一定値であれば，円運動は角速度一定なのである (等速円運動)．メリーゴーラウンドは，任意の t に対して $\omega(t) \equiv \omega_0$ (定数) と考えてよい．すなわち

$$\frac{\phi(t+\Delta t) - \phi(t)}{\Delta t} = \omega \qquad (t \text{ にも } \Delta t \text{ にも無関係な値}).$$

円運動に限らず時間 t の関数を考えれば，そのグラフは点の時間経過による移動の軌跡として描かれる．例えば川の流れの中に魚釣りの浮きをおけば，浮きの軌跡は一本の流線になる．このときそのグラフ上の任意の点において接線方向 (流れの方向) に，"流速を表す" 長さの定められた有向線分を対応させると，流線の流れは明確になる．このような有向線分をベクトルという．少しベクトルについて説明しよう．

2.3.2 ベクトル

ベクトルとは，大きさと向きをもつ有向線分で普通は矢印で図示し，矢の長さは大きさを，矢先は方向を表す．

ベクトルは次の性質をもつとする．ある軌道上を点 P が移動していると

図 2.8

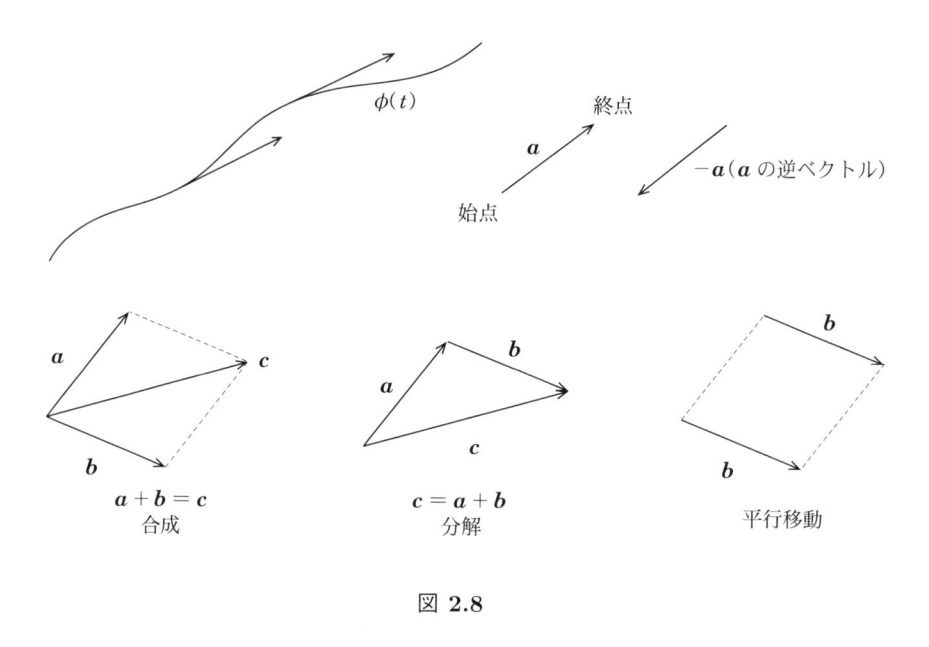

して，軌道上の定点 A を通過する瞬間の速度を定義しておこう．点 O を軌道外に固定して，点 P が点 A を通過する時刻を t, t からさらに微小時間 Δt だけ移動した時刻 $t+\Delta t$ における点 P を考える．それぞれ位置ベクトル

$$\bm{x}(t)=\overrightarrow{\mathrm{OA}}, \quad \bm{x}(t+\Delta t)=\overrightarrow{\mathrm{OP}}$$

を定め $\Delta t \to +0$ とすると，P は軌道上を A に近づき，直線 AP は点 A における軌道の接線に近づく．$\overrightarrow{\mathrm{AP}}$ を位置ベクトルで表すと，

$$\overrightarrow{\mathrm{AP}}=\overrightarrow{\mathrm{OP}}-\overrightarrow{\mathrm{OA}}=\bm{x}(t+\Delta t)-\bm{x}(t)$$

である．

いま A から P までの移動距離 (軌道上の) を Δs とするとき，P が A に十分近くなれば

$$\Delta s = \text{弧 AP の長さ} \approx \text{直線 AP の長さ} = \ell_{\mathrm{AP}}$$

と考えてよい．そこで $\Delta t \to 0$ の極限

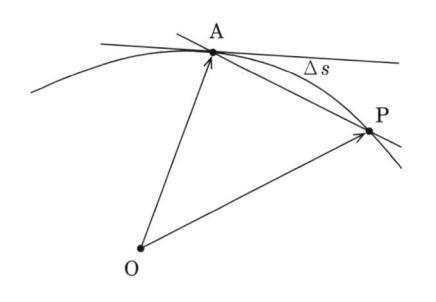

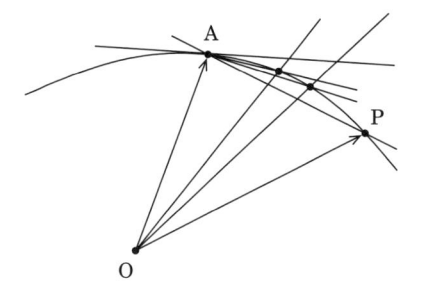

図 2.9

$$\lim_{\Delta t \to +0} \frac{\Delta s}{\Delta t} = \lim_{\Delta t \to +0} \frac{\ell_{\mathrm{AP}}}{\Delta t} = \frac{ds}{dt} \tag{2.15}$$

を点 P が A を通る瞬間の速さと定める．またこのとき $\frac{1}{\Delta t} > 0$ より，

$$\text{ベクトル AP とベクトル} \frac{\boldsymbol{x}(t+\Delta t) - \boldsymbol{x}(t)}{\Delta t} \text{の方向は同じ}$$

だから，P→A ($\Delta t \to 0$) のとき直線 AP は A における軌道の接線に近づく．したがって

$$\boldsymbol{v} = \lim_{\Delta t \to 0} \frac{\boldsymbol{x}(t+\Delta t) - \boldsymbol{x}(t)}{\Delta t} \tag{2.16}$$

は，A における接線方向をもつ速さ $\frac{ds}{dt}$ のベクトルを表す．速さ $\frac{ds}{dt}$ はベクトル $\boldsymbol{v}$ の大きさ，$\boldsymbol{v}$ はこの大きさと A における接線方向を併せもつ速度ベクトルである．これを**接線ベクトル**と呼ぼう．

少し説明が長引いたので，本題の円軌道に話を戻すと，いま点 P が単位円周上を一定の角速度 ω で，点 (1,0) から正の向きに回転しているとする．時刻 t のとき点 A と通過し，さらに Δt 時間後の時刻 $t+\Delta t$ において点 P を通過しつつあるとする．点 P が A を通る瞬間の速さを，(2.15) からあらためて求めると，

$$\lim_{\Delta t \to 0} \frac{\Delta s}{\Delta t} = \lim_{\Delta t \to 0} \frac{\omega(t+\Delta t) - \omega t}{\Delta t} = \omega. \tag{2.17}$$

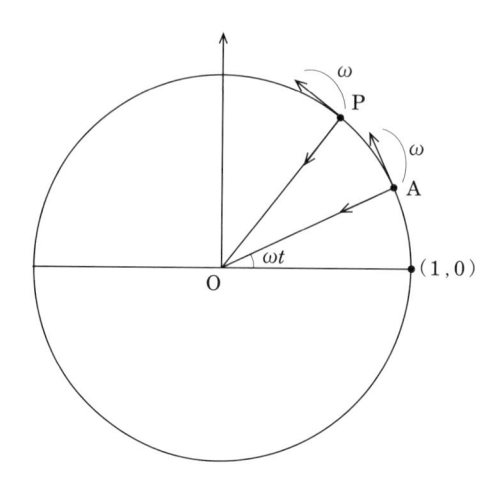

図 **2.10** 円周に接している矢印が $\boldsymbol{v}$

これが (2.16) の速度ベクトル $\boldsymbol{v}$ の大きさとなる.

速度ベクトル $\boldsymbol{v}$ は x 軸方向と y 軸方向に分解される. それらを $\boldsymbol{v}$ の x-成分, y-成分とよぶ. $\boldsymbol{v}$ の向きは A における接線方向 (ただし t が増大する方向) であるから, まず A,P が第 1 象限にあれば図 2.10 より点 A における速度ベクトル $\boldsymbol{v}$ の

$$\begin{aligned} x\text{-成分} &= -\omega\sin\omega t \quad (x\text{ 軸の負の向き}), \\ y\text{-成分} &= \omega\cos\omega t \quad (y\text{ 軸の正の向き}). \end{aligned} \tag{2.18}$$

さて, 今度は速度ベクトル $\boldsymbol{v}$ を (2.16) の右辺から計算しよう. 点 P の位置ベクトル $\overrightarrow{\mathrm{OP}}$ は

$$\overrightarrow{\mathrm{OP}} = (\cos\omega(t+\Delta t),\ \sin\omega(t+\Delta t)) \tag{2.19}$$

点 A の位置ベクトル $\overrightarrow{\mathrm{OA}}$ は

$$\overrightarrow{\mathrm{OA}} = (\cos\omega t,\ \sin\omega t) \tag{2.20}$$

と書ける. ゆえに $\overrightarrow{\mathrm{AP}}$ は

2.3 三角関数と逆三角関数 71

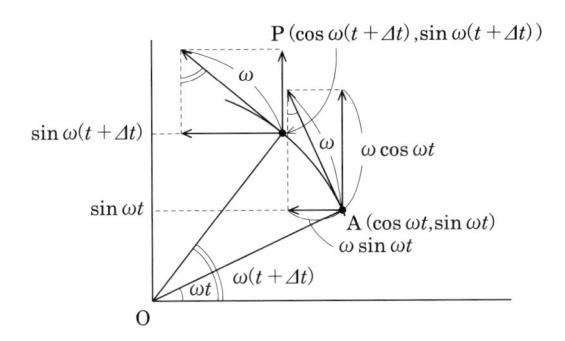

図 **2.11**

$$\overrightarrow{\mathrm{AP}} = (\cos\omega(t+\Delta t) - \cos\omega t,\ \sin\omega(t+\Delta t) - \sin\omega t) \tag{2.21}$$

したがって

$$\begin{aligned}
&\lim_{\Delta t \to 0} \frac{\boldsymbol{x}(t+\Delta t) - \boldsymbol{x}(t)}{\Delta t} \\
&= \left(\lim_{\Delta t \to 0} \frac{\cos\omega(t+\Delta t) - \cos\omega t}{\Delta t},\ \lim_{\Delta t \to 0} \frac{\sin\omega(t+\Delta t) - \sin\omega t}{\Delta t} \right).
\end{aligned} \tag{2.22}$$

(2.18) と (2.22) は各成分それぞれ等しいので

$$\begin{aligned}
x\text{-成分} &= \lim_{\Delta t \to 0} \frac{\cos\omega(t+\Delta t) - \cos\omega t}{\Delta t} = -\omega \sin\omega t, \\
y\text{-成分} &= \lim_{\Delta t \to 0} \frac{\sin\omega(t+\Delta t) - \sin\omega t}{\Delta t} = \omega \cos\omega t.
\end{aligned} \tag{2.23}$$

が成り立つ.したがって次の微分公式が得られる.

$$\frac{d}{dt}\cos\omega t = -\omega\sin\omega t, \qquad \frac{d}{dt}\sin\omega t = \omega\cos\omega t. \tag{2.24}$$

特に角速度 $\omega = 1$ ならば時間変数 t を変数 x で書き改めると

$$\frac{d}{dx}\cos x = -\sin x, \qquad \frac{d}{dx}\sin x = \cos x. \tag{2.25}$$

(2.23) 式は角速度が一定とし計算したが，もし $\omega(t)(t$ とともに変化する) とした場合は，時刻 t における回転角 ωt を $\omega(t)$ で置き換えねばならない．したがって (2.17) 式において ωt を $\omega(t)$ で置き換えると

$$\lim_{\Delta t \to 0} \frac{\omega(t+\Delta t)-\omega(t)}{\Delta t} = \dot{\omega}(t)$$

となる．よって (2.18) は今の場合

$$x\text{-成分} = -\dot{\omega}(t)\sin\omega t, \quad y\text{-成分} = \dot{\omega}(t)\cos\omega t$$

となる．したがって (2.24) 式は (t を x にかえて)

$$\frac{d}{dx}\cos(\omega(x)) = -\omega'(x)\sin\omega(x), \quad \frac{d}{dx}\sin(\omega(x)) = \omega'(x)\cos\omega(x) \tag{2.26}$$

と修正すればよい．これらの微分公式を合成関数 $\sin\circ\omega$ に施した結果と同じである．

　力学的考察はここで終わりにして，(2.25) を通常の方法で出すことも実行しておこう．三角関数の導関数を求める．$y=\sin x$ について和・積の公式から

$$\sin(x+h) - \sin x = 2\cos\left(x+\frac{h}{2}\right)\sin\frac{h}{2}$$

$$\frac{dy}{dx} = \lim_{h\to 0}\frac{2\cos\left(x+\frac{h}{2}\right)\sin\frac{h}{2}}{h} = \lim_{h\to 0}\cos\left(x+\frac{h}{2}\right)\frac{\sin\frac{h}{2}}{\frac{h}{2}}.$$

ここで (2.14), $\displaystyle\lim_{t\to 0}\frac{\sin t}{t}=1$ より

$$\text{上式} = \lim_{h\to 0}\cos\left(x+\frac{h}{2}\right)\lim_{h\to 0}\frac{\sin\frac{h}{2}}{\frac{h}{2}} = \cos x.$$

よって

$$\frac{d}{dx}\sin x = \cos x.$$

$y = \cos x$ については

$$\frac{d}{dx}\cos x = \frac{d}{dx}\sin\left(x+\frac{\pi}{2}\right) = \cos\left(x+\frac{\pi}{2}\right) = -\sin x.$$

すなわち次式が得られる．

$$\frac{d}{dx}\cos x = -\sin x.$$

$y = \tan x$ については

$$\frac{dy}{dx} = \frac{d}{dx}\left(\frac{\sin x}{\cos x}\right) = \frac{\cos^2 x + \sin^2 x}{\cos^2 x} = \frac{1}{\cos^2 x}.$$

すなわち

$$\frac{d}{dx}\tan x = \sec^2 x.$$

2.3.3 逆三角関数と導関数

これらの三角関数の逆関数の導関数を求めよう．逆関数を考えるためには，もとの関数が単調関数となるように適当に定義域を区切っておかねばならない．そのような最大区間の長さ $=\pi$ であり，それを以下の各括弧内のように選んだときの逆関数の値を逆三角関数の**主値**という．本書では逆関数は主値をとる．

$\sin x, \cos x, \tan x \cdots$ の逆関数をそれぞれ $\sin^{-1} x$, $\cos^{-1} x$, $\tan^{-1} x \cdots$ 等と書く[5]．

$y = \sin^{-1} x \to x = \sin y \quad \left(-\frac{\pi}{2} \leq y \leq \frac{\pi}{2} \text{ で単調増加}\right),$

$\dfrac{dy}{dx} = \dfrac{1}{\frac{dx}{dy}} = \dfrac{1}{\cos y} = \dfrac{1}{\sqrt{1-\sin^2 y}} = \dfrac{1}{\sqrt{1-x^2}} \quad \left(-\dfrac{\pi}{2} < y < \dfrac{\pi}{2} \text{ で } \cos y > 0\right).$

よって，

---

[5] アークサイン，アークコサイン，アークタンジェント．

$$\frac{d}{dx}\sin^{-1}x = \frac{1}{\sqrt{1-x^2}} \qquad (|x|<1).$$

$y = \cos^{-1}x \to x = \cos y \qquad (0 \leq y \leq \pi \text{ で単調減少}),$

$\dfrac{dy}{dx} = -\dfrac{1}{\sin y} = -\dfrac{1}{\sqrt{1-\cos^2 y}} = -\dfrac{1}{\sqrt{1-x^2}} \qquad (0 < y < \pi \text{ で } \sin y > 0).$

よって,

$$\frac{d}{dx}\cos^{-1}x = -\frac{1}{\sqrt{1-x^2}} \qquad (|x|<1).$$

$y = \tan^{-1}x \to x = \tan y \qquad \left(-\dfrac{\pi}{2} < y < \dfrac{\pi}{2} \text{ で単調増加}\right).$

$\dfrac{dy}{dx} = \dfrac{1}{\dfrac{dx}{dy}} = \dfrac{1}{\sec^2 y} = \dfrac{1}{1+\tan^2 y} = \dfrac{1}{1+x^2}.$

よって,

$$\frac{d}{dx}\tan^{-1}x = \frac{1}{1+x^2} \qquad (-\infty < x < \infty).$$

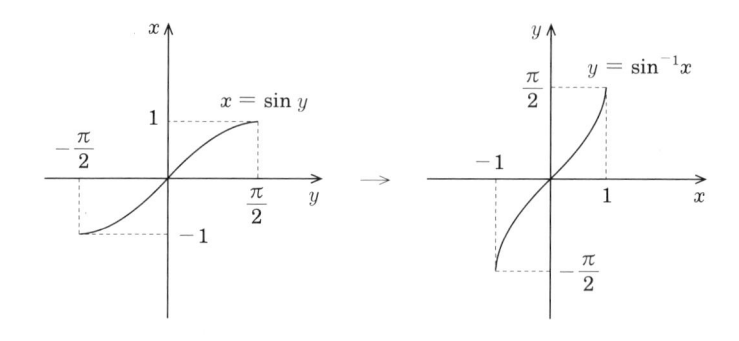

図 **2.12**

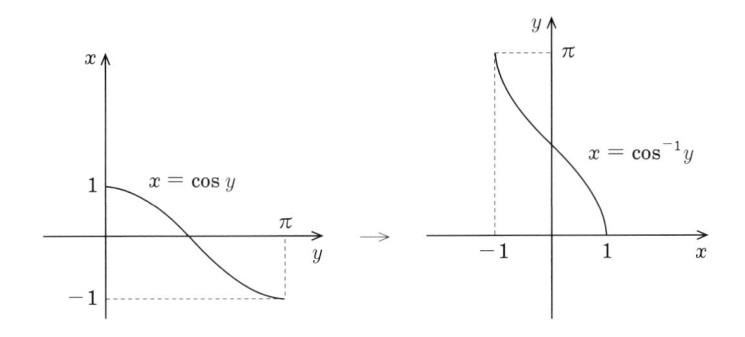

図 2.13

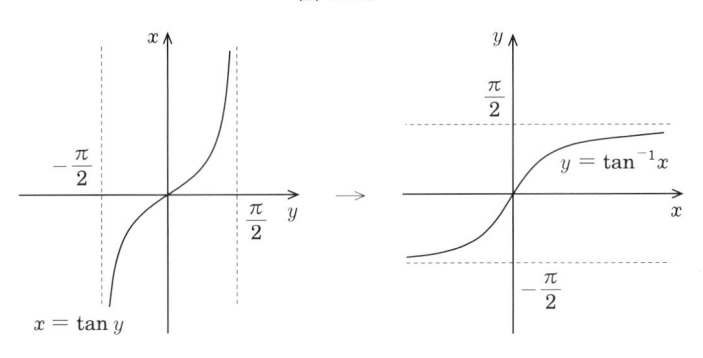

図 2.14

§2.4 指数関数・対数関数

$a>0$ (ただし $a\neq 1$) とするとき,定理 1.6 (p.18),例 1.7 (p.26) より,指数関数 a^x は $0<a<1$ の場合は狭義単調減少,$a>1$ の場合は狭義単調増加,かつ $-\infty<x<\infty$ で連続であることを示した.したがって $f:x\to a^x$ は $(-\infty<x<\infty)$ から $(0,\infty)$ への 1 対 1 対応である.さらに a^x は常に正で,例 1.6 (p.21) より $a>1$ ならば $\lim_{x\to +\infty} a^x = +\infty$, $\lim_{x\to -\infty} a^x = 0$ から,任意の $y>0$ をとると,$y=a^x$ を満たす x が存在する ($0<a<1$ ならば $\lim_{x\to +\infty} a^x = 0$, $\lim_{x\to -\infty} a^x = +\infty$).したがって f は $(-\infty,\infty)$ から $(0,\infty)$ の上への 1 対 1 対

応である．よって $f:x \to a^x$ の逆関数 f^{-1} が $(0,\infty)$ で定義される．$f^{-1}(y) = \log_a y$ と表し，a を底とする**対数関数**とよぶ．

f^{-1} の独立変数を $x(>0)$ にとれば

$$y = f^{-1}(x) = \log_a x.$$

対数関数の性質は $f(y) = a^y$ の指数法則を反映するから

$$\log_a(xx') = \log_a x + \log_a x', \quad \log_a x^{x'} = x' \log_a x$$

などが得られることは高校の教科書で既知であるとしよう．

$f(x) = a^x \ (a>0, a \neq 1),\ f^{-1}(x) = \log_a x$ に 2.2.2 節 (p.59〜) の内容をあてはめると

$$\begin{cases} f:a^x \text{ は狭義単調増加 } (a>1) \text{ または減少 } (0<a<1) \text{ でいたるところ連続,} \\ f^{-1}:\log_a x \text{ は狭義単調増加 } (a>1) \text{ または減少 } (0<a<1) \text{ でいたるところ連続} \end{cases}$$

(1) a^x の定義域は $(-\infty, \infty)$ で，$\log_a x$ の定義域は $(0, \infty)$ となる (図 2.15)．

(2) f の微分可能性 $\Longrightarrow f^{-1}$ の微分可能性，$D(f^{-1}) = \dfrac{1}{Df}$ (D は微分記号)．ただし $f'(x)(=Df(x)) \neq 0$．

そこでまず a^x が微分可能であることと，その導関数や $\log_a x$ の導関数を求めよう．まず準備として次の定理 2.8 から始める．

定理 2.8 [6] $\quad \lim\limits_{t \to \infty}\left(1 + \dfrac{1}{t}\right)^t = \lim\limits_{t \to -\infty}\left(1 + \dfrac{1}{t}\right)^t = e.$

証明 定理 1.3 から $\lim\limits_{n \to \infty}\left(1 + \dfrac{1}{n}\right)^n = e$ であった．そこで変数 $t>0$ に対して自然数 n を，$n \leq t < n+1$ ととると，

$$\left(1 + \dfrac{1}{n+1}\right)^n < \left(1 + \dfrac{1}{t}\right)^t < \left(1 + \dfrac{1}{n}\right)^{n+1}.$$

---

[6] 定理 2.8 を $t = \dfrac{1}{s}$ とおくことにより $\lim\limits_{s \to \pm 0}(1+s)^{\frac{1}{s}} = e$ と表すこともできる．

$a>1$ のとき　　　　　　　　$0<a<1$ のとき

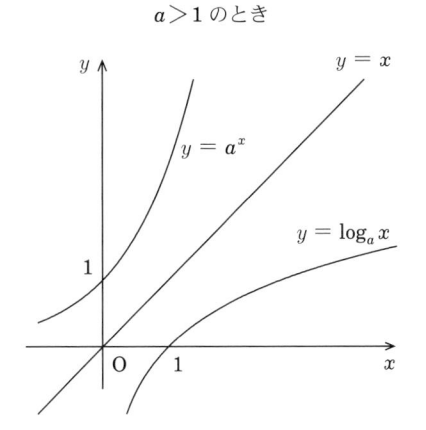

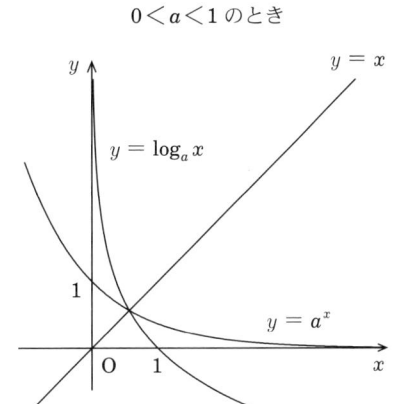

図 2.15

ここで

$$\lim_{n\to\infty}\left(1+\frac{1}{n+1}\right)^n=\frac{\lim_{n\to\infty}\left(1+\frac{1}{n+1}\right)^{n+1}}{\lim_{n\to\infty}\left(1+\frac{1}{n+1}\right)}=\frac{e}{1}=e$$

$$\lim_{n\to\infty}\left(1+\frac{1}{n}\right)^{n+1}=\lim_{n\to\infty}\left(1+\frac{1}{n}\right)^n\lim_{n\to\infty}\left(1+\frac{1}{n}\right)=e\cdot 1=e.$$

したがって，挟みうちの原理 (定理 1.1 および定理 1.9) より $\lim_{t\to\infty}\left(1+\frac{1}{t}\right)^t=e$ が成り立つ．

今度は $t<0$, $t\to-\infty$ の場合，$t=-s$ とおくと

$$\left(1+\frac{1}{t}\right)^t=\left(1-\frac{1}{s}\right)^{-s}=\left(1+\frac{1}{s-1}\right)^s$$

$$\lim_{t\to-\infty}\left(1+\frac{1}{t}\right)^t=\lim_{s\to+\infty}\left(1+\frac{1}{s-1}\right)^s=\lim_{s\to+\infty}\left(1+\frac{1}{s}\right)^{s+1}=e. \quad \square$$

定理 2.9　$a>0$ $(a\neq 1)$ とする．このとき $f(x)=a^x$ は微分可能で，導関数は

第 2 章 微分法

$$f'(x) = \frac{d}{dx}a^x = a^x \log_e a. \tag{2.27}$$

また，逆関数 $f^{-1}(x) = \log_a x$ は $(0, \infty)$ において微分可能で

$$(f^{-1})'(x) = \frac{d}{dx}\log_a x = \frac{1}{x\log_e a}. \tag{2.28}$$

特に $a = e$ の場合 ($\log_a x = \log_e x$ を $\log x$ と表すことにする)

$$\frac{d}{dx}e^x = e^x \tag{2.29}$$

$$\frac{d}{dx}\log x = \frac{1}{x}. \tag{2.29'}$$

証明 $\dfrac{a^{x+h} - a^x}{h} = a^x \dfrac{a^h - 1}{h}$ の $\lim\limits_{h \to +0}$ を計算する．$a > 1$ の場合，$h > 0$ とすると $a^h > 1$ であるから $a^h = 1 + \dfrac{1}{t}$ ($t > 0$) とおく．$\lim\limits_{h \to 0} a^h = 1$ から $\lim\limits_{h \to 0} t = \infty$. $\log_a a^h = h = \log_a \left(1 + \dfrac{1}{t}\right)$. よって

$$\frac{a^h - 1}{h} = \frac{1}{t\log_a\left(1 + \dfrac{1}{t}\right)} = \frac{1}{\log_a\left(1 + \dfrac{1}{t}\right)^t}.$$

$\log_a x$ は連続関数であることに注意すると定理 2.8 から

$$\lim_{h \to +0} \frac{a^h - 1}{h} = \lim_{t \to \infty} \frac{1}{\log_a\left(1 + \dfrac{1}{t}\right)^t} = \frac{1}{\log_a e} = \log_e a = \log a.$$

したがって

$$\lim_{h \to +0} \frac{a^{x+h} - a^x}{h} = a^x \lim_{h \to +0} \frac{a^h - 1}{h} = a^x \log a.$$

$h < 0$ のときは $h = -k$ とおくと $h \to -0 \Leftrightarrow k \to +0$. よって

$$\lim_{h \to -0} \frac{a^h - 1}{h} = \lim_{k \to +0} \frac{a^{-k} - 1}{-k} = \lim_{k \to +0} \frac{a^k - 1}{k} \cdot \frac{1}{a^k} = (\log a) \cdot 1.$$

したがって

$$\lim_{h\to +0}\frac{a^h-1}{h}=\lim_{h\to -0}\frac{a^h-1}{h}=\log a.$$

以上から $\dfrac{d}{dx}a^x=a^x\log a$ $(a>1)$.

$0<a<1$ の場合．$a=\dfrac{1}{b}$ とおくと $b>1$. よって

$$\lim_{h\to 0}\frac{a^h-1}{h}=\lim_{h\to 0}\frac{b^h-1}{h}\left(\frac{-1}{b^h}\right)=\log b\cdot (-1)=\log a.$$

ゆえに $\dfrac{d}{dx}a^x=a^x\log a$ $(0<a<1)$.

$y=\log_a x$ $(a>0, a\neq 1)$ は a^x の逆関数として微分可能であり

$$\frac{dy}{dx}=\frac{1}{\dfrac{dx}{dy}}=\frac{1}{\dfrac{d}{dy}a^y}=\frac{1}{a^y\log a}=\frac{1}{x\log a}. \qquad \square$$

例 2.8 a (定数) を実数とする．$f(x)=x^a$ の導関数は

$$\frac{d}{dx}x^a=ax^{a-1} \qquad (x>0) \tag{2.30}$$

であることを示せ．

解 $f(x)=x^a=e^{a\log x}$ と変形すると，$z=f(x)$ は $z=e^y$ と $y=a\log x$ の合成関数であるから定理 2.6 (p.57) より $0<x<\infty$ で微分可能で

$$f'(x)=\frac{dz}{dx}=\frac{dz}{dy}\frac{dy}{dx}=e^y a\cdot \frac{1}{x}=a\frac{1}{x}e^{a\log x}=a\frac{x^a}{x}=ax^{a-1}. \qquad \blacksquare$$

問 2.7 $x\neq 0$ のとき $\dfrac{d}{dx}\log|x|=\dfrac{1}{x}$ を示せ．

例 2.9 $f(x)$ は定義域 I で微分可能かつ 0 ではない関数とする．このとき次式を導け．

$$\frac{d}{dx}\log|f(x)|=\frac{f'(x)}{f(x)}. \tag{2.31}$$

解 $y=f(x)$ とおくと，問 2.7 より

$$\frac{d}{dx}\log|f(x)| = \frac{d}{dx}\log|y| = \frac{d}{dy}\log|y|\frac{dy}{dx} = \frac{1}{y}\frac{dy}{dx} = \frac{f'(x)}{f(x)}. \quad \blacksquare$$

例 2.10 導関数がもとの関数と一致する，すなわち微分しても変わらない関数は何か．

解 $y = f(x)$ を求める関数とする．$y = y'$ より
$$\frac{d}{dx}(y \cdot e^{-x}) = (y' - y)e^{-x} = 0.$$
ゆえに[7)]
$$ye^{-x} = C \quad (定数).$$
すなわち
$$y = Ce^x. \quad \blacksquare$$

上の例は **微分して変わらない関数は Ce^x 以外にはない** (本質的には e^x だけである) ことを示している．

問 2.8 次を求めよ．

(1) $\dfrac{d}{dx}(2x - x^2)^{50}$ (2) $\dfrac{d}{dx}\sqrt{1-x^2}$ (3) $\dfrac{d}{d\theta}\cos(3+\theta^3)$

(4) $\dfrac{d}{dx}e^{x\cos x}$ (5) $\dfrac{d}{dx}\sin\dfrac{1}{3x}$ (6) $\dfrac{d}{dx}(x^2 \cdot 3^x)$ (7) $\dfrac{d}{ds}\sin\dfrac{1}{s}$

(8) $\dfrac{d}{dx}\dfrac{\sin^2 x}{\cos x}$ (9) $\dfrac{d}{dv}\sqrt{3v - \sin 3v}$ (10) $\dfrac{d}{dx}(1+\sin^2 x)^{1/4}$

(11) $\dfrac{d}{dx}\log(1+\cos x)$ (12) $\dfrac{d}{dt}\sin^{-1}t \cdot \cos^{-1}t$

(13) $\dfrac{d}{dx}e^{\sin^{-1}x}$ (14) $\dfrac{d}{dx}x^{1/x}$ $(x>0)$ (15) $\dfrac{d}{dx}(\sin x)^x$

問 2.9 次の関数が微分可能となるように定数 a, b を定めよ．
$$f(x) = \begin{cases} x^2 + a & (x \leq 4) \\ b\sqrt{x} + 1 & (x > 4) \end{cases}$$

[7)] 定理 2.4 (p.53) の注意参照．

2.4.1 増殖と崩壊

バクテリアの増殖する様子を,まず個数が計測できる場合について考えよう.

1個のバクテリアが t 時間後に $M(t)$ 個に増えるものとする.いま,さらに h 時間経てば $M(t+h)$ 個になる.一方個々の $M(t)$ 個のバクテリアは h 時間後には $M(t) \times M(h)$ 個になるから,結局,等式

$$M(t+h) = M(t)M(h) \tag{2.32}$$

が成り立つことになる.

例えばあるバクテリアは指数関数的に増加するとして,t 時間後に1個が 2^t 倍に増えるとする.このバクテリアの最初の1個は $(t+h)$ 時間後に 2^{t+h} 個になる.いま $M(t) = 2^t$ とおけば,指数法則により,

$$M(t+h) = 2^{t+h} = 2^t 2^h = M(t)M(h)$$

が成り立つ.

このことを実際の実験結果でみてみよう.表2.1は,大腸菌を栄養分の入った液体の中で培養して計測した結果である.大腸菌が開始からすぐに活発に増殖活動ができる[8]実験環境で行われた.

例 2.11 表2.1の0〜3時間において計測された増殖について(2.32)の関係について確かめよ.また $M(t)$ を指数関数として具体的に求めよ.

解
$$M(0) = \frac{2850}{2850} = 1, \quad M(1) = \frac{17500}{2850} = 6.14,$$
$$M(2) = \frac{105000}{2850} = 36.84, \quad M(3) = \frac{625000}{2850} = 219.3$$

だから

$$M(1)M(1) = (6.14)^2 = 37.6996 \approx 36.84 = M(2),$$

---

[8] 対数期とよぶ.

表 2.1 時間と大腸菌の数の関係

時間	大腸菌の数	時間	大腸菌の数
0	2850	4	2250000
1/2	7500	5	17750000
1	17500	6	50000000
2	105000	7	97500000
3	625000		

(出典: Mckendrick, A. G.; Pai, Kesava, "The rate of multiplication of micro-organisms", *Proceedings of Royal Society of Edinburgh* (1911)).

$$M(1)M(2) = 6.14 \times 36.8 = 225.952 \approx 219.3 = M(3)$$

となり，近似的に (2.32) が成り立っていることがわかる．次に 0〜3 時間における 1 時間ごとの増加率の平均 $\overline{M}$ を求めてみよう．

$$0 \sim 1 \text{ 時間}: \frac{17500}{2850} = 6.14$$

$$1 \sim 2 \text{ 時間}: \frac{105000}{17500} = 6.00$$

$$2 \sim 3 \text{ 時間}: \frac{625000}{105000} = 5.95$$

ゆえに，

$$\overline{M} = 6.03$$

である．これを以上の計算において $M(1)$ の代わりに用いれば，実際の測定値に対してよりよい近似が得られることがわかる．$\overline{M}$ が単位時間あたりの平均増加率を表すことにより

$$M(t) = (6.03)^t \tag{2.33}$$

と表すことができる． ■

　今まで個体数の変化をそのまま観察してきたが，これを思い切って連続的に変化するものとみなして考えてみよう．実際，$M(t)$ の代わりに $P(t)$ を $t\geq 0$ における連続関数とし (2.32) と同じ型の方程式，

$$P(s+t)=P(s)P(t) \tag{2.34}$$

を満たすものとする．こうすることで，いったん現象の変化を連続化し，系統的に考察を進めることができる．実際の現象はこの特別な場合であるとみなせば，より現象の数理的解釈が可能になる．

　(2.32) と (2.34) は同じタイプの方程式で，**関数方程式**と呼ばれる．$P(t)$ は $t\geq 0$ で連続関数とし，$P(0)=1$ と仮定して，この関数方程式を解いてみよう．(2.34) から

$$P\left(\frac{t}{2}+\frac{t}{2}\right)=P(t)=P\left(\frac{t}{2}\right)^2\geq 0.$$

また任意の $a>0$ に対して $P(t)=P(a+t-a)=P(a)P(t-a)$．よって $P(a)=0$ ならば $P(t)\equiv 0$．したがって $P(0)=1$ と仮定したから，$P(t)>0$（常に正）である．$g(t)=\log_e P(t)$ とおくと $g(t)$ は $t\geq 0$ で連続関数で

$$g(t+s)=g(t)+g(s) \qquad (s,t\geq 0)$$

が成り立つから，第 1 章演習問題 3 より，$g(t)=at$ $(a=\log P(1))$ と表される．すなわち，$\log P(t)=at$．したがって $P(t)=e^{at}$．e^{at} は関数方程式 (2.34) の解で，解自身は無限回微分可能であることが導かれた．さらに

$$P'(t)=ae^{at}=aP(t) \tag{2.35}$$

が成り立つ．(2.35) は $P(t)$ に関する**微分方程式**と呼ばれる (2.5 節 (p.87) 参照)．

2.4.2 増殖と崩壊の数学モデル

今の場合，$P(t)$ は時間とともに増加するのであるから $a>0$ でなければならない．すなわち $a>0$ のとき微分方程式 (2.35) は**増殖現象**を表している．逆に $a<0$ ならば (2.35) 式 は **崩壊現象**を表す微分方程式である．

さて (2.35) 式で $P(0)$ は $t=0$ における単位量であったから $P(0)=1$ として (2.35) を満たす P を求めよう．増殖する初速 $P'(0)=a>0$ は与えてあるから，$y=P(t)$ とおくとき，y は

$$\begin{cases} 微分方程式 & y'=ay \\ 初期値 & y(0)=1 \end{cases}$$

を満たす解である．これは一般に**初期値問題**と呼ばれ，本書では特に**増殖と崩壊の数学モデル**ともよぶことにする．微分方程式や初期値についての詳しい説明は次節にゆずることにして，われわれはまずこの数学モデルの解を，実験データと比較することにする．増殖と崩壊の数学モデルの解

$$y=e^{at}$$

は t が大きくなるとともに **急激に増大**する関数である[9]．今までは，$P(0)=1$ としてきたがより一般的に初期条件を $P(0)=P_0$ とすれば，増殖と崩壊の数学モデルの解は同様に

$$P(t)=P_0 e^{at} \tag{2.36}$$

と表される．このように増殖と崩壊現象は，微分方程式によって記述され，解である指数関数により表されることがわかった．

例 2.12 先ほど得られた増殖と崩壊の数学モデルの解と，表 2.1 の実験結果を比較することにする．片対数グラフ用紙に横軸に時間，縦軸に大腸菌数をとってプロットするとほぼ一直線状に並ぶことがわかる．特に 0〜3 時間の間に強い直線性が現れているのでこの間の増殖について法則化してみる．

---

[9] このことはあとで述べる (p.103)．

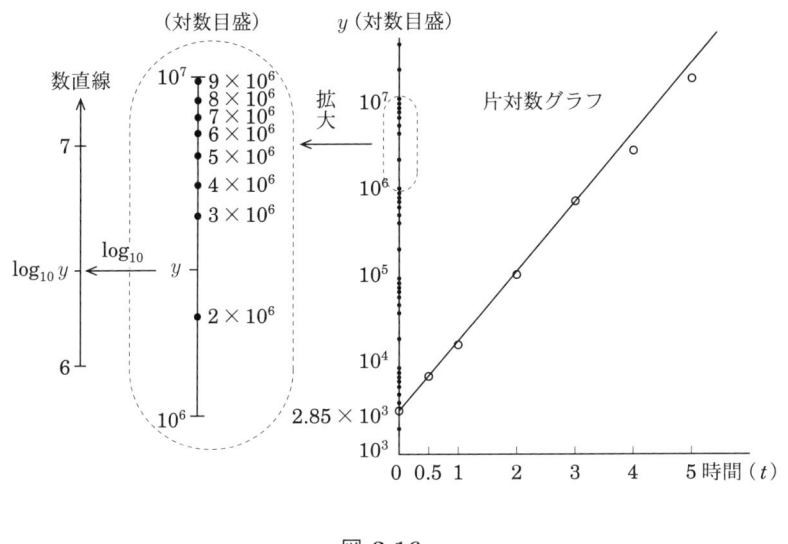

図 **2.16**

$$\text{直線の傾き}^{10)} = \frac{\log_{10} 625000 - \log_{10} 2850}{3} = 0.78$$

より y を大腸菌の数とし，時間を t とおくと

$$y = 2850 \cdot 10^{0.78t} = 2850 \cdot e^{\log_e 10 \cdot 0.78t} = 2850 \cdot e^{1.79t} \tag{2.37}$$

の関係[11]が得られる．

さて，例 2.11 において比と平均値を用いて求めた (2.33) との比較をしてみよう．

$$M(t) = (6.03)^t = e^{(\log_e 6.03)t} = e^{1.796 \cdot t}$$

---

[10] 対数目盛 y は数直線上では $\log_{10} y$ に対応する．ゆえに，片対数グラフ上の点 (t, y) は通常の 2 次元座標系では $(t, \log_{10} y)$ に対応する．ここでいう「直線の傾き」とは，対応する通常の 2 次元座標系における傾きの意味である．

[11] 片対数グラフ上の座標を (t, y) とし，直線の y 切片の値を b (対数目盛) とおき，対応する通常の 2 次元座標系における傾きを a とおけば，直線の方程式 $\log_{10} y = at + \log_{10} b$ が成り立つ．これより $y = 10^{at} \cdot 10^{\log_{10} b} = b \cdot 10^{at}$ が得られる．

表 2.2

時間	実験値	理論値	時間	実験値	理論値
0	2850	2850	4	2250000	3667700
1	17500	17069	5	17750000	21967500
2	105000	102240	6	50000000	131573000
3	625000	612360	7	97500000	788052000

　　　　(対数期)　　　　(静止期：次節以降のロジスティック方程式参照)

となり，(2.37) とほぼ同様な増加率であることがわかり，(2.33) 式は t を連続的に変化させてもよく近似していることがわかる．

(2.37) に従って得られた理論値と実測値とを比較すると表 2.2 のようになる．$t=0\sim3$ までは理論値は実測値をよく近似しているが，$t=4$ 以降では次第に離れていく．これはある程度増殖が進むと，いろいろな抑制 (例えば栄養素の濃度が低くなる) を受けはじめ次第に増殖のスピードが落ちていくためである[12]．すなわち，$t=4$ 以降の増殖は (2.37) に従っておらず，これを合理的に説明する新たな数学的考察が必要になる．これは後出の「細胞分裂の微分方程式」の節にゆずることにする．

問 2.10　バクテリアが最初 400 個から，1 時間あたり $(450.268)e^{1.12507}$ の増加率で増えていくものとする．3 時間後にはバクテリアはいくつになっているか．また，この増加率でもとの数の 2 倍になるのは何時間後か．

問 2.11　培養菌が対数増殖期にあり，$t=0$ での細菌数が 10500，2 時間後には 23000 であった．
　(1)　時刻 $t\geq 0$ における細菌の数 $y(t)$ を指数関数を使って表せ．
　(2)　6 時間後の細菌の数を調べよ．
　(3)　細菌の数が 130000 に達するのはいつか．

---

[12] これを静止期とよぶ．

§2.5　微分方程式 (常微分方程式)

　微分方程式をより詳しく説明しよう．微分方程式とは，確定されていない 1 変数の関数 $y=y(x)$[13]の 1 階以上の導関数を含む一つの関係式 (方程式)

$$F(x,y,y',\cdots,y^{(n)})=0$$

のことであり，左辺に含まれた最高階の導関数が n 階 のとき，**n 階の (常) 微分方程式**とよぶ．ここでは 2 階までの方程式を扱うから，それらを一般の式で表せば

$$F(x,y,y',y'')=0, \quad G(x,y,y')=0$$

などとなる．例をあげよう．

$$G(x,y,y')=y'-ky, \quad F(x,y,y',y'')=y''+4e^xy-f(x)$$
$$\text{あるいは} \quad G(x,y,y')=(y')^2+x^3y-g(x)$$

とすれば，対する微分方程式は次のように表される．

(i)　$\dfrac{dy}{dx}=ky$　　（k は定数）

(ii)　$\dfrac{d^2y}{dx^2}+4e^xy=f(x)$　　　（$f(x)$ は既知関数）

(iii)　$\left(\dfrac{dy}{dx}\right)^2+x^3y=g(x)$　　　（$g(x)$ は既知関数）

(i) は y,y' の 1 次式 $=0$　　（y,y' について線形）
(ii) は y,y',y'' の 1 次式 $=0$　　（y,y',y'' について線形）

　一般に $F(x,y,y',y'')=a_0(x)y+a_1(x)y'+a_2(x)y''+b(x)=0$ を **2 階線形微分方程式**という．ここで $a_0(x),a_1(x),a_2(x),b(x)$ は既知関数とする．もし $a_2(x)\equiv 0$ ならば上式は **1 階線形微分方程式**という．特に係数 $a_i(x)$ ($i=0,1,2$) がすべて定数のときは，**定数係数の微分方程式**という．したがって (i)

---

[13] 未知関数とよばれる．

は定数係数 1 階線形微分方程式, (ii) は変数係数 2 階線形微分方程式である. これらに対し, (iii) は y' に対し 1 次式ではないから**変数係数 1 階非線形微分方程式**とよぶ.

独立変数 x は時間を表すときに t とかくことが多い. 例えば, 時刻 t において直線上の位置が $y(t)$ である動点が, 時刻 $t=0$ における位置 y_0 から出発して時刻 t の瞬間における速度 $ky(t)$ で移動するとしたら, その挙動は (I) で与えられる.

$$\text{(I)} \quad \begin{cases} \dfrac{dy}{dt} = ky \\ y(0) = y_0 \end{cases} \qquad \text{(II)} \quad \begin{cases} \dfrac{d^2 y}{dt} + 4e^t y = f(t) \\ y'(0) = y_1,\ y(0) = y_0 \end{cases}$$

もし動点 $y(t)$ が加速度 $f(t) - 4e^t y$ で運動しているとして, 時刻 $t=0$ で y_0 の位置から初速 y_1 で出発しているとすれば, その運動は (II) で記述される. (I) の式では y_0, (II) の式では $\{y_0,\ y_1\}$ をそれぞれの微分方程式の初期値といい, $t=0$ において y の満たすべき条件として**初期条件**と名付け, これらの初期条件のもとで (I) または (II) を満たす $y(t)$ を求めることを, **初期値問題**を解くと言い, $y(t)$ をその**解**とよぶ.

2.5.1 等速円運動の微分方程式

さて傘の滴のモデルに戻って, その運動を表す微分方程式について考えよう. (2.24) の両辺をもう一度微分すると

$$\frac{d^2}{dt^2} \sin(\omega t) = \omega \cos{}'(\omega t) = -\omega^2 \sin(\omega t),$$
$$\frac{d^2}{dt^2} \cos(\omega t) = -\omega \sin{}'(\omega t) = -\omega^2 \cos(\omega t)$$

となり, $\sin \omega t$ と $\cos \omega t$ が等速円運動から得られた微分方程式

$$f''(t) = -\omega^2 f(t) \tag{2.38}$$

の解であるということになる. したがって $\sin \omega t, \cos \omega t$ の線形結合

$$f(t) = a\cos\omega t + b\sin\omega t \tag{2.39}$$

も解であることがわかる．

問 2.12 $a\sin(\omega t+\delta_1), b\cos(\omega t+\delta_2)$ が等速円運動の微分方程式 (2.38) の解であることを確かめよ．

例 2.13 次の初期値問題を解け．

$$\begin{cases} f''(t) = -\omega^2 f(t) \\ f'(0) = 0, \quad f(0) = 1 \quad \omega \neq 0. \end{cases}$$

解 $f(t) = a\cos\omega t + b\sin\omega t$ とおく．

$$1 = f(0) = a \cdot 1 + b \cdot 0 = a.$$

また

$$f'(t) = -a\omega\sin\omega t + b\omega\cos\omega t$$

$$f'(0) = -a\omega \cdot 0 + b\omega.$$

ゆえに $b=0$．よって $f(t) = \cos\omega t$． □

次に，細胞分裂の微分方程式とロジスティック方程式について述べる．以下に出てくる関数の増加と減少について，詳しくは 2.6 節 (p.95) を参照していただきたい．

2.5.2 細胞分裂の微分方程式

細胞が分裂するとき時間とともにその個数は増加するが，その過程では栄養や酸素の不足，pH の変化や増殖に対する制御因子が現れたりして様々な制約を受ける．いま，p 個の細胞群の中の，ある細胞と別な細胞との相互作用の数は，

$$_pC_2 = \frac{p(p-1)}{2} \text{通り}$$

の可能性が考えられる．この作用全体に比例して増殖が抑制される量を，b を正のある定数として，$\frac{1}{2}p(p-1)b$ と置く．制約が何も起こらないときの細胞の増殖の比例定数を $a(>0)$ とすると，p の満たすべき微分方程式，すなわち増殖の速さは，

$$\frac{dp}{dt} = ap - \frac{b}{2}p(p-1) = \left(a + \frac{b}{2}\right)p - \frac{b}{2}p^2$$
$$= \alpha p - \beta p^2 = p(\alpha - \beta p)$$

となる．ここで $\alpha = a + \frac{b}{2}, \beta = \frac{b}{2}$ とおいた．あらためて p の増殖変化率を表す微分方程式を考察しよう．

$$\frac{dp}{dt} = p(\alpha - \beta p), \quad p(0) = p_0 > 0. \tag{2.40}$$

時刻 t における細胞数[14]$p(t)$ とその増加速度の関係を図に表すと，p の 2 次関数のグラフが得られる．

p は細胞数だから正の値をとる．グラフからは p の値が $\frac{\alpha}{\beta}$ の前後で $\frac{dp}{dt}$ は正から負に変化する．すなわち初期細胞数 $p(0)$ が $\frac{\alpha}{\beta}$ より小さければ細胞数の増加速度は抑制項の影響により，(時間の進行にともなって) 正から 0 にゆるやかに転じていくことを示している．逆に $p(0) > \frac{\alpha}{\beta}$ ならば増加速度は負の状態から始まって時間経過に応じて 0 に次第に近づいていく (図 2.17 参照)．

(2.40) の微分方程式に戻ろう．(2.40) 式右辺の逆数を部分分数に展開すると

$$\frac{1}{p(\alpha - \beta p)} = \frac{A}{p} + \frac{B}{\alpha - \beta p} \text{ から } A = \frac{1}{\alpha}, \quad B = \frac{\beta}{\alpha}$$

に従って (2.40) 式は

---

[14] 個体数ともいう．

2.5 微分方程式 (常微分方程式)

[図: $\frac{dp}{dt} = p'(t)$ のグラフ。頂点は $\frac{\alpha}{2\beta}$、$p_0 < \frac{\alpha}{\beta}$、$p_0 > \frac{\alpha}{\beta}$ の領域を示す]

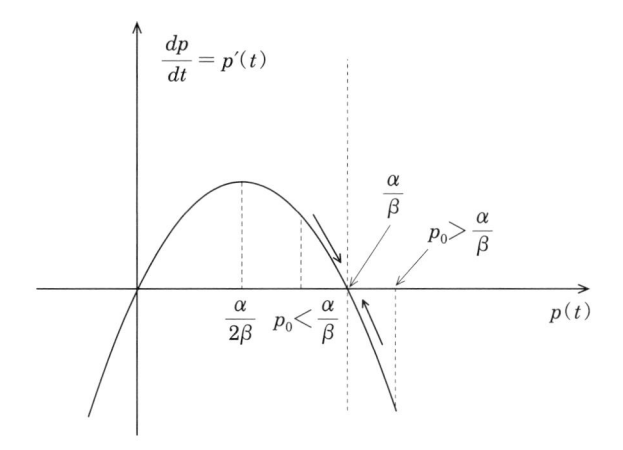

図 **2.17**

$$\frac{1}{\alpha}\left(\frac{1}{p} + \frac{\beta}{\alpha - \beta p}\right)\frac{dp}{dt} = 1$$

と変形されるから

$$\frac{d}{dt}\left(\frac{1}{\alpha}\log p - \frac{1}{\alpha}\log|\alpha - \beta p|\right) = 1 \qquad (合成関数の微分公式).$$

よって 2.4.2 節と同様にして

$$\log \frac{p}{|\alpha - \beta p|} = \alpha t + C \tag{2.41}$$

が導かれる．そこで $p(0) = p_0$ を代入して

$$\log \frac{p_0}{|\alpha - \beta p_0|} = C.$$

これを (2.41) に代入して整とんすれば次式が得られる．

$$\frac{p}{p_0}\left|\frac{p_0 - \dfrac{\alpha}{\beta}}{p - \dfrac{\alpha}{\beta}}\right| = e^{\alpha t}$$

ここで $p_0 < \frac{\alpha}{\beta}$ ならば $t=0$ の近傍では $p < \frac{\alpha}{\beta}$, $p_0 > \frac{\alpha}{\beta}$ ならば同じく $t=0$ の近傍では $p > \frac{\alpha}{\beta}$. いずれの場合も $p_0 - \frac{\alpha}{\beta}$ と $p - \frac{\alpha}{\beta}$ は同符号なので，前式の絶対値ははずれ

$$\frac{p}{\alpha - \beta p} = \frac{p_0}{\alpha - \beta p_0} e^{\alpha t}. \tag{2.42}$$

(2.42) を p について解くと

$$p = \frac{\alpha p_0}{\beta p_0 + (\alpha - \beta p_0) e^{-\alpha t}}. \tag{2.43}$$

(2.43) 式からわかるように

$$t \to \infty \quad \text{のとき} \quad p \to \frac{\alpha}{\beta}$$

であり，t が有限時間内には

$$p = \frac{\alpha}{\beta}$$

とはなり得ない．一方

$$p(0) = p_0 = \frac{\alpha}{\beta} \quad \text{のとき} \quad p(t) \equiv \frac{\alpha}{\beta}$$

が解である．実際このとき

$$\frac{dp}{dt} = 0, \qquad p(\alpha - \beta p) = 0$$

で，(2.40) の微分方程式はすべての t で成立する．

$\frac{\alpha}{\beta}$ を $p(t)$ の**平衡個体群**，また (2.40) の形の微分方程式を**ロジスティック方程式**という．これまでの考察から次のことがわかった．

初期の個体数が $\frac{\alpha}{\beta}$ と異なれば，個体群は時間経過にともない $\frac{\alpha}{\beta}$ に近づき，初期の個体群がたまたま $\frac{\alpha}{\beta}$ に等しければ，個体群は常に $\frac{\alpha}{\beta}$ であり続ける．

例 2.14 前節で扱った大腸菌の増殖の実験結果 (表 2.1) に対して，ロジス

2.5 微分方程式 (常微分方程式)   93

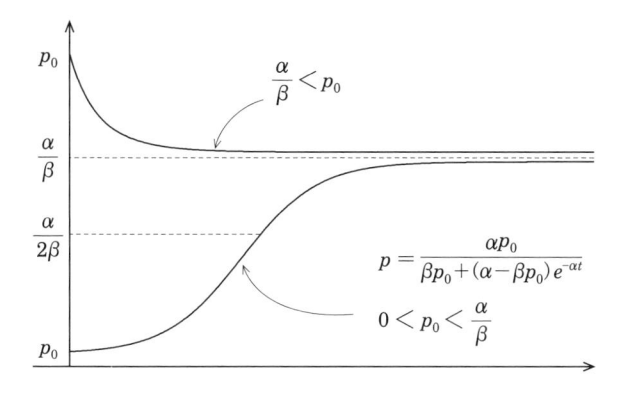

図 2.18

ティック方程式の解を求めてみよう．$p_0 = 2850, \dfrac{\alpha}{\beta} = 10^8$ とおくと，

$$p(t) = \frac{10^8}{1+(10^8(2850)^{-1}-1)e^{-1.79t}} = \frac{10^8}{1+35087e^{-1.79t}}.$$

問 2.13 例 2.14 で求めた理論値と実測値 (表 2.1) を比較せよ．

問 2.14 日本における新型コロナウイルス感染症の第一波の累計感染者数が，ロジスティック曲線：$p(t) = \dfrac{17000}{1+16999e^{-0.3165t}}$ (このまま収束すると仮定) で表されているものとする．$p(t)$ の上限は何人か，また変曲点 $(t_0, p(t_0))$ において $t_0 = 30.777$ のとき $p(t_0)$ の値を求めよ．

2.5.3 ロジスティック方程式と人口増加

ロジスティック方程式はいろいろな現象 (人口や動植物の増加，感染症や経済市場の拡大) のモデル化に用いられ，その解から現象の未来予想に役立てられている．1837 年にオランダの数理生物学者ベアフルストは，英国の経済学者マルサスの人口論に基づいた，国の人口予測の微分方程式

$$\frac{dN}{dt} = \gamma N \qquad (N = N(t) \text{ は時刻 } t \text{ における国の総人口})$$

の修正を提案した．マルサス・モデルは解

$$N = N_0 e^{\gamma t} \quad (N_0 は初期人口)$$

をもつが,予想値の誤差が 10% くらいにおさまるのが,せいぜい 50 年程度なのは,人口増加の抑制要因が考慮されていなかったためである.実際人口は $\gamma > 0$ なら未来に向かって際限なく増加するという予想になる.そこでベアフルストは,食料資源,エネルギー供給などの不足,人口過密,環境要因などを考慮して,人口増加は継続するが,$N(t)$ は上限をもつとして N_∞ という値を導入した.すなわち $\dfrac{dN}{dt}$ (人口変化) は,

(i) 現在の人口 $N = N(t)$

(ii) 未利用の人口資源の N_∞ に対する比 $\dfrac{N_\infty - N}{N_\infty}$

に比例すると仮定して,微分方程式

$$\frac{dN}{dt} = \gamma N \left(1 - \frac{N}{N_\infty}\right)$$

を考えだしたのである [15].これによると,米国の人口予測値にあてはめた場合,100 年以上にわたって精度が保たれることがわかった.こうして (2.40) のタイプの**ロジスティック方程式**が生まれたのである.

問 2.15 (1) ロジスティック曲線:$p(t) = \dfrac{a}{1 + be^{-ct}}$ に対し,$p'(t)$ $p''(t)$ を求め,$p''(t_0) = 0$ を満たす t_0 を求め,$p(t_0)$ の値を求めよ.

(2) 1965 年から 1995 年にかけての世界人口を,ロジスティック曲線 $y(t) = \dfrac{a}{1 + be^{-0.028t}}$,$t \geq 0$ に沿って議論する.

1965 年 ($t = 0$) に 3.34 ($\times$ 10 億人),1985 年 ($t = 20$) に 4.86 ($\times$ 10 億人) であるとき a, b を求めよ.この結果によって得られる値と,人口データ [16]:1970 年 3.70, 1975 年 4.08, 1980 年 4.45, 1990 年 5.29, 1995 年 5.52 と比較して

---

[15] (2.40) の p, α, β にはそれぞれ $N, \gamma, \dfrac{\gamma}{N_\infty}$ が対応する.ゆえに平衡個体群 $\dfrac{\alpha}{\beta}$ に対応するのが N_∞ である.

[16] HYDE (History Database of the Global Environment) による.

みよ．また，2010 年に世界人口は 70 億人に近づいたとされるが，このことはこのロジスティック曲線から予測されるか．

§2.6 導関数のはたらき (増加と減少)

ここまでの節では，

"関数が微分できるということはそのグラフに接線が引けること"

という，ある程度までの「曲線の性格を与える考察」をして，微分法の公式を主に導いてきた．この節では「導関数はどんなはたらきをするのか」という話に移って行こう．

まず，$f(x)$ が $x=x_0$ で微分可能ならば，

$$f(x_0+h)-f(x_0)=f'(x_0)h+\varepsilon(h), \quad \varepsilon(h)=o(h) \tag{2.44}$$

という等式が，$|h|$ が十分小さいとき成立する (定理 2.2 (p.53) と定理 2.3 (p.53) 参照)．したがって次の定理が成り立つ．

定理 2.10　$f'(x_0)>0$ ならば，ある $\delta>0$ をとると

(1) $x_1,x_2 \in (x_0-\delta,x_0+\delta)$, $x_1<x_0<x_2$ なる任意の x_1,x_2 に対して，

$$f(x_1)<f(x_0)<f(x_2)$$

が成立する．

また，$f'(x_0)<0$ ならば，ある $\delta>0$ をとると

(2) $x_1,x_2 \in (x_0-\delta,x_0+\delta)$, $x_1<x_0<x_2$ なる任意の x_1,x_2 に対して

$$f(x_2)<f(x_0)<f(x_1)$$

が成立する．

(1) は f が $\boldsymbol{x_0}$ において増加の状態にあるといい，(2) は f が $\boldsymbol{x_0}$ において減少の状態にあるという．

証明　(1) を証明しよう．(2.44) から

$$f(x_0+h)-f(x_0)=f'(x_0)h+\frac{\varepsilon(h)}{h}h=h(f'(x_0)+o(1)).$$

$\delta>0$ を十分小さくとれば

$$|o(1)|=\left|\frac{\varepsilon(h)}{h}\right|<\frac{1}{2}f'(x_0) \qquad (|h|<\delta)$$

である．したがって

$$f'(x_0)+o(1)>f'(x_0)-|o(1)|>\frac{1}{2}f'(x_0)$$

がしたがうから，

　　$h>0$ ならば $f(x_0+h)>f(x_0)$, 　$h<0$ ならば $f(x_0+h)<f(x_0)$.

よって f は $x=x_0$ で増加の状態にある．

(2) の場合は $f'(x_0)+o(1)<0$ より，同様にして f は $x=x_0$ で減少の状態にある．　□

例 2.15 (1) $f(x)=\log(\log x)$ は任意の $x_0(>e)$ で増加の状態にある．

(2) $f(x)=\begin{cases} x+2x^2\sin\dfrac{1}{x} & (x\neq 0) \\ 0 & (x=0) \end{cases}$ はすべての x について微分可能であり，特に $x=0$ では増加の状態にある．

解 (1) は合成関数の微分法により

$$f'(x)=\frac{1}{\log x}\left(\frac{1}{x}\right)=\frac{1}{x\log x}>0 \qquad (x>e)$$

が成り立つから．

(2) $x\neq 0$ では微分可能な

$$x^2, \quad \sin x, \quad \frac{1}{x}$$

の積または合成関数として $f(x)$ は微分可能．また，$x=0$ では[17]，

---

[17] 問 1.5 (2) 参照．

$$f'(0) = \lim_{x \to 0} \frac{f(x) - f(0)}{x} = \lim_{x \to 0} \left(1 + 2x \sin \frac{1}{x}\right) = 1.$$

すなわち $x=0$ でも微分可能で微係数は 1 に等しい．よって $f(x)$ はいたるところ微分可能かつ

$$\begin{cases} f'(x) = 1 + 2\left(2x \sin \dfrac{1}{x} - \cos \dfrac{1}{x}\right) & (x \neq 0) \\ f'(0) = 1. \end{cases}$$

したがって $f(x)$ は $x=0$ で増加の状態にある． ∎

注意 $f'(x_0) > 0$ (または <0) という条件からだけでは x_0 の近傍で $f(x)$ が単調増加 (単調減少) という結果は得られない．上の例 (2) から，

$$f'\left(\frac{1}{2n\pi}\right) = 1 + 2\left(\frac{1}{n\pi} \sin 2n\pi - \cos 2n\pi\right) = 1 - 2 = -1 \qquad (n=1,2,\cdots)$$

が成り立つから，$x=0$ のどんな小さな近傍にも減少の状態にある点 $x_n = \dfrac{1}{2n\pi}$ が存在する．したがって $x=0$ の近傍で単調増加ではない．この場合，

$$\lim_{x \to 0} f'(x) = \lim_{x \to 0} \left\{1 + 2\left(2x \sin \frac{1}{x} - \cos \frac{1}{x}\right)\right\}$$

は存在しないから，$f'(x)$ は $x=0$ では連続ではないという事情がある．あとで述べるが

「$f'(x)$ が $\boldsymbol{x=x_0}$ で連続で $\boldsymbol{f'(x_0) > 0}$ ならば，f は x_0 の近傍で狭義単調増加」

という結果が得られる．しかしややこしい話はまだ続く．それならば，

主張：「$f(x)$ がいたるところ狭義単調増加かつ，導関数 $f'(x)$ がいたるところ連続ならば，すべての点で $f'(x) > 0$」

はどうかというと，これも成立しない．簡単な例として $f(x) = x^3$ をあげることができる．実際この仮定は満たすが，$f'(0) = 0$ である．

一点の近傍での狭義単調性 (定理 2.13, 定理 2.21 参照) を述べる前に，もう少し導関数の性質を調べよう．

定理 2.11 (ロールの定理)　$f(x)$ は $I=[a,b]$ で連続，開区間 (a,b) で微分可能な関数とする．もし $f(a)$ と $f(b)$ の値が等しければ，

$$f'(\xi)=0, \quad a<\xi<b$$

を満たす ξ が存在する．

証明　$f(x)$ が定数ならば明らか．$f(x)$ が定数でないとし，

$$\max_I f(x)=M, \quad \min_I f(x)=m$$

とすると，M,m のいずれか一方は $f(a)=f(b)(=L)$ とは異なる．$M\neq L$ ならば連続関数の最大・最小の原理から (定理 1.17(p.39))，ある $\xi\in(a,b)$ について $M=f(\xi)$ である．

　$f'(\xi)>0$ としよう．このとき f は ξ で増加の状態にある．これは M が最大値であることに反する．$f'(\xi)<0$ ならば f は ξ で減少の状態にあるから，やはり M が最大値であることに反する．よって $f'(\xi)=0$．$m\neq L$ のときも同様に $m=f(\xi),\xi\in(a,b)$ となる ξ について $f'(\xi)=0$ である．　□

定理 2.12 (平均値の定理)　$f(x)$ は $[a,b]$ 上で連続，(a,b) で微分可能とするとき，ある $\xi\in(a,b)$ があって

$$\frac{f(b)-f(a)}{b-a}=f'(\xi) \tag{2.45}$$

が成立する．上式は次の形でも用いられる．

$$f(b)=f(a)+(b-a)f'(\xi). \tag{2.46}$$

証明の前にロールの定理と平均値の定理のちがいを図 2.19 に示しておこう．

証明　図 2.20 に示すように，$y=f(x)$ と直線 AB: $y=k(x-a)+f(a)$ の差をとった関数

$$y=F(x)=f(x)-k(x-a)-f(a)$$

2.6 導関数のはたらき (増加と減少) 99

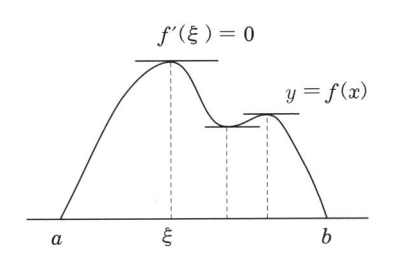

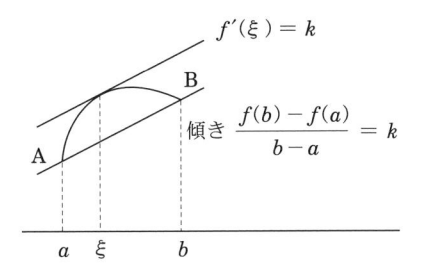

$f'(\xi) = 0$

$y = f(x)$

ξは接線の傾きが 0 となる点の x 座標

$f'(\xi) = k$

傾き $\dfrac{f(b)-f(a)}{b-a} = k$

ξは直線ABに平行な $f(x)$ の接線の接点の x 座標

図 **2.19**

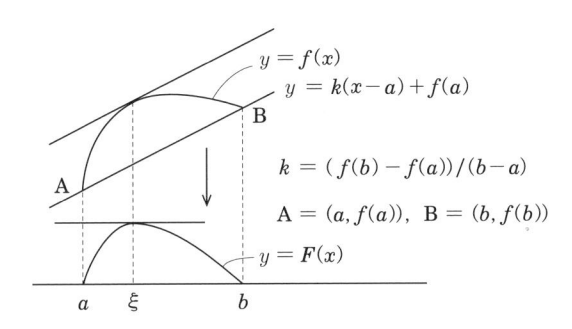

$y = f(x)$
$y = k(x-a) + f(a)$
$k = (f(b)-f(a))/(b-a)$
$A = (a, f(a)), \ B = (b, f(b))$
$y = F(x)$

図 **2.20**

を考えよう．$F(x)$ は $[a,b]$ で連続，(a,b) で微分可能，かつ $F(a)=F(b)=0$ を満たす．したがってロールの定理から $F'(\xi)=0$ となる ξ が区間 (a,b) の中に存在する．

$$F'(\xi) = f'(\xi) - k$$

より，$f'(\xi) = k$，すなわち

$$\frac{f(b)-f(a)}{b-a} = f'(\xi), \quad a < \xi < b. \quad \square$$

ξは a と b の間のある数であるから $\theta = \dfrac{\xi-a}{b-a}$ とおくとき $0 < \theta < 1$ であ

る．したがって (2.46) 式は

$$f(b) = f(a) + (b-a)f'(a + \theta(b-a)), \quad 0 < \theta < 1 \tag{2.47}$$

とも表される．また一般に開区間 I 内の定点 a と動点 x について

$$f(x) = f(a) + (x-a)f'(\xi) \quad (\xi は x と a の間の数) \tag{2.48}$$

と表されることは明らかであろう．平均値の定理からすぐに出ることを系としてあげると，

系 2.1 区間 I において，$f(x)$ が微分可能であるとき

$$f(x) が定数に等しい \iff f'(x) \equiv 0$$

が成り立つ．

証明 $\Leftarrow$ の証明は，$f'(x) \equiv 0$ ならば，(2.48) から

$$f(x) \equiv f(a), \quad x \in I$$

となるから． □

定理 2.13 $f(x)$ は $[a,b]$ で連続，(a,b) で微分可能とする．このとき $a < x < b$ で常に $f'(x) > 0$ ならば，$f(x)$ は $[a,b]$ で狭義単調増加，また常に $f'(x) < 0$ ならば狭義単調減少である．

証明 $x_1, x_2 \in [a,b]$ $(x_1 < x_2)$ を任意にとる．(2.47) 式から，$h = x_2 - x_1$ とおくと，

$$f(x_2) = f(x_1) + hf'(x_1 + \theta h), \quad 0 < \theta < 1.$$

$f'(x_1 + \theta h) > 0$, $h > 0$ より

$$f(x_1) < f(x_2).$$

よって $f(x)$ は $[a,b]$ で狭義単調増加である．$f'(x) < 0$ の場合も同様． □

系 2.2 $f(x)$ は閉区間 $[a,b]$ で連続で，$a < a_1 < \cdots < a_n < b$ である n 個の点 $a_1, \cdots, a_n$ を除いた開区間 (a,b) の各点 x で微分可能，かつ $f'(x) > 0 (f'(x) <$

0) とする.このとき $f(x)$ は $[a,b]$ で狭義単調増加 (狭義単調減少) である.

証明 区間 $[a,b]$ を n 個の小区間

$$[a,a_1], \quad [a_1,a_2], \quad \cdots, \quad [a_n,b]$$

に分割しておけば,定理 2.13 を $[a,b]$ の代わりに上の小区間に適用することにより,$f(x)$ は $[a,a_1],\cdots,[a_n,b]$ の各々の区間で狭義単調増加である.小区間の端点 $a_1,\cdots,a_n$ では $f(x)$ は連続であるから,したがって $[a,b]$ 全体で狭義単調増加である. □

例 2.16 a は 1 に等しくない正定数とする.

(1) このとき $(-\infty,\infty)$ で関数 a^x $(a>1)$ は狭義単調増加,$0<a<1$ では狭義単調減少関数である.特に,$x>0$ において

$$a>1 \text{ ならば } a^x>1, \quad 0<a<1 \text{ ならば } 0<a^x<1.$$

(2) a^x の逆関数 $\log_a x$ $(0<x<\infty)$ は $a>1$ ならば狭義単調増加,$0<a<1$ ならば狭義単調減少関数である (図 2.15 (p.77) 参照).

解 (1) はすでに定理 1.6 (p.18) で数列を用いて証明した.ここでは定理 2.13 を適用しよう.$a>1$ とする.$f(x)=a^x (x>0)$ は

$$f'(x)=a^x \log a > 0.$$

よって $(0,\infty)$ で a^x は狭義単調増加,したがって

$$1=a^0<a^x.$$

$0<a<1$ ならば $a^x \log a < 0$ より,$f(x)$ は $(0,\infty)$ で狭義単調減少.したがって,$1=a^0>a^x$.

(2) これもすでに 2.4 節の始め (p.75) に述べたことであるが,定理 2.13 を用いると $f(x)=\log_a x$ $(x>0)$ のとき $f'(x)=\dfrac{1}{x\log a}$ より $a>1$ ならば $f'(x)>0$,$0<a<1$ ならば $f'(x)<0$ となることからしたがう. ■

例 2.17 n を任意の自然数とする.このときすべての $x>0$ について次の

不等式が成り立つことを示せ．
$$e^x > 1 + \frac{x}{1!} + \frac{x^2}{2!} + \cdots + \frac{x^n}{n!}$$

解 $f(x) = e^x - (1+x)$ とおくと
$$f(0) = 0, \quad f'(x) = e^x - 1 > 0.$$
よって定理 2.13 より
$$f(x) = e^x - (1+x) > 0 \qquad (x > 0).$$
したがって，
$$e^x > 1 + x.$$
すべての x について
$$e^x > 1 + \frac{x}{1!} + \frac{x^2}{2!} + \cdots + \frac{x^{n-1}}{(n-1)!}$$
が成立していると仮定して，あらためて $f(x) = e^x - \left(1 + \frac{x}{1!} + \cdots + \frac{x^n}{n!}\right)$ とするとき，仮定から
$$f'(x) = e^x - \left\{1 + \frac{x}{1!} + \frac{x^2}{2!} + \cdots + \frac{x^{n-1}}{(n-1)!}\right\} > 0.$$
一方，$f(0) = 0$．したがって $f(x) > 0$ $(x > 0)$ である．帰納法により任意の n について，証明すべき不等式が成り立つ． ■

上の例はどんな自然数 n についても
$$\lim_{x \to \infty} \frac{e^x}{x^n} = \infty \tag{2.49}$$
が成立することを意味している．なぜなら，
$$e^x \left(> 1 + \frac{x}{1!} + \cdots + \frac{x^n}{n!} + \frac{x^{n+1}}{(n+1)!} \right) > \frac{x^{n+1}}{(n+1)!} \qquad (x > 0).$$

両辺を x^n で割ると，$\dfrac{e^x}{x^n} > \dfrac{x}{(n+1)!}$, これより (2.49) が得られる．(2.49) を言い換えれば，

「e^x は x が増大するときどんな多項式よりも早く ∞ になる」

と言える．

注意 このような関数を**急激に増大する関数**とよぶとすると，$e^{|x|}$ は急激に増大する関数の仲間である．また $|x|$ が増大するとき $e^{-|x|}$ はどんな多項式との積も 0 に収束するという意味で**急激に減少する関数**の仲間である．

定理 2.14 (**コーシーの平均値の定理**) $f(x)$, $g(x)$ は閉区間 $[a,b]$ で連続，開区間 (a,b) で微分可能であり，$g'(x) \neq 0$ $(a<x<b)$ とする．このとき
$$\frac{f(b)-f(a)}{g(b)-g(a)} = \frac{f'(\xi)}{g'(\xi)}, \quad a<\xi<b$$
を満たす ξ が存在する (図 2.21)．

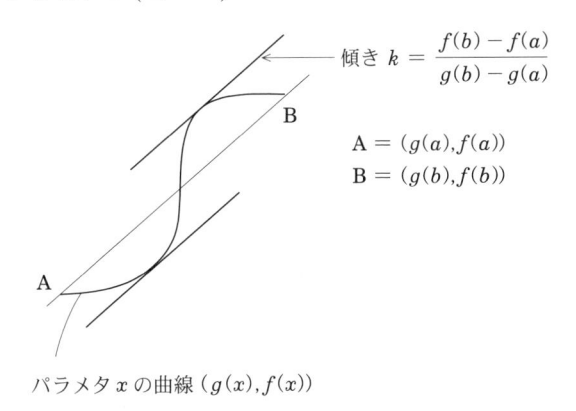

傾き $k = \dfrac{f(b)-f(a)}{g(b)-g(a)}$

$A = (g(a), f(a))$
$B = (g(b), f(b))$

パラメタ x の曲線 $(g(x), f(x))$

図 2.21

証明 $g(x) \equiv x$ の場合が平均値の定理である．本質的には変わりがないので，証明も定理 2.12 と同じように関数

$$F(x)=f(b)-f(x)-k(g(b)-g(x)),\ k=\frac{f(b)-f(a)}{g(b)-g(a)}$$

を導入してロールの定理に帰着させればよい． □

定理 2.15 （ロピタルの定理） $f(x), g(x)$ は $x=a$ のある近傍の中の a 以外の x に対し，$f'(x), g'(x)$ が存在し $g'(x) \neq 0$ と仮定する．このとき，

$$\lim_{x \to a} f(x) = \lim_{x \to a} g(x) = 0, \quad \lim_{x \to a} \frac{f'(x)}{g'(x)} = l$$

ならば極限 $\lim_{x \to a} \frac{f(x)}{g(x)}$ が存在し，

$$\lim_{x \to a} \frac{f(x)}{g(x)} = \lim_{x \to a} \frac{f'(x)}{g'(x)} = l$$

である[18]．

証明 $f(x), g(x)$ をそれぞれ $x=a$ で 0 と定義して連続的に拡張した関数を，そのままの記号で $f(x), g(x)$ と表すと，コーシーの平均値の定理からある ξ で，

$$\frac{f(x)}{g(x)} = \frac{f(x)-g(a)}{g(x)-g(a)} = \frac{f'(\xi)}{g'(\xi)}.$$

ただし，$a<\xi<x$（または $a>\xi>x$）と表すことができる．ここで $x \to a$ ならば $\xi \to a$ であるから，$\frac{f'(\xi)}{g'(\xi)} \to l$．したがって上式から

$$\lim_{x \to a} \frac{f(x)}{g(x)} = \lim_{\xi \to a} \frac{f'(\xi)}{g'(\xi)} = l. \quad \square$$

注意 ロピタルの定理は，条件が満たされる限り，

$$\lim_{x \to a} \frac{f(x)}{g(x)} = \lim_{x \to a} \frac{f'(x)}{g'(x)} = \lim_{x \to a} \frac{f''(x)}{g''(x)} = \cdots$$

と上の例のように継続して使うことができる．

---

[18] 「=」に向きをつけるとすれば通常と逆に右から左に進む感じである．

系 2.3 $f(x)$, $g(x)$ は (L, ∞) で微分可能で $g'(x) \neq 0$ とする．このとき，
$$\lim_{x \to \infty} f(x) = \lim_{x \to \infty} g(x) = 0, \quad \lim_{x \to \infty} \frac{f'(x)}{g'(x)} = l$$
ならば，極限 $\lim_{x \to \infty} \dfrac{f(x)}{g(x)}$ が存在し，
$$\lim_{x \to \infty} \frac{f(x)}{g(x)} = \lim_{x \to \infty} \frac{f'(x)}{g'(x)} = l.$$

証明 $F(x) = f\left(\dfrac{1}{x}\right)$, $G(x) = g\left(\dfrac{1}{x}\right)$ とおくと, F, G は $\left(0, \dfrac{1}{L}\right)$ で微分可能 かつ $G'(x) \neq 0$, $\lim_{x \to +0} F(x) = \lim_{x \to +0} G(x) = 0$. したがって定理 2.15 から，
$$\lim_{x \to \infty} \frac{f(x)}{g(x)} = \lim_{x \to +0} \frac{F(x)}{G(x)} = \lim_{x \to +0} \frac{F'(x)}{G'(x)}$$
$$= \lim_{x \to +0} \frac{-\left(\dfrac{1}{x^2}\right) f'\left(\dfrac{1}{x}\right)}{-\left(\dfrac{1}{x^2}\right) g'\left(\dfrac{1}{x}\right)} = \lim_{x \to \infty} \frac{f'(x)}{g'(x)} = l. \quad \square$$

例 2.18 $\lim_{x \to 1} \left(\dfrac{x}{x-1} - \dfrac{1}{\log x}\right)$ を求めよ．

解 $\dfrac{x}{x-1} - \dfrac{1}{\log x} = \dfrac{x \log x - x + 1}{(x-1) \log x}$, $x \to 1$ のとき分子，分母ともに $\to 0$ であるから，分子，分母を微分すると，$\dfrac{\log x}{\log x + 1 - \dfrac{1}{x}}$. この場合も $x \to 1$ のとき分子，分母 $\to 0$ だから，もう一度分子，分母を微分した式を R とおくと
$$R = \frac{x^{-1}}{x^{-1} + x^{-2}}.$$
ここで $x \to 1$ とすると，$R \to \dfrac{1}{2}$. したがって，
$$\lim_{x \to 1} \left(\frac{x}{x-1} - \frac{1}{\log x}\right) = \lim_{x \to 1} R = \frac{1}{2}. \quad \blacksquare$$

また，$f(x), g(x) \to \infty (x \to a+0), f(x), g(x)$ は $x>a$ で微分可能，かつ $g'(x) \neq 0$ とするとき，$\lim_{x \to a+0} f'(x)/g'(x) = l$ ならば $\lim_{x \to a+0} f(x)/g(x) = l$ が成り立つことが知られているが，証明は省略する (文献 [4] p.89 を参照).

例 2.19 $\lim_{x \to \infty} \dfrac{x^\alpha}{e^x}$ を求めよ．ただし $\alpha > 0$ とする．

解 α を超える整数 n をとる．$(n > \alpha)$

$$\lim_{x \to \infty} \frac{x^\alpha}{e^x} = \lim_{x \to \infty} \frac{\alpha x^{\alpha-1}}{e^x} = \cdots = \lim_{x \to \infty} \frac{\alpha(\alpha-1)\cdots(\alpha-n+1)x^{\alpha-n}}{e^x}$$
$$= \lim_{x \to \infty} \alpha(\alpha-1)\cdots(\alpha-n+1)\frac{1}{x^{n-\alpha}e^x} = 0. \quad \blacksquare$$

例 2.20 $\alpha > 0$ は任意の実数とするとき次式を示せ．

$$\lim_{x \to +0} x^\alpha \log x = 0.$$

解 $x^\alpha \log x = \dfrac{\log x}{x^{-\alpha}}$ と変形すれば $x \to +0$ のとき，分子 $\to -\infty$，分母 $\to \infty$ であるから，

$$\lim_{x \to +0} \frac{\log x}{x^{-\alpha}} = \lim_{x \to +0} \frac{x^{-1}}{-\alpha x^{-\alpha-1}} = \lim_{x \to +0} \frac{x^\alpha}{-\alpha} = 0. \quad \blacksquare$$

問 2.16 次の極限値を求めよ．

(1) $\lim_{x \to -3} \dfrac{x^2-x-12}{x+3}$ (2) $\lim_{x \to 1} \dfrac{x^3-1}{x^2-1}$ (3) $\lim_{x \to 9} \dfrac{x^2-81}{\sqrt{x}-3}$

(4) $\lim_{x \to 0} \dfrac{\tan \pi x}{\log(1+x)}$ (5) $\lim_{x \to \infty} \dfrac{e^{4x}-1-4x}{x^2}$ (6) $\lim_{\theta \to \pi/3} \dfrac{\cos\theta - 0.5}{\theta - \pi/3}$

問 2.17 $m(x) = \dfrac{m_0}{\sqrt{1-\dfrac{x}{c^2}}}$ とする．ただし，m_0, c は正の定数である．また，c より十分小さい正の数 ε に対し，$0 < x < \varepsilon$ とする．

(1) $m'(x)$ を求めよ．

(2) $m(x) - m_0$ を平均値の定理を用いて表せ．

(3) $\varepsilon \to 0$ とすると $\dfrac{m(x) - m_0}{x}$ の値はどうなるか．

§2.7　富士山の稜線の凹・凸 (凹関数・凸関数)

第1章冒頭の写真 (p.1) を単純化した図1.1をもう一度眺めてみよう．特に左側稜線に注目すると，へこみ型 (凹) の曲線がゆるやかにAからDまで続き，頂点Bに近づく手前，DからBまでわずかながらふくらみ型 (凸) に変化している (p.1の写真, 図1.1参照)．登山経験者の話を聞くと，のぼりが疲れるのは8合目あたりからだと言う．その辺りがへこみ型 (凹) からふくらみ型 (凸) に移る稜線の境目かもしれない．その境目はあとで述べるように変曲点[19]と呼ばれる．その変曲点をDで表そう．そうするとDから少し下 (6合目くらい？) が日の出の位置になろうか．しかし私たちはこうした数字の精度はあまり問題にしていない．大切なことは，稜線が

"へこみ型"(凹) から "ふくらみ型"(凸) へ

と変化する点と，日の出の位置関係である．左側稜線を第1章では $y=F(x)$ で表される曲線として扱ってきた．その上の変曲点をDと定めた．

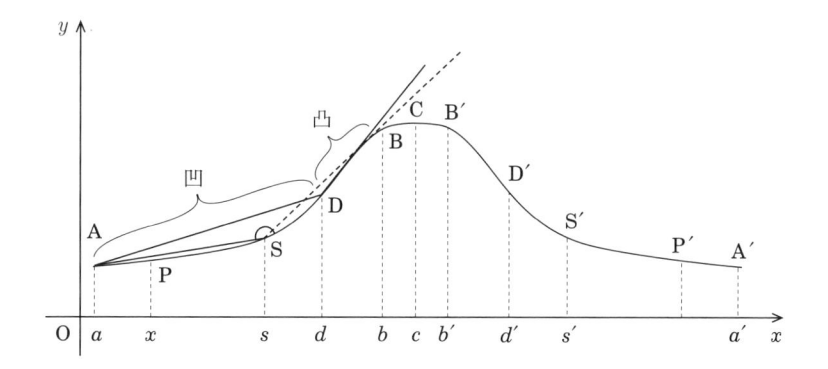

図 2.22　Sは日の出の位置で s はSの x-座標．

---

[19] inflection point.

2.7.1 凸関数・凹関数

まず，へこみ型・ふくらみ型を数学の言葉に置き換えよう．図 2.23 (I) はへこみ型，(II) はふくらみ型のスケッチである．(I),(II) の両曲線上に任意に 3 点 $P_1(x_1,y_1), P_2(x_2,y_2), P_3(x_3,y_3)$ を左からこの順にとる ($x_1<x_2<x_3$).

(I) の場合は常に次の不等式が成立する．

$$\frac{y_2-y_1}{x_2-x_1} \leq \frac{y_3-y_2}{x_3-x_2} \quad (\overline{P_1P_2}\text{の傾き} \leq \overline{P_2P_3}\text{の傾き}). \tag{2.50}$$

(II) の場合は常に次の不等式が成立する．

$$\frac{y_2-y_1}{x_2-x_1} \geq \frac{y_3-y_2}{x_3-x_2} \quad (\overline{P_1P_2}\text{の傾き} \geq \overline{P_2P_3}\text{の傾き}). \tag{2.51}$$

定義 2.3 関数 $f(x)$ が閉区間 $I=[a,b]$ の任意の 3 点 $x_1<x_2<x_3$ に対して

$$y_1=f(x_1), \quad y_2=f(x_2), \quad y_3=f(x_3)$$

であるとする．これらが不等式 (2.50)((2.51)) を満たしているとき，$f(x)$ は I における**凸関数 (凹関数)** と呼び，グラフ (I)((II)) は**下に凸 (凹)** であるという．

もし (2.50),(2.51) の不等式で等号が常に省略できるとき，それぞれ $f(x)$ は I において**狭義の凸関数**，**狭義の凹関数**などとよぶ．各関数のグラフにつ

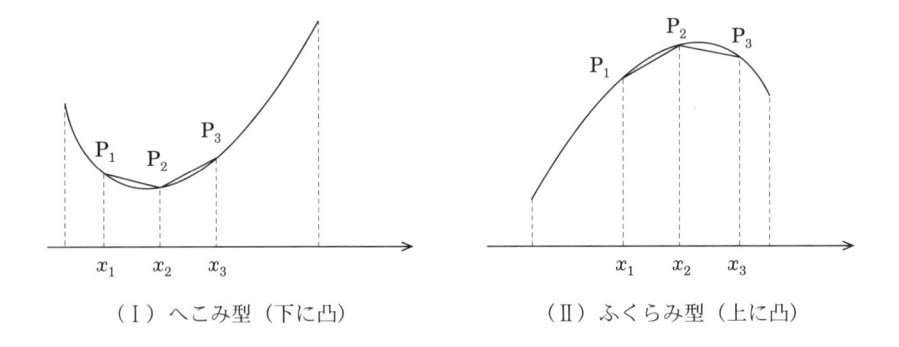

（I）へこみ型（下に凸）　　　　（II）ふくらみ型（上に凸）

図 2.23

2.7 富士山の稜線の凹・凸 (凹関数・凸関数)　109

いても上に「狭義の凹，凸」などという.

(2.50),(2.51) は不等号の向きの違いだけなので，(2.50),(2.51) についてはほぼ平行な議論が可能である．したがって (2.50) について凸関数の性質を調べることにしよう．いま $f(x)$ は $I=[a,b]$ で連続，(a,b) で微分可能と仮定してみる．$x_1<x<x_2$ を (a,b) 内に任意にとると，$f(x)$ が凸関数ならば (2.50) から次が成り立つ．

$$\frac{f(x)-f(x_1)}{x-x_1}\leq\frac{f(x_2)-f(x)}{x_2-x}. \tag{2.52}$$

ここで $x\to x_1$ となるときの極限をとると，仮定から

$$\text{左辺} \longrightarrow f'(x_1), \quad \text{右辺} \longrightarrow \frac{f(x_2)-f(x_1)}{x_2-x_1}.$$

よって

$$f'(x_1)\leq\frac{f(x_2)-f(x_1)}{x_2-x_1}.$$

また (2.52) で $x\to x_2$ ならしめると同様に

$$\frac{f(x_2)-f(x_1)}{x_2-x_1}\leq f'(x_2)$$

が得られる．したがってこれらの 2 式から

$$f'(x_1)\leq f'(x_2) \quad (x_1<x_2).$$

よって，もし I 内で $f''(x)$ が存在すると仮定すると，$f'(x)$ は単調増加であるから I 内で $f''(x)\geq 0$ である．したがって

　「$f(x)$ が凸関数ならば I 内において $f''(x)\geq 0$ が成り立つ」．

逆に，$f'(x)$ が I において単調増加関数と仮定すると，(2.52) 式の両辺にそれぞれ平均値の定理を適用すれば

$$\text{左辺}=f'(\xi_1), \quad x_1<\xi_1<x, \tag{2.53}$$

$$\text{右辺}=f'(\xi_2), \quad x<\xi_2<x_2 \tag{2.54}$$

を満たすようなある ξ_1, ξ_2 が存在する．$\xi_1 < \xi_2$ だから

$$\frac{f(x)-f(x_1)}{x-x_1} = f'(\xi_1) \leq f'(\xi_2) = \frac{f(x_2)-f(x)}{x_2-x} \tag{2.55}$$

から (2.52) の不等式が任意の $x_1 < x < x_2$ について成立する．よって

「I 内において $f''(x) \geq 0$ ならば $f'(x)$ は単調増加で，

$f(x)$ は I において凸関数である」．

結果をまとめると

定理 2.16 I 内で $f''(x)$ が存在するとき I 内で $f(x)$ が凸関数であるための必要十分条件は $f''(x) \geq 0$ が成り立つことである．

得られた結果より，$f''(x)$ が存在するならば $f'(x)$ の狭義単調増加性を $f''(x) > 0$ でおきかえて (定理 2.13 (p.100) 参照)

定理 2.17 $f(x)$ は $I = [a,b]$ で連続，(a,b) で 2 回微分可能とする．このとき (a,b) で $f''(x) > (<) 0$ ならば $f(x)$ が区間 I で狭義凸 (凹) 関数である．

2.7.2 変曲点

関数 $f(x)$ のグラフが下に狭義の凸から上に狭義の凸 (または，上に狭義の凸から下に狭義の凸) へと変化する点 $(x, f(x)) = \mathrm{D}$ のことを $f(x)$ の**変曲点**とよぶ．すなわち

$$f''(x) > 0 \quad (a < x < d), \quad f''(x) < 0 \quad (d < x < b)$$

$$(\text{または } f''(x) < 0 \quad (a < x < d), \quad f''(x) > 0 \quad (d < x < b))$$

を満たす点 D のことである．この節の初めにみた富士山の稜線のグラフ (図 2.22) では，点 D が "へこみ型" から "ふくらみ型" へ移る境目であり，D 自身をグラフの変曲点といってよい．

2.7.3 富士山モデルの数学的記述

富士山の左側稜線の関数の直観的表現の数学的読みかえをしてきた結果をまとめてみると，おおよそ次のようになろう．1.1 節の最後で，考察対象にあげた $1°\sim4°$ の順序に対応して得たことを列挙する．

$1°$ について

閉区間 [a,b] で定義された左稜線関数 $F(x)$ は狭義単調増加かつ正値の連続関数．

$2°$ について

$F(x)$ は (a,b) で微分可能，$F'(x)$ は常に正であり，右微分係数 $F'_+(a)$ と左微分係数 $F'_-(b)$ が存在して正の値をとる．

$3°$ について

$F(x)$ は [a,d] では狭義凸関数，[d,b] では狭義凹関数，したがって点 $D=(d,F(d))$ は左稜線関数の変曲点である．

$4°$ について[20]

$F(x)$ は (a,b) で 2 回微分可能 であり，(a,d) では $F''(x)>0$, (d,b) では $F''(x)<0$．

$5°$ について

「左側稜線」と，頂点付近の点 T から天空に延びる「半直線」が T で接続された曲線を一つの曲線とみなして $y=\tilde{F}(x)$ と表すとき，$\tilde{F}(x)$ を求める．T の位置は，8 合目ぐらいの位置にあるとき変曲点 D と頂点 B の間にある．その座標を $(t_0,F(t_0))$ で表すとき，稜線 $y=F(x)$ を T において左半接線 $y=F'(t_0)(x-x_0)+F(t_0)$ に接続した関数が $\tilde{F}(x)$．

以上，富士山モデルの特徴づけとなる左稜線関数 $F(x)$ の性質と接続曲線 $\tilde{F}(x)$ の性質をまとめる

(1)　$F(x)$ は [a,b] 上で連続，$F(a)>0$, $F'_+(a)$ が存在して正．

---

[20] $F'(x)$ は連続で (a,d) で狭義単調増加，(d,b) では狭義単調減少としてもよいが，より強い条件で $F''(x)>0$ $(a<x<d)$, $F''(x)<0$ $(d<x<b)$ としたのは，単純な表現にまとめるための設定．

(2) (a,b) で，$F'(x)>0$ かつ $F''(x)$ が存在する (2 階微分可能).

(3) 左側稜線 $y=F(x)$ は B に近い点 $D=(d,F(d))$ を変曲点にもつ ($F''(d)=0$). $F''(x)>0, F''(x)<0$ (稜線は (a,d) で下に狭義凸，(d,b) で下に狭義凹).

(4) D と B の間にある稜線上の点 T を $(t_0, F(t_0))$ とする．T を接点とする接線の $x \geq t_0$ の部分をとる．この左半接線を，稜線の $a \leq x \leq t_0$ の部分と接続した曲線を $y=\tilde{F}(x)$ とする．ここで

$$\tilde{F}(x)=\begin{cases} F(x), & a \leq x \leq t_0 \\ F'(t_0)(x-t_0)+F(t_0), & t_0 < x \end{cases}$$

である．

(5) 左半接線 $y=F'(t_0)(x-x_0)+F(t_0)$ と右側稜線の間に「富士に立つ影」を形成する．接点 T は，稜線上の D と B の間のある点である．

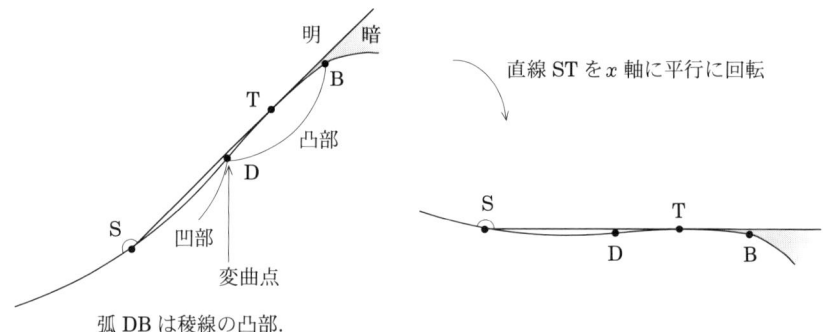

弧 DB は稜線の凸部．
T は S から出る半直線が弧 DB に接する点．

図 2.24

2.7.4 鳥瞰図

このカメラ視点からの富士 (2 次元) を，鳥瞰図的に 3 次元空間で見るとどうであろうか．多分銚子沖方向の海上の一点 S_0 から日の出が始まり，太陽光線は海面すれすれに海上を広がりつつ，次第に海面との角度を上げて半空間に延びていく．ごく初期的に浅い角度の光線が，富士山の中腹に出現し

2.7 富士山の稜線の凹・凸 (凹関数・凸関数)

たのが,図 2.24 の日の出 S であろう.

次の鳥瞰図 2.25 はこの想定に基づいたものである.このとき,水平線上に出現した太陽 S_0 から出る光が,初めて富士山の左側稜線に対応する位置を通過する点が,「富士山の日の出」の位置 S である.光線が S からの反射も含め稜線上方の凸部の点 T で接するとき,空間に 3 点 S_0, S, T で形成される平面 π を想定できる.そこで光線が平面 π より下に進むときは,富士山の陰に入ってしまう.しかし富士山の頂上付近から右側稜線の上の部分は直接的な山の陰ではないが,光線の方向性が,やや弱い陰を画面に残している (これを私たちは富士に立つ影と仮に呼んだ).

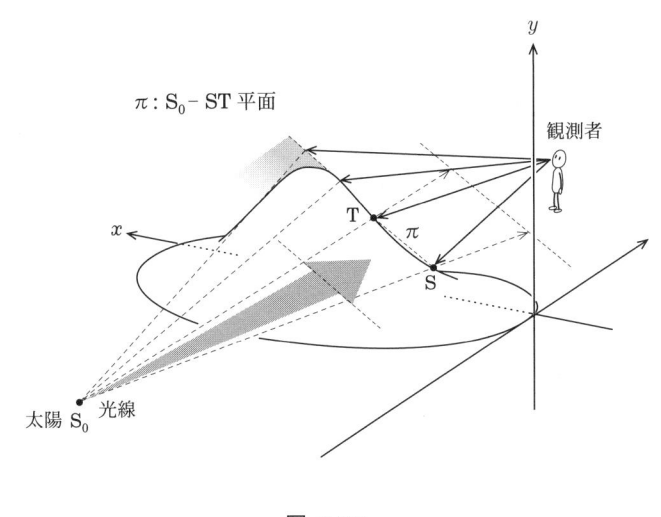

図 2.25

一方,仮想平面 π の上部は障害となるものは何もなく半空間の明部をつくっている.著者らの疑問は,それにしてもこの暗部と明部の境界 π はなぜこんなに左側稜線の延長上にくっきり残るのかという素朴な話である.

これに関して気象庁からいただいたコメントは,

「この現象はまだはっきり解明されていないが,おそらくは一種の

チンダル現象[21]と思われる」
ということであった．空気中の希薄な浮遊物に太陽光が入射すると，その前方(境界に沿って右手方向)に強い1次散乱光が出て白く光っているという状態なのであろうか．

§2.8　テーラー級数 (テーラー展開)

前節において，富士山モデルの数学的理解を得た．このために必要とした数学的知識をさらに発展させるために，テーラー級数から始めよう．数列 $\{a_n\}_{n=1,2,\cdots}$ の最初の n 項の和 S_n

$$S_n = a_1 + a_2 + \cdots + a_n$$

のつくる数列 $\{S_1, S_2, \cdots, S_n, \cdots\}$ の有限な極限値 S が存在するとき，無限級数

$$a_1 + a_2 + \cdots + a_n + \cdots$$

の無限和を S と定義する．記号では $S = \sum_{n=1}^{\infty} a_n$ と表す．$\sum_{n=1}^{\infty} a_n = \lim_{n \to \infty} S_n$ である．もし $\lim_{n \to \infty} S_n$ が存在しないときは $\sum_{n=1}^{\infty} a_n$ は発散するという．a_n は数としたが，x の関数 $a_n(x)$ の場合も，x を固定すると無限級数 $\sum_{n=1}^{\infty} a_n(x)$ の収束・発散は同じように議論できる．

$$\sum_{n=1}^{\infty} |a_n(x)| < \infty$$

のとき無限級数は**絶対収束**するという．$\overline{S}_n(x) = |a_1(x)| + \cdots + |a_n(x)|$ と表せば

---

[21] **チンダル現象**：コロイド溶液や濁った空気に光があたると，微粒子による光の散乱により，入射光の通路が光ってみえる現象(『物理学辞典』物理学辞典編集委員会編，培風館 (2005))．

$$\overline{S}(x) = \lim_{n \to \infty} \overline{S}_n(x) = \sum_{n=1}^{\infty} |a_n(x)| < \infty$$

である．

絶対収束する級数 $\sum_{n=1}^{\infty} a_n(x)$ は収束する．実際，

$$|S(x) - S_n(x)| = |a_{n+1}(x) + \cdots + a_{n+k}(x) + \cdots|$$
$$\leq |a_{n+1}(x)| + \cdots + |a_{n+k}(x)| + \cdots$$
$$= |\overline{S}(x) - \overline{S}_n(x)|$$

が成り立ち，$n \to \infty$ のとき右辺 $\to 0$．したがって，

$$|S(x) - S_n(x)| \to 0 \quad (n \to \infty)$$

となるからである．

$$S(x) = a_1(x) + a_2(x) + \cdots$$

を**関数項級数**とよぶ．特に各項が $a_n(x) = a_n x^n$ (a_n は定数) のように表されている場合，関数項級数

$$a_0 + a_1 x + a_2 x^2 + \cdots + a_n x^n + \cdots$$

を**べき級数 (整級数)** とよぶ．x がある範囲で変動すれば，そこで収束する (和を持つ) べき級数もまた x の関数となる: $S(x) = \lim_{n \to \infty} a_n x^n$．この和を普通のように $f(x)$ などとも表す．

$$f(x) = a_0 + a_1(x-a) + a_2(x-a)^2 + \cdots + a_n(x-a)^n + \cdots$$

のように表されるときも，$X = x - a$ とおけば，

$$f(x) = \hat{f}(X) = a_0 + a_1 X + \cdots + a_n X^n + \cdots \quad (a \text{ は定数})$$

であるから，$\hat{f}$ は X のべき級数とみなすことができる．

f を開区間 I で C^∞-級関数として，それをべき級数に展開することを問題にしよう．

$f(x)$ を，$a \in I$ の近傍において 1 次関数 $g_1(x)$ で最もよく近似するのは，$y = g_1(x)$ のグラフが $(a, f(a))$ における接線となることで，これは f が $x = a$ で微分可能と同値であった．その条件は次の式で表される：

$$f(a) = g_1(a), \quad f'(a) = g_1'(a) \tag{2.56}$$

このとき $g_1(x) = f(a) + f'(a)(x - a)$.

より近似度を高めるには，f の代わりに f'，g_1 の代わりに g_2' を，g_2 を 2 次関数として，さらに

$$f'(a) = g_2'(a), \quad f''(a) = g_2''(a) \tag{2.57}$$

を満たすように選べば，$g_2(x)$ は $f(x)$ を，$g_2'(x)$ は $f'(x)$ を $x = a$ の近傍で一層よく近似するだろう．すなわち

$$g_2'(x) = f'(a) + (x - a)f''(a)$$

を積分して $f(a) = g_2(a)$ を用いれば，

$$g_2(x) = f(a) + f'(a)(x - a) + \frac{1}{2}f''(a)(x - a)^2.$$

同様のことをくり返して行けば，一般に

$$f(a) = g_n(a), \quad f'(a) = g_n'(a), \quad \cdots, \quad f^{(n)}(a) = g_n^{(n)}(a)$$

を満たす n 次関数 $g_n(x)$ は次のように与えられる：

$$g_n(x) = f(a) + f'(a)(x - a) + \frac{f''(a)}{2!}(x - a)^2 + \cdots + \frac{f^{(n)}(a)}{n!}(x - a)^n. \tag{2.58}$$

n とともに $g_n(x)$ は，$x = a$ の近傍で $f(x)$ をどれくらいよく近似するかを見るのには，その近傍のすべての x について

$$f(x) - g_n(x) \to 0 \quad (n \to \infty) \tag{2.59}$$

が示されねばならない．$g_n(x)$ を n 次の $f(x)$ の**テーラー多項式**という．

しかし，実は $f(x)$ が無限回微分可能であっても，(2.59) が成立しない例は

すぐあとであげるとして、まず $f(x)=\sin x$ の場合に、$a=\dfrac{\pi}{4}$ のとき $g_1(x)$, $g_2(x), g_3(x)$ について誤差: $f(x)-g_n(x)$ の計算を実験してみよう. 次の簡単な場合を確かめてみると

例 2.21　$f(x)=\sin x, a=\dfrac{\pi}{4}$ とするとき[22]，$g_n(n=1,2,3)$ は

$$g_1(x)=\frac{1}{\sqrt{2}}+\frac{1}{\sqrt{2}}\left(x-\frac{\pi}{4}\right),$$

$$g_2(x)=\frac{1}{\sqrt{2}}+\frac{1}{\sqrt{2}}\left(x-\frac{\pi}{4}\right)-\frac{1}{2!}\frac{1}{\sqrt{2}}\left(x-\frac{\pi}{4}\right)^2$$

$$g_3(x)=\frac{1}{\sqrt{2}}+\frac{1}{\sqrt{2}}\left(x-\frac{\pi}{4}\right)-\frac{1}{2!}\frac{1}{\sqrt{2}}\left(x-\frac{\pi}{4}\right)^2-\frac{1}{3!\sqrt{2}}\left(x-\frac{\pi}{4}\right)^3.$$

$x=\dfrac{\pi}{4}$ の近傍の点 $x=1$ における $|f(1)-g_n(1)|(n=1,2,3)$ を確かめると

$$f(1)=\sin 1=0.8415,\quad g_1(1)=0.8589,\quad g_2(1)=0.8426,\quad g_3(1)=0.8414$$

としたとき, 次のように近似度が上がる.

$$|f(1)-g(1)|=0.0174,\quad |f(1)-g_2(1)|=0.0011,\quad |f(1)-g_3(1)|=0.0001.$$

$f(x)$ とそのテーラー多項式 $g_{n-1}(x)$ の誤差を計算しよう.

定理 2.18　(テーラーの定理)　$f(x)$ は a と x を端点とする閉区間で $n-1$ 回連続微分可能, かつ $f^{(n-1)}(x)$ は a と x を端点とする開区間で微分可能とする.

$$f(x)=f(a)+f'(a)(x-a)+\cdots+\frac{f^{(n-1)}(a)}{(n-1)!}(x-a)^{n-1}+R_n(x)$$

と表したとき,

$$R_n(x)=\frac{f^{(n)}(\xi)}{n!}(x-a)^n.$$

ここで ξ は a と x を端点とする開区間のある数で $\xi=a+\theta(x-a)$, $0<\theta<1$ ともかける. $R_n(x)$ を**ラグランジュの剰余**という.

---

[22] $\sin x$ の変数 x の単位はラジアン.

証明 $R_n(x)$ を簡単に $R(x)$ とかく．(2.58) から
$$R(x) = f(x) - g_{n-1}(x).$$
この両辺に微分を繰り返し，
$$\begin{aligned}R'(x) &= f'(x) - \frac{d}{dx}g_{n-1}(x) \\ &= f'(x) - \left\{ f'(a) + f''(a)(x-a) + \cdots + \frac{f^{(n-1)}(a)}{(n-2)!}(x-a)^{n-2} \right\},\end{aligned}$$
$$\vdots$$
$$R^{(n-1)}(x) = f^{(n-1)}(x) - \left(\frac{d}{dx}\right)^{n-1} g_{n-1}(x) = f^{(n-1)}(x) - f^{(n-1)}(a),$$
$$R^{(n)}(x) = f^{(n)}(x)$$
したがって，
$$R(a) = R'(a) = \cdots = R^{(n-1)}(a) = 0, \quad R^{(n)}(x) = f^{(n)}(x).$$
$Q(x) = (x-a)^n$ とおけば $R(a) = Q(a) = 0$．コーシーの平均値の定理より
$$\frac{R(x)}{(x-a)^n} = \frac{R(x) - R(a)}{Q(x) - Q(a)} = \frac{R'(x_1)}{n(x_1-a)^{n-1}} \quad (x_1 \text{は} a \text{と} x \text{の間のある数}).$$
この操作を続けて行くと，結局
$$\frac{R(x)}{Q(x)} = \frac{R^{(n)}(x_n)}{n!} = \frac{f^{(n)}(\xi)}{n!} \quad (x_n \text{は} a \text{と} x_{n-1} \text{の間の数})$$
が得られる．各段階で決めた $x_1, \cdots, x_n$ はすべて a と x の間の数なので，上式の最右辺では x_n を ξ とおいた．ここで $a < \xi < x$ $(a > \xi > x)$．したがって
$$R(x) = R_n(x) = (x-a)^n \frac{f^{(n)}(\xi)}{n!}. \quad \square$$

この $R_n(x)$ をいろいろの表現で与えることができる．それは剰余項を関数の形に応じて計算 $(\lim_{n \to \infty} R_n)$ をやり易くする目的である．

例 2.22 $f(x) = e^x (-\infty < x < \infty)$ の $x = 0$ における $n-1$ 次のテーラー多

項式を求め，剰余項 $R_n(x)$ は任意の x について $\lim_{n\to\infty} R_n(x)=0$ を満たすことを示せ．

解 任意の自然数 n について $f^{(n)}(x)=e^x$ であるから

$$e^x = f(0) + \frac{f'(0)}{1!}x + \frac{f''(0)}{2!}x^2 + \cdots + \frac{f^{(n-1)}(0)}{(n-1)!}x^{n-1} + R_n(x)$$

$$R_n(x) = \frac{f^{(n)}(\xi)}{n!} = \frac{e^\xi}{n!}x^n = \frac{e^{\theta x}}{n!}x^n \qquad (0<\theta<1).$$

よって $n-1$ 次のテーラー多項式 $g_{n-1}(x)$ は

$$g_{n-1}(x) = 1 + \frac{x}{1!} + \frac{x^2}{2!} + \cdots + \frac{x^{n-1}}{(n-1)!} \qquad \left(|R_n(x)| \leq \frac{e^{|x|}}{n!}|x|^n \right)$$

が成り立つ．例 1.5 (p.13) より，

$$\lim_{n\to\infty} \frac{|x|^n}{n!} = 0. \quad \text{したがって} \quad \lim_{n\to\infty} R_n(x) = 0. \quad \blacksquare$$

べき級数

$$f(a) + \frac{f'(a)}{1!}(x-a) + \cdots + \frac{f^{(n)}(a)}{n!}(x-a)^n + \cdots$$

を，f の $x=a$ におけるテーラー級数という．x が区間 I に属するとき，

$$R_n(x) = f(x) - \sum_{k=0}^{n-1} \frac{f^{(k)}(a)}{k!}(x-a)^k \to 0 \qquad (n\to\infty)$$

ならば，級数の収束の定義から $f(x)$ は $x\in I$ で，

$$f(x) = \sum_{k=0}^{\infty} \frac{f^{(k)}(a)}{k!}(x-a)^k$$

と展開される．これを $f(x)$ の $x=a$ における**テーラー展開**という．特に $a=0$ のときこの展開式は**マクローリン展開**と呼ばれる．同様にして $e^x, \sin x, \cos x$ のマクローリン展開式：$-\infty<x<\infty$ に対し，

$$e^x = \sum_{n=0}^{\infty} \frac{x^n}{n!}, \quad \sin x = \sum_{n=0}^{\infty} \frac{\sin\left(\frac{n\pi}{2}\right)x^n}{n!}, \quad \cos x = \sum_{n=0}^{\infty} \frac{\cos\left(\frac{n\pi}{2}\right)x^n}{n!}$$

が示される．

2.8.1 解析関数

一般に $f(x)$ が定義域 I の任意の点 a でテーラー展開可能であるとき，$f(x)$ は I 上の**解析関数**と呼ばれる．

定理 2.19 $f(x)$ は C^∞-級の関数で $x=a$ の近傍 $\{|x-a|<h\}$ で，任意の自然数 n について，

$$|f^{(n)}(x)| \leq CM^n n! \qquad (M, C \text{ は定数})$$

を満たしていれば，ある数 $h_1(\leq h)$ があって，$|x-a|<h_1$ ならばテーラー展開

$$f(x) = \sum_{n=0}^\infty \frac{f^{(n)}(a)}{n!}(x-a)^n$$

が成り立つ．すなわち $f(x)$ は $x=a$ で**解析的**である．

証明 $h_1 > 0$ を $h_1 < \min\left\{h, \dfrac{1}{M}\right\}$ となるようにとれば，ラグランジュの剰余 $R_n(x)$ は $|x-a|<h_1$ のとき，$|R_n(x)| \leq C(Mh_1)^n \to 0 \ (n\to\infty)$. □

そこで p.116 でも言及したように C^∞-級関数ならばいつも解析的かという疑問が残る．次の式が示すようにそれは成立しない．

例 2.23 関数 $f(x)$ ($-\infty < x < \infty$)：

$$f(x) = \begin{cases} e^{-\frac{1}{x}}, & x > 0 \\ 0, & x \leq 0 \end{cases}$$

は C^∞-級の関数であるが，$x=0$ ではテーラー展開不可能．

証明 $x \neq 0$ ならば C^∞-級であることは合成関数の微分法で明らか．

$$f'(x) = \frac{1}{x^2} e^{-\frac{1}{x}}, \quad f''(x) = \left(-\frac{2}{x^3} + \frac{1}{x^4}\right) e^{-\frac{1}{x}} \qquad (x>0).$$

一般に $f^{(n)}(x) = P_{2n}\left(\dfrac{1}{x}\right) e^{-\frac{1}{x}}$ ($P_m(t)$ は t の m 次多項式) とかける．そこ

で $x=\dfrac{1}{t}$ とおくと，ロピタルの定理 (定理 2.15) から

$$\lim_{x\to +0} f^{(n)}(x) = \lim_{t\to\infty} f^{(n)}(t^{-1}) = \lim_{t\to\infty} \frac{P_{2n}(t)}{e^t} = 0 \qquad (n=1,2,\cdots).$$

p.103 の注意で述べたように，"$e^{-|x|}$ はどんな多項式との積も $|x|\to 0$ で 0 に収束する" ことを思い出そう．したがって平均値の定理により，

$$\lim_{x\to +0} \frac{f(x)-f(0)}{x} = \lim_{x\to +0} f'(\xi) = \lim_{\xi\to 0} f'(\xi) = 0 \qquad (0<\xi<x)$$

だから $f'_+(0)=0$．$x\leq 0$ では $f(x)=0$ より $f'_-(0)=0$．ゆえに $f'(0)=0$．f を f' としてこの操作をくり返し，$f^{(2)}_+(0)=f^{(2)}_-(0)=f^{(2)}(0)=0$．以下帰納的に

$$f^{(n)}_+(0)=f^{(n)}_-(0)=f^{(n)}(0)=0 \qquad (n=3,4,\cdots).$$

結局 f は $x=0$ で無限回微分可能．よって f は $(-\infty,\infty)$ で C^∞-級である．

しかし f は $x=0$ でテーラー展開不可能．可能と仮定すれば，

$$f(x) = \sum_{n=0}^\infty \frac{f^{(n)}(0)}{n!} x^n = 0.$$

すなわち，x の近傍で $f(x)\equiv 0$ となり $f(x)=e^{-\frac{1}{x}}>0$ $(x>0)$ に反する． □

例 2.24 ラグランジュの剰余とテーラー多項式を求めると，次のようになる (θ は $0<\theta<1$ を満たすある数).

$$e^x = 1 + \frac{x}{1!} + \frac{x^2}{2!} + \cdots + \frac{x^{n-1}}{(n-1)!} + \frac{e^{\theta x}}{n!} x^n \tag{2.60}$$

$$\sin x = x - \frac{x^3}{3!} + \frac{x^5}{5!} - \cdots + (-1)^{n-1} \frac{x^{2n-1}}{(2n-1)!} + (-1)^n \frac{\cos\theta x}{(2n+1)!} x^{2n+1} \tag{2.61}$$

$$\cos x = 1 - \frac{x^2}{2!} + \frac{x^4}{4!} - \cdots + (-1)^n \frac{x^{2n}}{(2n)!} + (-1)^{n+1} \frac{\cos\theta x}{(2n+2)!} x^{2n+2} \tag{2.62}$$

$$\log(1+x) = x - \frac{x^2}{2} + \frac{x^3}{3} - \cdots + (-1)^n \frac{x^{n-1}}{n-1} + \frac{(-1)^{n+1} x^n}{n(1+\theta x)^n} \qquad (x > -1) \tag{2.63}$$

$$(1+x)^\alpha = 1 + \binom{\alpha}{1} x + \cdots + \binom{\alpha}{n-1} x^{n-1}$$
$$+ \binom{\alpha}{n}(1+\theta x)^{\alpha-n} x^n \qquad (x > -1). \tag{2.64}$$

問 2.18 (2.63)(2.64) を導け.ただし α は任意の実数, $\binom{\alpha}{k}$ は次式で与えられる数である.

$$\binom{\alpha}{k} = \frac{\alpha(\alpha-1)\cdots(\alpha-k+1)}{k!}, \qquad \binom{\alpha}{0} = 1.$$

(2.63)(2.64) のみについて剰余項を積分を使って表そう.まず (2.63) について,

$$\frac{d}{dt}\log(1+t) = \frac{1}{1+t} = 1 - t + t^2 - \cdots + (-1)^{n-1} t^{n-1} + \frac{(-1)^n t^n}{1+t} \quad (-1 < t \leq 1).$$

この両辺を 0 から x $(-1 < x \leq 1)$ まで積分すると,

$$\log(1+x) = x - \frac{x^2}{2} + \frac{x^3}{3} - \cdots + (-1)^{n-1} \frac{x^n}{n} + \int_0^x \frac{(-1)^n t^n}{1+t} dt.$$

したがって剰余項 (マクローリンの展開式) は,

$$R_{n+1}(x) = \int_0^x \frac{(-1)^n t^n}{1+t} dt.$$

ここで $0 \leq x \leq 1$ ならば,

$$|R_{n+1}(x)| \leq \int_0^x t^n dt = \frac{x^{n+1}}{n+1} \to 0 \qquad (n \to \infty).$$

$-1 < x < 0$ ならば,

$$|R_{n+1}(x)| \leq \int_x^0 \frac{(-1)^n t^n}{1+t} dt = \frac{1}{1+x} \frac{(-x)^{n+1}}{n+1} \to 0 \quad (n \to \infty).$$

したがって $-1 < x \leq 1$ でマクローリン展開すると,

$$\log(1+x) = x - \frac{x^2}{2} + \frac{x^3}{3} - \cdots + (-1)^n \frac{x^{n-1}}{n-1} + \cdots$$

が得られた.

(2.64) については,定積分を用いると,一般にべき関数 $(1+x)^\alpha$ ($|x|<1$) などのマクローリン展開が可能となる**ベルヌーイの剰余項**が得られる.これは 3.3 節の最後に例として与えることにしよう.

テーラーの多項式とラグランジュ剰余から近似値と誤差を求め,実際に真の値がどの範囲に含まれるかを見ていこう.

例 2.25 $\sqrt{1.1}$ の値を求めよ.

解 公式 (2.64) で $\alpha = \frac{1}{2}$ とする.$n=2$ のとき,

$$\sqrt{1+x} = 1 + \frac{1}{2}x - \frac{1}{8}\frac{1}{(\sqrt{1+\theta x})^3}x^2, \quad 0 < \theta < 1.$$

$x = 0.1$ を代入し,

$$\sqrt{1.1} = g_1(0.1) + R_2(0.1). \tag{2.65}$$

ここで,$g_1(0.1) = 1.05$.また,

$$0 > R_2(0.1) = \frac{-1}{8} \frac{1}{(\sqrt{1+0.1\theta})^3}(0.1)^2 > \frac{-1}{8}(0.1)^2 = -0.00125.$$

したがって (2.65) 式より,

$$1.05 - 0.00125 = 1.04875 < \sqrt{1.1} < 1.05000.$$

$n = 3$ のとき,

$$\sqrt{1+x} = 1 + \frac{1}{2}x - \frac{1}{8}x^2 + \frac{1}{16}\frac{1}{(\sqrt{1+\theta x})^5}x^3.$$

$x = 0.1$ を代入し,

$$\sqrt{1.1} = g_2(0.1) + R_3(0.1). \tag{2.66}$$

ここで，$g_2(0.1) = 1.05 - \dfrac{1}{8}(0.1)^2 = 1.04875$. また,

$$0 < R_3(0,1) = \frac{1}{16}\frac{1}{(\sqrt{1+0.1\theta})^5}(0.1)^3 < \frac{1}{16}(0.1)^3 = 0.0000625.$$

したがって (2.66) 式より,

$$1.04875 < \sqrt{1.1} < 1.04875 + 0.0000625 = 1.0488125.$$

$n = 4$ のとき，同様に $g_3(0.1) = 1.0488125$

$$0 > R_4(0.1) > -\frac{5}{16 \times 8}(0.1)^4 = -0.00000390625.$$

したがって,

$$1.0488125 - 0.00000390625 = 1.04880859375 < \sqrt{1.1} < 1.0488125.$$

n が大きいほど，$g_n(x)$ の部分から $f(x)$ のより精密な近似値が得られる．このように四則演算のみで関数の近似値が，意外に良い精度で得られることを確認していただきたい． ∎

§2.9 極大・極小

2.9.1 2段式ロケットの人工衛星 (極大・極小 I)

人工衛星はこれまで数多く打ち上げられているが，比較的多いのは2段式ロケットによるものであろうか．人工衛星を軌道にのせるには，下部にロケットをつけて打ち上げる．

1段式ロケット 簡単のために1段式ロケットが人工衛星を除いた質量 m_0 と人工衛星の質量 P (有効搭載量) を合計した全質量 $m = m_0 + P$ をもって与えうる最終速度 v は，おおよそ

$$v = -c\log\left(1 - \frac{\varepsilon}{1+\frac{P}{m_0}}\right) = -c\log\left(1 - \frac{\varepsilon m_0}{m_0 + P}\right) \qquad (2.67)$$

であることを出発点として始めよう[23].ここで ε は $0<\varepsilon<1$ のパラメタで典型的な値は 0.8 くらいであり,$1-\varepsilon$ をロケットの構造係数という.ロケットの質量 m_0 は燃えつきてしまう初期燃料の質量 εm_0 と計器類や外装部分からなる質量 $(1-\varepsilon)m_0$ に分けられる.c は液体,固体の両方の燃料ロケットに対する推進体 (燃料ガス) の相対速度で,典型的な値はほぼ $3.0\,\mathrm{km/秒}$,$\beta = \frac{P}{m_0}$ はロケットの全質量に対する人工衛星の質量比で,おおよそ 1/100 くらいだとする.これらのほぼ標準的な値を c,ε,β に与えたときの最終速度は

$$v_1 = -3\log\left(1 - \frac{0.8}{1+\frac{1}{100}}\right) \simeq 4.7\ \mathrm{km/秒}$$

になる.地表から $100\,\mathrm{km/秒}$ の典型的な軌道にのせるためには

$$v \simeq 7.8\ \mathrm{km/秒}\text{[24]}$$

くらいまでに人工衛星の最終速度を高めなければならない.これは 1 段式ロケットの最終速度をはるかに超えていることから多段式ロケットを考える必要にせまられる.

2 段式ロケット 図 2.26 のように 2 段式ロケットを考えよう.二つのロケットの排気速度 c および構造的な要素は同じであると仮定する.1 段目ロケットの質量は m_1,第 2 段目は質量 m_2 とする.第 1 段が燃焼する間に運ぶ搭

---

[23] 人工衛星とロケットからなる系の運動保存則より導かれる.詳しくは参考文献 [8] p.51〜53 を参照.

[24] 人工衛星の円運動における遠心力が地球の中心に向かう重力とつりあうことから導かれる.参考文献 [8] p.54〜55 を参照.

126　第 2 章　微分法

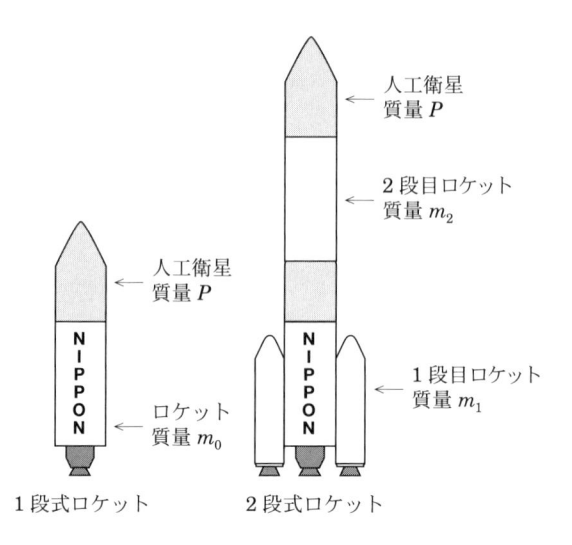

図 2.26

1段式ロケット　　2段式ロケット

載量は衛星と合わせて m_2+P であるから，(2.67) の $\beta=\dfrac{P}{m_0}$ は $\beta=\dfrac{m_2+P}{m_1}$ におきかえなければならない．第 1 段で得られる最終速度は，(2.67) から

$$-c\log\left(1-\frac{\varepsilon m_1}{m_1+m_2+P}\right). \tag{2.68}$$

第 2 段の速度はこれに

$$-c\log\left(1-\frac{\varepsilon m_2}{m_2+P}\right)$$

が加わるから，衛星の最終速度は次のようになる．

$$v_2=-c\log\left(1-\frac{\varepsilon m_1}{m_1+m_2+P}\right)-c\log\left(1-\frac{\varepsilon m_2}{m_2+P}\right). \tag{2.69}$$

この式に $\varepsilon=0.8$, $c=3.0$ km/秒, $m_1=m_2=50P$ を代入して計算した値

$$\begin{aligned}v_2&=-3\log\left(1-\frac{0.8\times 50}{101}\right)-3\log\left(1-\frac{0.8\times 50}{51}\right)\\&=-3\log\frac{61\times 11}{101\times 51}\simeq 6.1\text{ km/秒}\end{aligned}$$

2.9 2段式ロケットの人工衛星 (極大・極小 I)

は確かに 1 段式ロケットの $v_1 \simeq 4.7$ km/秒より改善されているが，**軌道にのせるための速度 $v \sim 7.8$ km/秒**にはまだまだ及ばない．それでは 3 段ロケットでと考えれば最終速度の問題は解決されようが，構造のいっそうの複雑さと費用の増加という新しい問題がおこる．そこで改良の余地として，以上では $m_1 = m_2$ すなわち $m_1 : m_2 = 1 : 1$ としたが

"$m_1 + m_2 = m_0$ のもとに，$m_1 : m_2$ の比の値を変えたらどうか".

計算を続けよう．(2.69) 式で $m_1 = m_0 - m_2$ とすると

$$v_2 = -c\log\left(1 - \frac{\varepsilon(m_0 - m_2)}{m_0 + P}\right) - c\log\left(1 - \frac{\varepsilon m_2}{m_2 + P}\right).$$

すなわち v_2 を m_2 の関数として，$\mathbf{0 < m_2 < m_0}$ の範囲で v_2 を最大ならしめる m_2 を求める．これは高校ですでに学んだ極大・極小[25]の問題になるから，まず $\dfrac{dv_2}{dm_2}$ を計算しよう．文字が多いので，注意深く計算すると次式が得られる．

$$\frac{dv_2}{dm_2} = -c\frac{\varepsilon(1-\varepsilon)(m_2^2 + 2Pm_2 - Pm_0)}{(m_0 + P - \varepsilon m_2)(m_2 + P - \varepsilon m_2)(m_2 + P)}. \tag{2.70}$$

そこで

$$\frac{dv_2}{dm_2} = 0 \iff m_2^2 + 2Pm_2 - Pm_0 = 0.$$

m_2 の 2 次方程式の 2 実解を α_1, α_2 とおくとき

$$\alpha_1 = \sqrt{P^2 + m_0 P} - P, \quad \alpha_2 = -\sqrt{P^2 + m_0 P} - P \quad (<0)$$

であるから，$\dfrac{dv_2}{dm_2} = 0$ は $m_2 = \alpha_1$ の場合にのみおこる．よって (2.70) 式右辺の分子

$$= -c\varepsilon(1-\varepsilon)(m_2 - \alpha_1)(m_2 + \sqrt{P^2 + m_0 P} + P).$$

---

[25] 極大と極小については次節および定理 2.22, p.135 (フェルマーの原理)，定理 2.23, p.136 (テーラーの定理の系) を参照．

(2.70) 式右辺の分母は常に正だから

$$m_2 < \alpha_1 \text{ ならば } \frac{dv_2}{dm_2} > 0, \quad m_2 > \alpha_1 \text{ ならば } \frac{dv_2}{dm_2} < 0.$$

したがって v_2 は $m_2 = \alpha_1$ のとき極大 (=最大) であることが結論された．このとき

$$\frac{m_2}{m_0} = \frac{-P + \sqrt{P^2 + Pm_0}}{m_0} = -\beta + \sqrt{\beta^2 + \beta} \quad \left(\beta = \frac{P}{m_0}\right),$$

$$\frac{m_1}{m_0} = 1 - \frac{m_2}{m_0} = 1 + \beta - \sqrt{\beta^2 + \beta} = \sqrt{1+\beta}(\sqrt{1+\beta} - \sqrt{\beta}).$$

したがって $\dfrac{m_1}{m_2} = \sqrt{1 + \dfrac{1}{\beta}}$．以上の関係式より v_2 の極大値を β を用いて表そう．(2.69) 式の右辺の各項をそれぞれ変形していくと，

$$\begin{aligned}
v_2 &= -c\log\left(1 - \frac{\varepsilon m_1/m_0}{1 + P/m_0}\right) - c\log\left(1 - \frac{\varepsilon m_2/m_0}{m_2/m_0 + P/m_0}\right) \\
&= -c\log\left(1 - \frac{\varepsilon\sqrt{1+\beta}(\sqrt{1+\beta} - \sqrt{\beta})}{1+\beta}\right) - c\log\left(1 - \frac{\varepsilon(-\beta + \sqrt{\beta^2 + \beta})}{\sqrt{\beta^2 + \beta}}\right).
\end{aligned}$$

ところが右辺第 1 項，第 2 項はともに

$$-c\log\left(1 - \varepsilon + \varepsilon\left(\frac{\beta}{1+\beta}\right)^{\frac{1}{2}}\right)$$

に等しいことに気づく．すなわち**第 1 段で得られる最終速度の 2 倍が衛星の最終速度**となり，

$$v_2 = -2c\log\left(1 - \varepsilon + \varepsilon\left(\frac{\beta}{1+\beta}\right)^{\frac{1}{2}}\right).$$

v_2 の式に $\varepsilon = 0.8$, $c = 3.0$, $\beta = \dfrac{1}{100}$ を代入すると

$$v_2 = -2 \times 3\log\left(0.2 + 0.8\frac{1}{\sqrt{101}}\right) \simeq 7.65 \text{ km/秒}.$$

これは目標の $v = 7.8$ km/秒にかなり近い．このとき

$$\frac{m_1}{m_2} = \sqrt{101} \simeq 10.05$$

であるから，

一段目ロケットの質量 $\simeq$ 2 段目ロケットの質量の 10 倍

という結果が得られた．

　人工衛星の構造計算なんてさぞや難しいだろうと想像するが本質的に重要ともいえる最終速度をあげるのにこの程度の計算が役立つかと思うと，数学を苦手とする人もちょっと自信をもてるかもしれない．

極大・極小

　f は $I=[a,b]$ 上で連続，$x_0 \in (a,b)$ とするとき，x_0 のある ε-近傍 U の中で不等式

$$f(x) < f(x_0) \qquad (f(x) > f(x_0))$$

がすべての $x(\neq x_0) \in U$ において成り立つとき $f(x)$ は $x=x_0$ で極大 (極小) であるといい，$f(x_0)$ を **極大値 (極小値)** とよぶ．極大値・極小値をまとめて **極値** と総称する．

定理 2.20　f が $x_0 \in (a,b)$ で微分可能であるとき，$f(x_0)$ が極値ならば $f'(x_0)=0$ (すなわち，$f'(x_0)=0$ は f が x_0 で極値をとるための必要条件である)．

証明　$f'(x_0)>0$ ならば f は x_0 で増加の状態にあり，$f'(x_0)<0$ ならば f は x_0 で減少の状態であるから (定理 2.10 (p.95)) いずれにしても $f'(x_0)$ は極値にはならない．よって $f'(x_0)=0$.　□

　人工衛星が軌道にのるための最終速度 v_2 を $0 < m_2 < m_0$ において極大 (最大) にするために，まず必要条件を満たす $m_2 = \alpha_1$ を求め，次に

$$m_2 < \alpha_1 \text{ では } \frac{dv_2}{dm_2} > 0, \quad m_2 > \alpha_1 \text{ では } \frac{dv_2}{dm_2} < 0$$

を確かめた．これは $v_2(\alpha_1)$ が極大値のための一つの十分条件である．一般に

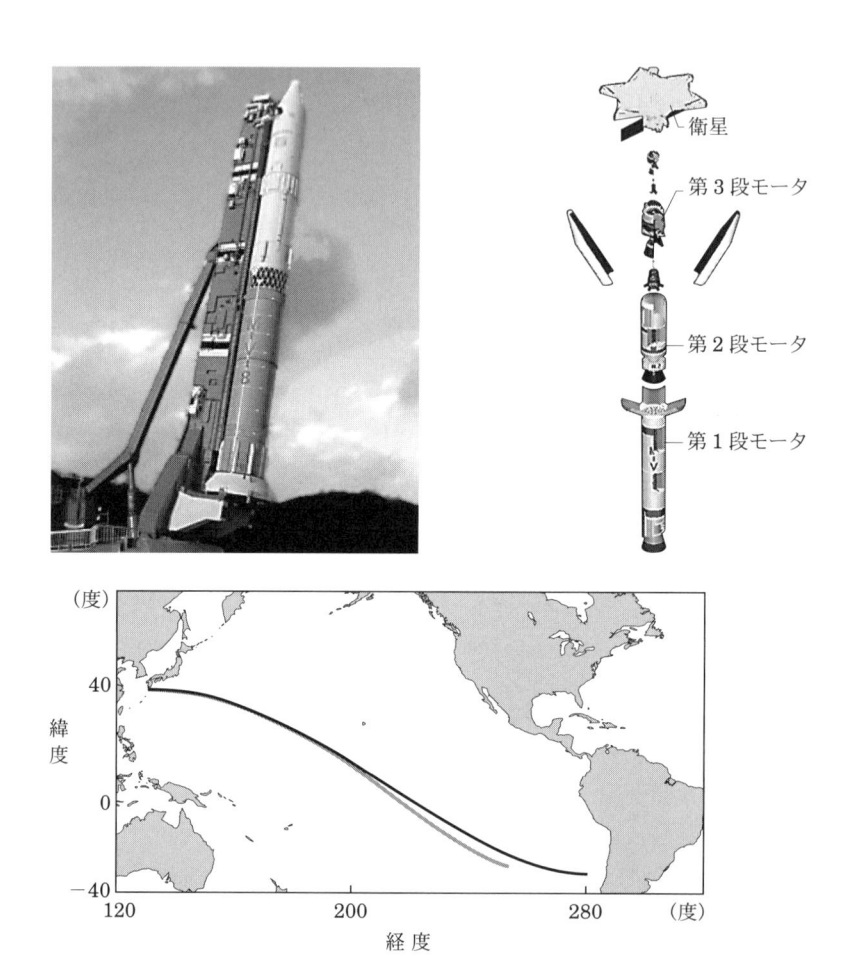

図 **2.27** (上左) 3 段式ロケット (M-V ロケット). (上右) 3 段式ロケットの構造 (模式図). ただし現在, 衛星の打ち上げの多くを担っているのは 2 段式ロケットである. なおロケットは衛星や探査機等, 打ち上げるものに応じて適切な速度・高度で軌道投入を決めるので, 最終達成速度は変化する. 何段式だから速いとか遅いということはない. (下) ロケットの飛行経路の例. 黒色の線は慣性飛行期間が最長の場合, 灰色の線は最短の場合 (JAXA 提供).

定理 2.21 $f(x)$ が x_0 のある ε-近傍 U で微分可能で

(i) $x<x_0$ ならば，すべての $x\in U(x_0\neq x)$ で $f'(x)>0(<0)$,

(ii) $x>x_0$ ならば，すべての $x\in U(x_0\neq x)$ で $f'(x)<0(>0)$

が成り立つとき，$f(x_0)$ は U の中での極大値 (極小値) である.

証明 定理 2.13 (p.100) より (i) は $x\leq x_0$ で $f(x)$ が狭義単調増加 (減少), (ii) は $x\geq x_0$ で $f(x)$ が狭義単調減少 (増加) であるから $f(x_0)$ は U における極大値 (極小値) である. □

注意 (極大・極小値と最大・最小値)　有界閉区間 I 上の連続関数 $f(x)$ は I 上で最大値および最小値をもつ (定理 1.17 (p.39)). したがって区間内におけるすべての極値と区間の両端での $f(x)$ の値と比較することで最大値と最小値は決定される. 前節の人工衛星の例では，最終速度 v_2 の区間内における極大値は一つで，区間の両端における値はそれより小さいことがわかり，極大値＝最大値が示されたのである.

問 2.19 次の関数の増減と極大極小について調べよ.

(1) $f(x)=x^3-2x^2+x$ 　$(-\infty<x<\infty)$

(2) $f(x)=x\sqrt{1-x^2}$ 　$(-1\leq x\leq 1)$

(3) $f(x)=x-2\sin x$ 　$(0\leq x\leq 2\pi)$

(4) $f(x)=\sin x-\cos x$ 　$\left(-\dfrac{\pi}{2}\leq x\leq \dfrac{\pi}{2}\right)$

2.9.2　フェルマーの原理 (極大・極小 II)

空間の中の一つの平面が二つの異なる濃度の媒体に接しているとき，

「一点 A から出てこの接面 π をこえ，他の媒体の点 B に達する光線は，**所要時間が最短となるような経路をとる**」

というフェルマーの原理を，極値問題として考えよう.

　　　　　　"2 点 A,B を含んだ，平面 π に直交する平面"

の中に経路があるとしてよいことは明らかである. この直交平面を x-y 平面

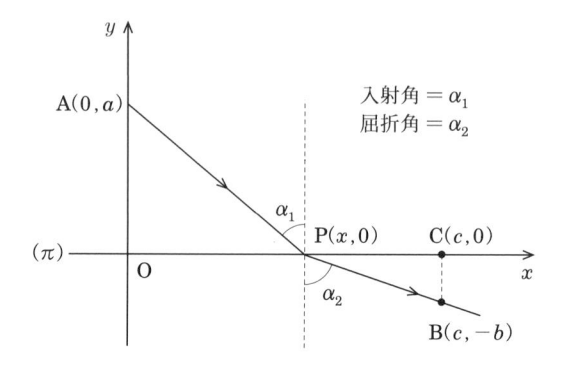

図 2.28

とし，平面 π との交線を x 軸にとる．A,B から x 軸に下ろした垂線の足をそれぞれ O(0,0) および C(c,0)，また B の座標を $(c,-b)$ とし，点 P は A から B までの経路が π と交わる動点で座標は $(x,0)$ と表す．

光線の速度は A のある媒体では v_1，B のある媒体では v_2 と仮定する．光線が APB の経路を通過する時間 τ[26]$= f(x)$ は

$$\tau = \frac{\sqrt{a^2+x^2}}{v_1} + \frac{\sqrt{b^2+(c-x)^2}}{v_2}.$$

関数 $f(x)$ の定義範囲は，ここでは閉区間 $[0, c]$ であり，$f(x)$ は連続関数であるから，ある $x_0 \in [0, c]$ で最小値 $f(x_0)$ が存在する (最大・最小の定理 (定理 1.17))．一方関数 $f(x)$ の式は，x を任意の実数とみれば $(-\infty, \infty)$ で微分可能であるから，あらためて **$f(x)$ を拡張された式**と考えて $f'(x)$ を求めると

$$f'(x) = \frac{x}{v_1\sqrt{a^2+x^2}} - \frac{c-x}{v_2\sqrt{b^2+(c-x)^2}}. \tag{2.71}$$

もし $f'(x_0)=0$ となる x_0 が $(0, c)$ 内にあれば $f(x_0)$ は極小値である．実際

$$f'(0) = f'(0+0), \quad f'(c) = f'(c-0)$$

---

[26] τ: タウまたはトゥー．

に注意して，$f'(0), f'(c)$ を求めると

$$f'(0)=-\frac{c}{v_2\sqrt{b^2+c^2}}<0, \quad f'(c)=\frac{c}{v_1\sqrt{a^2+c^2}}>0.$$

(2.71) をもう一度微分すると

$$f''(x)=\frac{1}{v_1\sqrt{a^2+x^2}}-\frac{x^2}{v_1(\sqrt{a^2+x^2})^3}+\frac{1}{v_2\sqrt{b^2+(c-x)^2}}$$
$$-\frac{(c-x)^2}{v_2(\sqrt{b^2+(c-x)^2})^3}$$
$$=\frac{a^2}{v_1(a^2+x^2)^{\frac{3}{2}}}+\frac{b^2}{v_2(b^2+(c-x)^2)^{\frac{3}{2}}}>0.$$

$f'(x)$ は連続関数で $f'(0)<0$, $f'(c)>0$ より中間値の定理 (定理 1.18) から $f'(x_0)=0$ となる x_0 が $(0,c)$ 内に存在する．さらにすべての x について $f''(x)>0$ であるから $f'(x)$ は $[0,c]$ で狭義単調増加．ゆえに

$0<x<x_0$ で $f'(x)<0$．よって $f(x)$ は $[0,x_0]$ で狭義単調減少

$x_0<x<c$ で $f'(x)>0$．よって $f(x)$ は $[x_0,c]$ で狭義単調増加

ゆえに $f(x_0)$ は $[0,c]$ での極小値であり最小値でもある．

(2.71) 式から

$$\frac{x}{v_1\sqrt{a^2+x^2}}=\frac{c-x}{v_2\sqrt{b^2+(c-x)^2}}$$

より

$$\frac{\sin\alpha_1}{v_1}=\frac{\sin\alpha_2}{v_2} \qquad (2.72)$$

が得られる．この関係式は $P=(x_0,0)$ のとき，APB が求める経路であることを示すものである． □

証明の中の (2.72) の式は**スネル**の実験による「光の屈折法則」の証明を与えている．

テーラーの定理の系 (極大・極小への応用)

定理 2.18 の証明を $n=2$ の場合に見直すと
$$R(x)=f(x)-\{f(a)+f'(a)(x-a)\}, \quad Q(x)=(x-a)^2$$
より $R(a)=R'(a)=0,\ Q(a)=Q'(a)=0$ であった．そこで $f(x)$ が $x=a$ で 2 回微分可能ならば，コーシーの平均値定理により
$$\frac{R(x)}{(x-a)^2}=\frac{R(x)-R(a)}{Q(x)-Q(a)}=\frac{R'(\xi)}{Q'(\xi)}=\frac{1}{2}\frac{f'(\xi)-f'(a)}{\xi-a}$$

(ξ は a と x の間のある数)．

ゆえに
$$\lim_{x\to a}\frac{R(x)}{(x-a)^2}=\frac{1}{2}\lim_{\xi\to a}\frac{f'(\xi)-f'(a)}{\xi-a}=\frac{1}{2}f''(a).$$

すなわち
$$\frac{R(x)}{(x-a)^2}=\frac{1}{2}f''(a)+\rho(x-a), \quad \rho(x-a)\to 0 \quad (x\to a).$$

書き直すと次式が得られる．
$$f(x)=f(a)+f'(a)(x-a)+\left(\frac{1}{2}f''(a)+\rho(x-a)\right)(x-a)^2. \tag{2.73}$$

この式は次のようにも表される．
$$f(x)=f(a)+f'(a)(x-a)+\frac{1}{2}f''(a)(x-a)^2+o((x-a)^2). \tag{2.74}$$

(2.73) の式は極値問題の適用に役立つ．実際，もし
$$f'(a)=0, \quad f''(a)>0 \quad (f''(a)<0)$$

の場合 $x=a$ の十分小さな近傍 $V\ni x$ では，$f''(a)$ と $\dfrac{1}{2}f''(a)+\rho(x-a)$ は同符号であるから，$f''(a)>0\ (f''(a)<0)$ のとき
$$f(x)>f(a) \quad (f(x)<f(a)) \quad (x\in V).$$

すなわち次の定理が証明された．

定理 2.22 $f(x)$ は $x=a$ で 2 階微分可能で $f'(a)=0$ を満たすとき，$f''(a)>0(<0)$ であれば $f(a)$ は極小 (極大) となる．

テーラー定理の系として得られた (2.73) または (2.74) は $f(x)$ が n 回微分可能ならば，同じ方法で

$$f(x)=f(a)+\frac{f'(a)}{1!}(x-a)+\cdots+\frac{f^{n-1}(a)}{(n-1)!}(x-a)^{n-1}$$
$$+\left(\frac{f^{(n)}(a)}{n!}+\rho(x-a)\right)(x-a)^n. \tag{2.75}$$

あるいは

$$\boxed{f(x)=f(a)+\frac{f'(a)}{1!}(x-a)+\cdots+\frac{f^{(n)}(a)}{n!}(x-a)^n+o((x-a)^n)} \tag{2.76}$$

のように表される．

もし $f''(a)$ も 0 となるときは $f(a)$ の極値の判定はどうなるか．例えば $f(x)=x^3, x^4$ の場合に $a=0$ とすると

$$f(x)=x^3 \quad \to \quad f(0)=f'(0)=f''(0)=0, \quad f'''(0)=6 \quad (\neq 0)$$
$$f(x)=x^4 \quad \to \quad f(0)=f'(0)=f''(0)=f'''(0)=0, \quad f^{(4)}(0)=24 \quad (\neq 0).$$

グラフ (図 2.29) で容易にわかるように $f(x)=x^3$ は $x=0$ で極値ではないが，$f(x)=x^4$ ならば，$x=0$ で極小となる．

いま

$$f'(a)=f''(a)=\cdots=f^{(n-1)}(a)=0, \quad f^{(n)}(a)\neq 0$$

のとき，$f(a)$ が極値をとる十分条件が，(2.76) から得られる．

$$f(x)-f(a)=\frac{f^{(n)}(a)}{n!}(x-a)^n+o((x-a)^n)$$
$$=\left(\frac{f^{(n)}(a)}{n!}+\rho(x)\right)(x-a)^n, \quad \rho(x)=o((x-a)) \tag{2.77}$$

$y = x^3$ のグラフと $y = x^4$ のグラフ

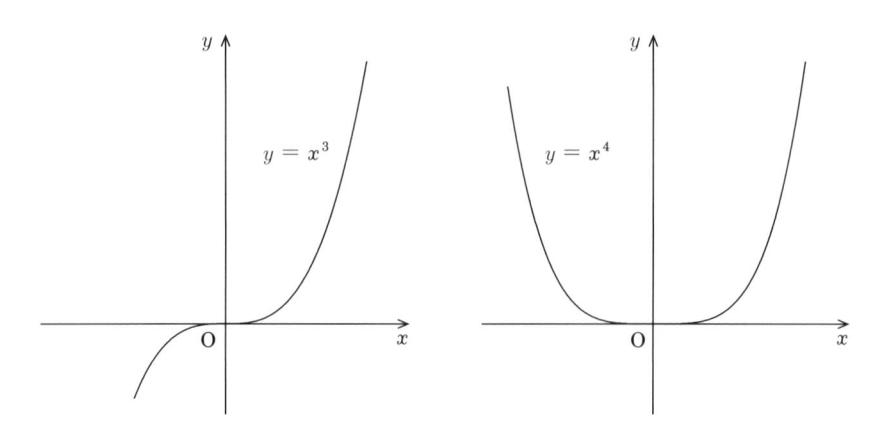

図 2.29

より，a の十分小さな近傍 V の x で $f^{(n)}(a) \neq 0$ と $\dfrac{f^{(n)}(a)}{n!} + \rho(x) \neq 0$ は同符号．すなわち，

$$f^{(n)}(a) > 0 \quad \text{ならば} \quad \frac{f^{(n)}(a)}{n!} + \rho(x) > 0, \tag{2.78}$$

$$f^{(n)}(a) < 0 \quad \text{ならば} \quad \frac{f^{(n)}(a)}{n!} + \rho(x) < 0. \tag{2.79}$$

したがって，**n が偶数**ならば $(x-a)^n > 0$ $(x \neq a)$．よってこのとき

$$f^{(n)}(a) > 0 \text{ ならば } f(x) > f(a) \quad (x \in V) \text{ だから } \boldsymbol{f(a)} \text{ は極小}$$

$$f^{(n)}(a) < 0 \text{ ならば } f(x) < f(a) \quad (x \in V) \text{ だから } \boldsymbol{f(a)} \text{ は極大}$$

である．しかし **n が奇数**のときは $\boldsymbol{a}$ の前後で $(x-a)^n$ は負または正になり，(2.78), (2.79) が成り立っても $f(x) - f(a)$ は符号が変わるから，$f(a)$ は極値にならない．

以上から次の定理が証明された．

定理 2.23 (極値の判定) $f(x)$ が $x = a$ の近傍で n 回微分可能で

$$f'(a) = f''(a) = \cdots = f^{(n-1)}(a) = 0, \quad f^{(n)}(a) \neq 0$$

をみたしているとする．このとき，n が偶数で

$$f^{(n)}(a) > 0 \text{ ならば } f(a) \text{ は極小値}$$
$$f^{(n)}(a) < 0 \text{ ならば } f(a) \text{ は極大値}.$$

n が奇数ならば $f(a)$ は極値ではない．

例 2.26 関数 $f(x) = x^x \ (x > 0), \ f(0) = 1$ について
  (1) $f'(x)$ を求めよ．
  (2) $f(x)$ は狭義凸な関数であることを示せ．
  (3) y 軸に $y = 1$ で接することを示せ．
  (4) $f(x)$ の最小値を求め，$y = x^x$ の概形を描け．

解 (1) $y = x^x$ の対数をとって，$\log y = x \log x$．両辺を x で微分すると

$$\frac{y'}{y} = \log x + 1 \quad \text{よって} \quad y' = x^x (\log x + 1).$$

(2) $y'' = y'(\log x + 1) + \dfrac{y}{x} = x^x \left[(\log x + 1)^2 + \dfrac{1}{x}\right]$．すなわち $y'' > 0 \ (x > 0)$ であるから，$f(x)$ は狭義凸関数．

(3)
$$\lim_{x \to +0} f'(x) = \lim_{x \to +0} x^x (\log x + 1) \tag{2.80}$$

であるが，まず (2.80) の式で

$$\lim_{x \to +0} x^x = \lim_{x \to +0} e^{x \log x} = e^{\lim_{x \to +0} x \log x} \qquad (e^x \text{ の連続性}).$$

また，ロピタルの定理 (定理 2.15 (p.104)) より

$$\lim_{x \to +0} x \log x = \lim_{x \to +0} \frac{\log x}{\dfrac{1}{x}} = \lim_{x \to +0} \frac{\dfrac{1}{x}}{\left(-\dfrac{1}{x^2}\right)} = \lim_{x \to +0} (-x) = 0.$$

よって

$$\lim_{x \to +0} e^{x \log x} = e^0 = 1 = f(0),$$

より $f(x)$ の $x=0$ における右側極限値は存在するが[27], $\lim_{x\to+0}(\log x+1)=-\infty$, したがって, $\lim_{x\to+0}f'(x)=-\infty$ となる. また

$$f'_+(0)=\lim_{x\to+0}\frac{x^x-1}{x}=\lim_{x\to+0}\frac{x^x(\log x+1)}{1}=-\infty$$

から $x=0$ で微分不可能.

一方, $y=f(x)$ は $x>0$ では無限回微分可能であることが y'' の式からさらに微分を続けるとわかる. $x\to+0$ のとき $f'(x)$ の極限値は存在しないが, 限りなく $-\infty$ に近づく. グラフ上ではこのとき $f(x)$ は, $y=1$ において y 軸に接するようなカーブを描く.

$$f'(x)=0 \iff \log x+1=0 \iff x=e^{-1}$$

より

$$x<\frac{1}{e} \text{ では } f'(x)<0,$$
$$f'(e^{-1})=0,$$
$$x>\frac{1}{e} \text{ では } f'(x)>0.$$

したがって $f(x)$ のグラフは点 $(0,1)$ から y 軸に接するように出発して, $x=\frac{1}{e}$ まで減少し, $x>\frac{1}{e}$ では増加をしていくから, $f\left(\frac{1}{e}\right)=\left(\frac{1}{e}\right)^{\frac{1}{e}}$ は極小値であると同時に $1\leq x<\infty$ で最小値である. かつグラフは常に下に狭義凸である. 以上を考慮してグラフの概形を描くと図 2.30 のようになる. ∎

§2.10 曲線の曲がり度 (曲線の凹凸の度合い)

$y=f(x)$ のグラフ上の 1 点 $(x,f(x))$ を P とする. 点 P における曲線の曲がり度を測る尺度として数学では**曲率**という言葉がある.

---

[27] この場合 $f(x)$ は $x=0$ で右半連続であるといわれる.

2.11 曲線の曲がり度 (曲線の凹凸の度合い)

図 2.30 の図には $y = x^x$ のグラフと、点 $\left(\frac{1}{e}, \left(\frac{1}{e}\right)^{\frac{1}{e}}\right)$ が示されている。

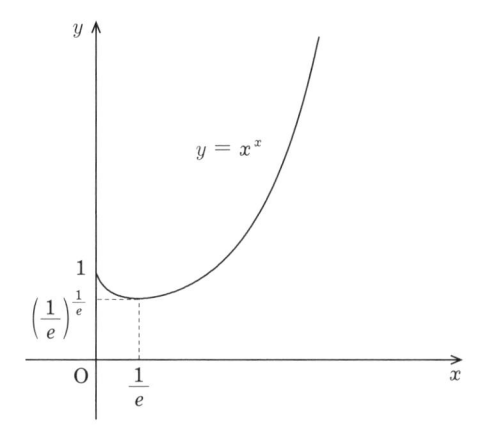

図 **2.30**

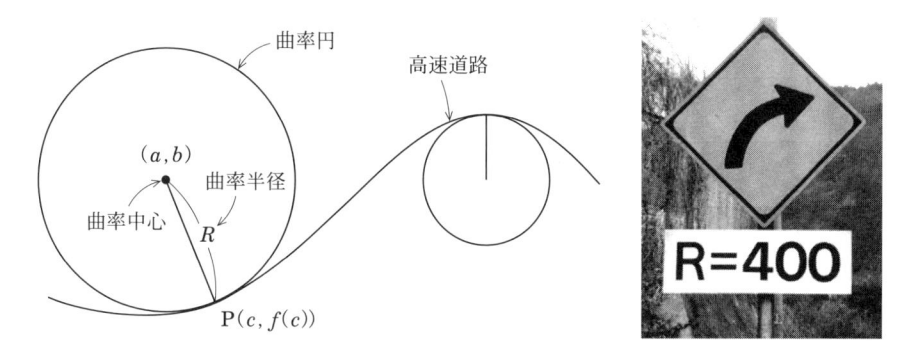

図 **2.31** (左)$f'(c)>0, f''(c)>0$ の場合，(右) カーブ手前の写真 (NEXCO 提供).

高速道路を車で走っていると，しばしば道路がカーブの強い地点の外側に例えば $R=300\,\mathrm{m}$ とか $R=400\,\mathrm{m}$ などと標示されている．図 2.31 (右) の写真は中央高速の関東周辺の標識の一つである．曲線 (高速道路) 上の点 P のごく近くではそのカーブは半径 $400\,\mathrm{m}$ の円弧の一部と見立てているのである．では曲線の一部を円弧とみなすとすれば，円を数学的にどう決定すればよいのだろうか．

$f(x)$ は 2 階微分可能と仮定する．点 P はその座標が $(c, f(c))$ であるとしよう．このとき

$$f(c) = \text{点 P の } y \text{ 座標の値}$$

$$f'(c) = \text{点 P での } f(x) \text{ の増加 (減少) のしかた}$$

$$f''(c) = x \text{ 軸に対するグラフの凹凸の様子}$$

これだけの情報から問題の円を定めたい．その円の中心は (a, b), 半径 R の上半部分あるいは下半部分を表す関数を $g(x)$ とかくと

$$y = g(x) = b \pm \sqrt{R^2 - (x-a)^2} \qquad (|x-a| < R).$$

さて $f(x)$ を $x = c$ の近くで $g(x)$ により近似するのには，上の 3 条件から

$$f(c) = g(c), \qquad f'(c) = g'(c), \qquad f''(c) = g''(c) \tag{2.81}$$

という情報を $g(x)$ に与えねばならない．$y = g(x)$ を変形すれば

$$(x-a)^2 + (y-b)^2 = R^2.$$

この両辺を x で微分してみると

$$(x-a) + (y-b)y' = 0. \tag{2.82}$$

y' について解くと

$$y' = -\frac{x-a}{y-b}. \tag{2.83}$$

(2.82) 式の両辺をもう一度微分して

$$1 + y'^2 + (y-b)y'' = 0.$$

この式を y'' について解くと

$$y'' = -\frac{1 + y'^2}{y-b}. \tag{2.84}$$

ここで $y = g(x)$, $y' = g'(x)$, $y'' = g''(x)$ であるが，特に $x = c$ を代入すると，

2.11 曲線の曲がり度 (曲線の凹凸の度合い)

表 **2.3**

$f(x)$	x	x^2	x^3	x^4	x^5
曲率 $\dfrac{1}{R}$	0	0.18	0.19	0.17	0.15
曲率半径 R	∞	5.59	5.27	5.58	6.63
曲率中心の座標	(∞, ∞)	$(-4, 3.5)$	$(-4, 2.67)$	$(-4.67, 2.42)$	$(-5.5, 2.3)$

$(2.81),(2.83),(2.84)$ から

(a,b) : $\boxed{a = c - \dfrac{1+f'(c)^2}{f''(c)} f'(c), \quad b = f(c) + \dfrac{1+f'(c)^2}{f''(c)}}$ 曲率中心

$R, \dfrac{1}{R}$: $\boxed{R = \dfrac{(1+f'(c)^2)^{\frac{3}{2}}}{|f''(c)|}, \quad \dfrac{1}{R} = \dfrac{|f''(c)|}{(1+f'(c)^2)^{\frac{3}{2}}}}$ 曲率半径, 曲率

が得られる. (a,b) を**曲率中心**, 中心 (a,b) 半径 R の円を**曲率円**, R を**曲率半径**, $\dfrac{1}{R}$ を**曲率**とよぶ.

例 2.27 $f(x)$ が x, x^2, x^3, x^4, x^5 の各々の場合について, 点 $P(1, f(1))$ における曲率および曲率半径を求めよ.

解 $f(x) = x^5$ になると点 P では曲率が x^2, x^3, x^4 に比べてやや y 軸に平行な直線に近づく (曲率円が大きくなっている). 曲率と曲率半径は表 2.3 のようになる. 曲線の曲がり度を図式にかくと,

曲率が大 $\longleftrightarrow$ 曲率半径が小 $\longleftrightarrow$ $x = c$ で曲がりかたが激しい

曲率が小 $\longleftrightarrow$ 曲率半径が大 $\longleftrightarrow$ $x = c$ で曲がりかたがゆるい

曲率が 0 $\longleftrightarrow$ 曲率半径が ∞ $\longleftrightarrow$ $x = c$ で曲がりかたがゼロ (フラット).

142　第2章　微分法

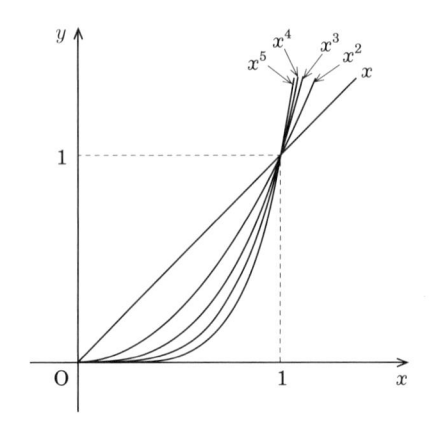

図 2.32

半径 R の円の曲率はいたるところで $\dfrac{1}{R}$ に等しい．

　2005年4月末におきた JR 宝塚線の脱線事故についての朝日新聞の記事を読みかえすと，この人為的事故はまさに事故発生の現場における鉄道線路の曲率半径と列車の速度がまったく整合していなかったことが大きな原因のように思われる．

　これは著者の記憶ちがいかも知れないが，問題のカーブは，もとは曲率半径 600 m であったものが 304 m に縮小された経緯があったようである．

　この曲率の大きいカーブを列車が進行するとき，列車と乗客等の全体の質量を M (kg) とすれば，あるベテラン運転士の話ではこのカーブでの定速が通常

$$70\ (\text{km/時}) = \frac{70 \times 10^3}{(60)^2}\ (\text{m/秒}) = 19.4\ (\text{m/秒})$$

ぐらいが限度らしいので，列車には

$$F = \frac{Mv^2}{R} = \frac{(19.4)^2}{300} M \approx 1.26 M\ (\text{ニュートン})$$

の遠心力が働いて，接線方向に飛び出そうとする．問題のカーブ ($R = 300$ m

2.11 曲線の曲がり度 (曲線の凹凸の度合い)

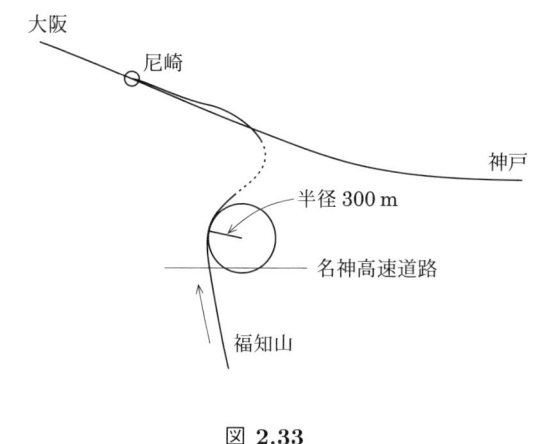

図 2.33

の曲率円の一部) を等速 (最高時速 70 km) で進行したとしてである．しかし事故を起こした列車は，カーブにさしかかったとき時速 100 km を超えていたから，遠心力 $= \left(\dfrac{M}{R}\right) v^2$, すなわち速度の 2 乗に比例しているので

$$(70)^2 \times 2 < (100)^2,$$

であるから，実際に働いた遠心力は通常の運行の 2 倍以上がかかっていたことになる．曲率が大きくなる場合の列車の運行速度を守らねばならない怖さである．

■ 演習問題

1. 水玉の蒸発

球形をしている水玉がある．水玉が蒸発するとき，その量は「表面積に比例して蒸発していく」ものとする．

(1) 時刻 t における水玉の半径を $r(t)$, α を比例定数，$V(t)$ を時刻 t における水玉の体積とするとき $\dfrac{dV(t)}{dt} = -\alpha 4\pi r^2(t)$ が成り立つことを示せ．

(2) 水玉の蒸発において，次の微分方程式 $\dfrac{dr(t)}{dt} = -\alpha$ が成り立つことを示せ．

2. 細胞の成長

栄養分は細胞の成長を促すため細胞壁を通して流れ，これによって細胞は養分を得て成長することができる．このことより，細胞成長の初期段階においては細胞の形や密度が成長の過程で変化せず，細胞が立方体をしているものとし

(I) 「細胞の重さの増加速度が，その一辺の長さの平方に比例する」

(II) 「時刻 t における細胞の重さ $x(t)$ は，一辺の立方に比例する」

と仮定しよう．

(1) 一辺を $r(t)$ とすると，仮定 (I) の比例定数 α を用いて $\dfrac{dx(t)}{dt} = \alpha r^2$ と表されることを示せ．

(2) 仮定 (II) の比例定数を β とおくとき，微分方程式 $\dfrac{dr(t)}{dt} = c$ が成り立つことを示せ．ここで，$c = \dfrac{\alpha}{3\beta}$ である．

3. 薬の血中濃度

下の表は，ある薬の血液中の濃度変化を経時的に追跡調査した結果である．

時間	血液中の薬の濃度 $C(t)$ (m/l)
0	160
2	80
4	40
8	10

(1) これを例 2.11 で用いた方法に従い，単位時間当たりの増加率を求めよ．

(2) これにより時刻 t におけるこの薬の濃度 $C(t)$ を求めよ．またこの薬の半減期を求めよ．

(3) $C(t)$ が「増殖と崩壊の微分方程式」を満たすことを確かめよ．

4. コーヒーの温度変化

作りたてのコーヒーをカップに注ぎ終えた時からの経過時間を $t \geq 0$ とする．熱の損失の速度 $q(t)$ がカップの側面積 a と温度差 $\theta(t)$ のみに比例するものとする (例えば，カップの上部と底を断熱材で保温し，コーヒーの熱はカップの側面のみから空気中へ発散される場合) と仮定すると，$q(t) = ja\theta(t)$ が成り立つ．ここで定数 j は伝導係数と呼ばる比例定数である．次に $h(t)$ をカップから空中に伝わった熱量とすると，仮定より

$$\frac{dh(t)}{dt} = -q(t) = -ja\theta(t) \tag{2.85}$$

が成り立つ．一方，コーヒーの温度が $\theta(t)$ だけ下がることで消失する熱量が $h(t)$ に等しく，それはコーヒの質量 m にも比例することから

$$h(t) = cm\theta(t) \tag{2.86}$$

がいえる．ここで c はコーヒーの比熱[28]である．これより，$\theta(t)$ の満たす微分方程式を導け．

5. ラザフォードの実験 ラザフォードは20世紀初頭，ラドンの同位体を用いて放射性物質の崩壊現象を観察した．時刻 $t=0$ で観測を始め，時刻 t における放射性原子の数を $N(t)$ とするとき，ラザフォードは崩壊のスピード $N'(t)$ について次の結果を得た．これを片対数グラフ用紙に，横軸に時間 (t: 時間) 縦軸に $N'(t)/N'(0)$ をとってプロットし，法則性を求めよ．

$$\frac{N'(t)}{N'(0)} = 0.857 \ (t=20.8), \quad 0.240 \ (t=187.6), \quad 0.069 \ (t=354.9),$$

$$0.015 \ (t=521.9), \quad 0.0019 \ (t=786.9).$$

---

[28] 質量 m の溶液の温度を θ だけ変化させるのに必要な熱量は，m と θ の両方に比例する．この比例定数のことを比熱と呼んでいる．

第3章 積分法

集積体,
木村林吉作
(1993年).

§3.1 集積体から定積分へ

　上の写真は樹齢350年をこえる大木を，ほぼ10 cmごとに輪切りにし，あるときは皮をはぎまたあるときは削って節を残すなどの手法で，ふたたびもとの幹状にもどすことによる奔放と緻密の芸術が，「新たな木」を創造してい

3.1 集積体から定積分へ　147

集積体,
木村林吉作
(1995 年).

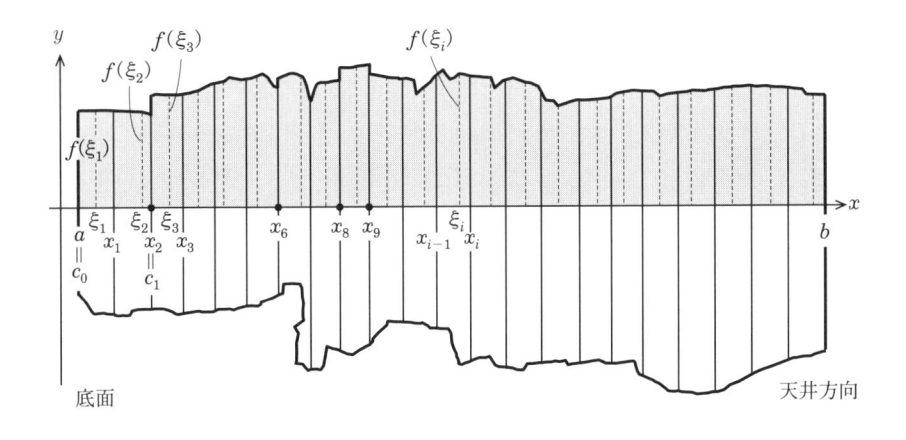

図 3.1

る．この巨大なオブジェは，繊細さと豪快に迫る存在感とで人々を魅了するだろう．制作者はさりげなく「集積体」とだけ名付けている．写真では奥行きが見えていないので，床上から天井にまで垂直に立ち上がった平面図形のようにも感ずるが，ここではむしろこの集積体の「床に垂直な断面」を想定した図形 (図 3.1) を定積分導入の理解に役立てよう．その断面の一つを x,y-平面上に図 3.1 のように表したところから出発する．

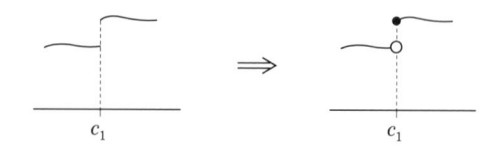

図 3.2

　$x=a, x=b$ と上下の不規則な 2 曲線からなるが，$x=a$ は底面，$x=b$ は天井に向いた面，2 曲線はそれぞれ立木の側面に対応した図である．ここでは x 軸の上半部分に限定しよう．まずは上の曲線を x の関数としたいが，関数は x から定まる y が一つの値でなければならない．図 3.1 では $x=c_1, c_2, c_3, c_4$ では曲線は垂直にジャンプした線分を経て次の点に移るので (図 3.3 参照)，これらの x に対応する y の値は線分そのものになって，y の値が定まらない．そこで例えば $x=c_1$ については図 3.2 のように線分をとりはずし，c_1 に対応する y の値は曲線上の右からの端点 (あるいは左からの端点) などと定めれば，不連続ながら $x\to y$ の一意対応による曲線ができ上がる ($x=c_2, c_3, c_4$ についても同様にする)．もともと不連続点以外では，x から曲線上への対応は一意的だから，これを $y=f(x)$ の $a\leq x\leq b$ におけるグラフとして扱うこととしよう．

　上の関数とは切り離して，いま $f(x)$ は一般に閉区間 $I=[a,b]$ で定義されているとするとき

定義 3.1 　$f(x)$ が I で**区分的に連続**とは

(i) 　$f(x)$ は I 内に有限個の不連続点があり

(ii) 　不連続点では，$f(x)$ は左，右からの極限値をもつ

という二つの条件を満たす関数と定義する．

したがって集積体の断面の上，下両側の曲線は，修正することにより区分的に連続な関数として再生される：不連続点は c_1, c_2, c_3, c_4 のみとすると集積体のスライスされた木片が x 軸上に残した隣り合う分点を (図 3.1 参照)，あら

3.1 集積体から定積分へ 149

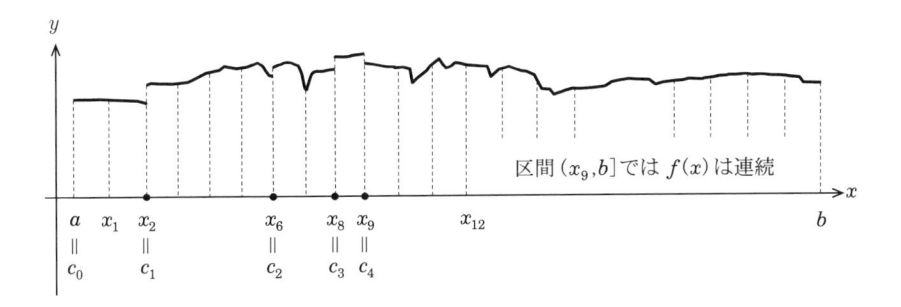

区間 $(x_9,b]$ では $f(x)$ は連続

図 **3.3**

ためて
$$a=x_0<x_1<x_2<\cdots<x_{m-1}<x_m=b$$

とかくと，x 軸の区間 $[a,b]$ の分割ができる．すなわち $[a,b]$ は小区間 $[a,x_1]$, $[x_1,x_2],\cdots,[x_{m-1},x_m]$ に等分に分割される．各 i について $x_{i-1}\leq\xi_i\leq x_i$ を満たす任意の ξ_i をとり，縦 $f(\xi_i)$，横 x_i-x_{i-1} の m 個の長方形を集合として合併するとその面積は

$$f(\xi_1)(x_1-a)+f(\xi_2)(x_2-x_1)+\cdots+f(\xi_m)(b-x_{m-1}) \tag{3.1}$$

である．この和をリーマン和とよぶ (p.152 (3.7) 参照)．

考えている**集積体の断面の** (上半の) **図形**と上に述べた**短冊型長方形の合併図形**は，m が十分大きくなれば，両者の集合の図形的出入り部分は小さくなり，通常の面積としての差は限りなく 0 に近づくであろう．そこで (3.1) 式は求めたい集積体の断面の上半部分の「ひろがりを示す値」の近似値を与える式であるとみる．

さてここまで集積体の垂直断面を x-y 平面に移し，平面曲線と x 軸上の閉区間で囲まれた図形のひろがりの値 (これを面積と定義したい) を求める方法を考えたが，立体図形でも，もし集積体のスライスされた切り方や切り口が常に規則的に定まっているようなときには，同じような体積の近似を考えることは可能であろう．しかし一般にはリーマン和は複雑になり特殊なケー

150　第3章　積分法

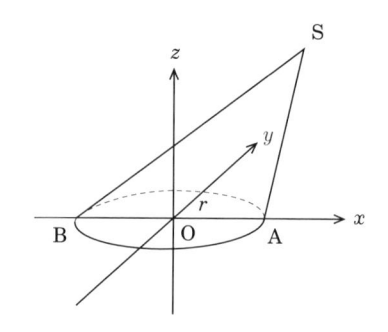

図 3.4

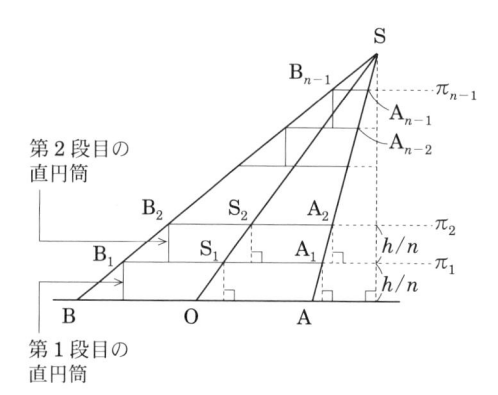

$\begin{cases} \text{OS の } n \text{ 等分点}: S_1, S_2, \cdots, S_{n-1} \\ \text{AS の } n \text{ 等分点}: A_1, A_2, \cdots, A_{n-1} \\ \text{BS の } n \text{ 等分点}: B_1, B_2, \cdots, B_{n-1} \end{cases}$

図 3.5

スに限られる．以下ではスライスした切り口が円という特殊な例で体積の近似を考えてみよう．

例 3.1　3次元空間で半径 r, 高さ h の斜円錐の体積を求めよ．

解　図 3.4 の斜円錐の場合を試みよう．図 3.5 は x-y 平面上に原点を中心，半径を r とする円を底面とし，頂点を x-z 平面上におく斜円錐を，x-z 平面で切った図形が三角形 ABS である．

線分 OS を下から n 等分した分点を $S_1 S_2, S_3, \cdots, S_{n-1}$ とする．OA=OB=r である．そこで $\triangle$SOA と $\triangle$SS$_i$A$_i$ $(i=1,2,\cdots,n-1)$ は相似三角形で，

相似比は高さの比をとって $h:(h-ih/n)=1:1-i/n$ であるから,

$$\mathrm{OA}:\mathrm{S}_i\mathrm{A}_i=r:\mathrm{S}_i\mathrm{A}_i=1:1-i/n.$$

ゆえに

$$\mathrm{S}_i\mathrm{A}_i=r(1-i/n).$$

これが第 i 段目の直円筒の半径である.

n を十分大きくとれば, n 個の直円筒の体積の和は斜円錐の体積を近似する. 和を V_n とすると

$$\begin{aligned}V_n&=\frac{h}{n}\cdot\pi\left\{r^2\left(1-\frac{1}{n}\right)^2+r^2\left(1-\frac{2}{n}\right)^2+\cdots+r^2\left(1-\frac{n-1}{n}\right)^2\right\}\\&=\pi r^2h\left\{\left(1-\frac{1}{n}\right)+\frac{1}{6}\frac{(n-1)(2n-1)}{n^2}-\left(1-\frac{1}{n}\right)\right\}\\&=\pi r^2h\left\{\frac{1}{3}-\frac{1}{2n}+o\left(\frac{1}{n}\right)\right\}.\end{aligned}$$

したがって, 求める斜円錐の体積は

$$V=\lim_{n\to\infty}V_n=\frac{1}{3}\pi r^2h$$

である. ■

注意 上の例では (集積体の場合も含めて) 図形の分割のしかたが**等分**という特別なものであったが, 必ずしも等分ではない一般的な分割でも同じ極限値が得られるであろうか, 分割点の間にとったリーマン和の ξ_i は, 斜円錐のときにはどう選んだのかという二つの疑問が残る.

第 2 の場合は $x_i=\xi_i$ と考えればよいが, この 2 点は次節の定義 3.2 と定理 3.1 で解消される.

§3.2　定積分の定義

$f(x)$ は閉区間 $I=[a,b]$ 上の有界な関数とする. 有界性は I 上の連続関数が満たす条件である. しかし 3.1 節で定義した「区分的に連続な関数」など

は連続ではないが有界な関数の一つの例である．

I の中の大きさの順序がついた分点の集合

$$a = x_0 < x_1 < \cdots < x_{n-1} < x_n = b \tag{3.2}$$

を $[x_i]_{0 \leq i \leq n}$ と表し，I の**分割**とよぶ．

$$\Delta = [x_i]_{0 \leq i \leq n} \tag{3.3}$$

などとも表すことにする．Δ を与えると I は n 個の小区間 $[a, x_1], [x_1, x_2], \cdots, [x_{n-1}, b]$ に分割される[1]．I の分割にはもちろん分点のとり方も個数 n もいろいろあるが，$\Delta = [x_i], \Delta' = [x'_i]$ について，集合として $\{x'_i\}$ が $\{x_i\}$ の一部分であるとき

Δ は Δ' より細かい分割 (または細分) とよび，$\Delta \supset \Delta'$ と表す． (3.4)

また Δ の小分割区間 $[x_{i-1}, x_i]$ $(1 \leq i \leq n)$ の最大幅を

$$|\Delta| = \max_{1 \leq i \leq n} (x_i - x_{i-1}) \tag{3.5}$$

と表すことにする．

さらに以下で $x_{i-1} \leq \xi_i \leq x_i$ $(i = 1, \cdots, n)$，すなわち

$$a \leq \xi_1 \leq x_1, \quad x_1 \leq \xi_2 \leq x_2, \quad \cdots, \quad x_{n-1} \leq \xi_n \leq b \tag{3.6}$$

を満たす $\xi_1, \xi_2, \cdots, \xi_n$ を選んだとき，$\{\xi_i\}$ をまとめて ξ と略記する．

このような記号の約束のもとで Δ, ξ を選んだとき

$$S_{\Delta, \xi} = \sum_{i=1}^{n} f(\xi_i)(x_i - x_{i-1}) \tag{3.7}$$

を**リーマン和**とよぶ．もし f が正の連続関数のときは 3.1 節でも用いた横の長さ $x_i - x_{i-1}$，高さ $f(\xi_i)$ の長方形のつくる n 個の図形の合併の面積を表すのがリーマン和である．

---

[1] n は分割のとり方により異なるから，必要がなければ $[x_i]_{0 \leq i \leq n}$ を単に $[x_i]$ とかくことにする．集合 $\{x_i\}$ についても同様．

定義 3.2 $f(x)$ は $I=[a,b]$ 上の有界関数とする．このとき I には任意の Δ,ξ に対応するリーマン和 $S_{\Delta,\xi}$ がある．いま S は Δ にも ξ にも無関係な定数であり，次の条件を満たすとする：

「任意の $\varepsilon(>0)$ を与えたとき，ある $\delta(>0)$ があって，$|\Delta|<\delta$ を満たす任意の Δ と (3.6) を満たす任意の ξ について

$$|S_{\Delta,\xi}-S|<\varepsilon$$

が成立する．」

このとき f は I で**積分可能**（またはリーマン積分可能）であるといい，

$$S=\int_a^b f(x)\,dx$$

と表して，S を $f(x)$ の a から b までの**定積分**という．

リーマン和の最小上界と最大下界　さて $f(x)$ は I で有界であったから，I の小分割区間 $I_i=[x_{i-1},x_i]$ $(i=1,2,\cdots,n)$ 上ではもちろん $f(x)$ は上にも下にも有界，したがってその最小上界 $\sup_{I_i} f(x)=M_i$，最大下界 $\inf_{I_i} f(x)=m_i$ が存在する．そこで

$$S_\Delta=\sum_{i=1}^n M_i(x_i-x_{i-1}) \quad \text{および} \quad s_\Delta=\sum_{i=1}^n m_i(x_i-x_{i-1}) \tag{3.8}$$

とおく．また $\sup_I f(x)=M$，$\inf_I f(x)=m$ とするとき

$$S_\Delta \leq \sum_{i=1}^n M(x_i-x_{i-1})=M(b-a)$$

$$s_\Delta \geq \sum_{i=1}^n m(x_i-x_{i-1})=m(b-a).$$

したがって，

$$m(b-a)\leq s_\Delta \leq S_\Delta \leq M(b-a) \tag{3.9}$$

が成り立つ．以下で Δ,Δ' という任意の二つの分割に対する $s_\Delta,S_{\Delta'}$ の大小

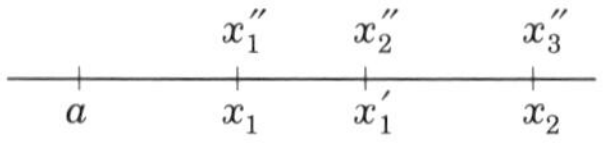

154   第3章 積分法

```
        x''₁   x''₂   x''₃
────┼────┼────┼────┼────
    a   x₁  x'₁   x₂
```

図 **3.6**

関係を調べよう.

いま $\Delta'' = \Delta \cup \Delta'$, すなわち Δ'' の分点は Δ と Δ' の分点の順序を保った合併であるとする. $\Delta = [x_i]_{1 \leq i \leq n}, \Delta' = [x'_i]_{1 \leq i \leq m}$ なら $x_0 = x'_0 = a, x_n = x'_m = b$ は当然であるが, 仮に $x_1 < x'_1 < x_2 < \cdots$ が Δ'' の分点の始めの 3 点とすると次のように表される (図 3.6). すなわち小区間 $[x_1, x_2]$ は $[x''_1, x''_2]$ と $[x''_2, x''_3]$ に分かれ

$$m_2(x_2 - x_1) \quad \longleftrightarrow \quad m_2^{(1)}(x''_2 - x''_1) + m_2^{(2)}(x''_3 - x''_2)$$
$$(= m_2^{(1)}(x'_1 - x_1) + m_2^{(2)}(x_2 - x'_1))$$

のような対応で左側の項が右側の 2 項の和に入れかわる. したがって $s_{\Delta''}$ については (3.8) の s_Δ の式において第 2 項は

$$s_\Delta = \text{第 1 項} + m_2(x_2 - x_1) + \text{第 3 項以下}$$
$$s_{\Delta''} = \text{第 1 項} + m_2^{(1)}(x'_1 - x_1) + m_2^{(2)}(x_2 - x'_1) + \text{第 3 項以下}.$$

ここで

$$m_2^{(1)} = \inf_{[x_1, x'_1]} f(x), \quad m_2^{(2)} = \inf_{[x'_1, x_2]} f(x), \quad m_2 = \inf_{[x_1, x_2]} f(x)$$

と変更され

$$m_2(x_2 - x_1) \leq m_2^{(1)}(x'_1 - x_1) + m_2^{(2)}(x_2 - x'_1)$$

であるから

$$s_\Delta \leq s_{\Delta''} \tag{3.10}$$

が成り立つ. 同様にして

$$S_{\Delta'} \geq S_{\Delta''} \tag{3.11}$$

が導かれる．

問 3.1 図 3.6 の場合に (3.10) を導いたように (3.11) を示せ．

(3.9) を用いれば

$$s_\Delta \leq s_{\Delta''} \leq S_{\Delta''} \leq S_{\Delta'}.$$

この例からも明らかなように，一般にどんな分割 Δ, Δ' についても次式が成立する．

$$s_\Delta \leq S_{\Delta'}. \tag{3.12}$$

Δ' を固定すれば $\{s_\Delta\}_\Delta{}^{2)}$ は上に有界だから

$$\underline{S} = \sup_\Delta s_\Delta \leq S_{\Delta'} \qquad (最小上界).$$

また $\{S_{\Delta'}\}_{\Delta'}$ は下に有界だから

$$\underline{S} \leq \inf_{\Delta'} S_{\Delta'} = \overline{S} \qquad (最大下界).$$

こうして

$$\underline{S} \leq \overline{S} \tag{3.13}$$

が成り立つ．

$f(x)$ が $[a,b]$ で有界という条件だけでは，一般には等号が成立しないで，$\underline{S}$ と $\overline{S}$ の間に隙間がある．この二つが一致するということが，$f(x)$ が $[a,b]$ で積分可能ということであり，この共通の値 $\underline{S} = \overline{S} = S$ が，定義 3.2 の S にあたるのである．それを以下に定理としてまとめておく．

定理 3.1 次の三つの条件は同値である．

(i) $f(x)$ は $I = [a,b]$ で積分可能

---

[2] $\{s_\Delta\}_\Delta$ はあらゆる分割 Δ に対する s_Δ の集合．

(ii) $\underline{S} = \overline{S}$ ($= S$ とおく)

(iii) 任意の $\varepsilon > 0$ を与えたとき $S_\Delta - s_\Delta < \varepsilon$ を満たす I の分割 Δ がある.

♣ **証明** 次の順序で証明を実行しよう.

$$(\text{ii}) \xleftrightarrow{\text{同値}} (\text{iii}), \quad (\text{iii}) \xleftrightarrow{\text{同値}} (\text{i}) \quad (\text{よって } (\text{ii}) \xleftrightarrow{\text{同値}} (\text{i})).$$

まず (ii) を仮定すると, 下限・上限の性質から任意の $\varepsilon > 0$ を与えるとき

$$\underline{S} - \varepsilon/2 < s_{\Delta_1} \leq \underline{S}, \quad \overline{S} \leq S_{\Delta_2} < \overline{S} + \varepsilon/2$$

を満たす分割 Δ_1, Δ_2 をとることができる. $\Delta = \Delta_1 \cup \Delta_2$ とおくと (3.10)(3.11) より $s_{\Delta_1} \leq s_\Delta \leq S_\Delta \leq S_{\Delta_2}$. ゆえに

$$S_\Delta - s_\Delta \leq S_{\Delta_2} - s_{\Delta_1} < \overline{S} + \varepsilon/2 - (\underline{S} - \varepsilon/2) = \varepsilon.$$

よって (iii) が成り立つ.

逆に (iii) を仮定すると

$$s_\Delta \leq \underline{S} \leq \overline{S} \leq S_\Delta$$

から $\overline{S} - \underline{S} \leq S_\Delta - s_\Delta < \varepsilon$, ここで ε は任意 (左辺は ε に無関係) だから $\overline{S} = \underline{S}$. よって (ii) が成り立つ.

今度は (i) を仮定しよう. $M_i = \sup_{I_i} f(x)$, $m_i = \inf_{I_i} f(x)$, $I_i = [x_{i-1}, x_i]$ より

$$M_i \geq f(\xi_i) > M_i - \frac{\varepsilon}{4(b-a)}, \quad m_i \leq f(\xi_i') < m_i + \frac{\varepsilon}{4(b-a)}$$

を満たす $\xi_i, \xi_i' \in [x_{i-1}, x_i]$ が存在する $(i = 1, 2, \cdots, n)$.

$$S_{\Delta, \xi} = \sum_{i=1}^n f(\xi_i)(x_i - x_{i-1}), \quad s_{\Delta, \xi'} = \sum_{i=1}^n f(\xi_i')(x_i - x_{i-1})$$

に対して

$$|S_\Delta - S_{\Delta, \xi}| = \sum_{i=1}^n (M_i - f(\xi_i))(x_i - x_{i-1})$$
$$< \frac{\varepsilon}{4(b-a)} \sum_{i=1}^n (x_i - x_{i-1}) = \varepsilon/4.$$

同様に
$$|s_\Delta - s_{\Delta,\xi'}| < \varepsilon/4$$
が成り立つ．一方，仮定より $|\Delta|<\delta$ ならば $|S_{\Delta,\xi}-S|<\dfrac{\varepsilon}{4}$, $|s_{\Delta,\xi'}-S|<\dfrac{\varepsilon}{4}$
となる δ がみつかる．よって
$$|S_\Delta - s_\Delta| \leq |S_\Delta - S_{\Delta,\xi}| + |S_{\Delta,\xi} - S| + |S - s_{\Delta,\xi'}| + |s_{\Delta,\xi'} - s_\Delta| < \varepsilon.$$
すなわち (iii) が成り立つ．

(iii) を仮定する．任意の $\varepsilon>0$ に対して
$$S_{\Delta_1} - s_{\Delta_1} < \varepsilon/2$$
を満たす分割 Δ_1 が存在すると仮定する．Δ_1 の分点の個数を n としよう．δ を次のようにとっておく：
$$0<\delta<\frac{\varepsilon}{8nL} \qquad (\text{ここで}\ |f(x)| \leq L\ (x \in I)\ \text{とする}). \tag{3.14}$$
いま $|\Delta|<\delta$ となるように分割 Δ を選んでおき，$\Delta_2 = \Delta_1 \cup \Delta$ とすると
$$s_{\Delta_1} \leq s_{\Delta_2} \leq S_{\Delta_2} \leq S_{\Delta_1} \quad \text{よって} \quad S_{\Delta_2} - s_{\Delta_2} \leq S_{\Delta_1} - s_{\Delta_1} < \varepsilon/2.$$
Δ に Δ_2 の分点の加わる数は n 未満だから，Δ の小区間にはたかだか n 未満の小区間が加わる[3]．ゆえに (3.14) 式から
$$S_\Delta - S_{\Delta_2} \leq 2Ln\delta < 2Ln\frac{\varepsilon}{8nL} = \frac{\varepsilon}{4}.$$
同じく $s_{\Delta_2} - s_\Delta < \dfrac{\varepsilon}{4}$ が得られるから
$$S_\Delta - s_\Delta = (S_\Delta - S_{\Delta_2}) + (S_{\Delta_2} - s_{\Delta_2}) + (s_{\Delta_2} - s_\Delta) < \varepsilon.$$

---

[3] 仮に Δ_2 の分点が $\cdots, x_{i-1}, x'_i, x_i, \cdots$, Δ の分点が $\cdots, x_{i-1}, x_i, \cdots$ となったとして，区間 $[x_{i-1}, x'_i], [x'_i, x_i], [x_{i-1}, x_i]$ での $f(x)$ の最小上界をそれぞれ $f(\xi''_i), f(\xi'_i), f(\xi_i)$ とおこう．このとき $S_\Delta - S_{\Delta_2}$ の区間 $[x_{i-1}, x_i]$ に対応する部分は
$$|f(\xi''_i)(x'_i - x_{i-1}) + f(\xi'_i)(x_i - x'_i) - f(\xi_i)(x_i - x_{i-1})| \leq 2L\delta$$
と評価される．

また $s_\Delta \leq S \leq S_\Delta$ ((iii)⇒(ii) の証明より), $s_\Delta \leq S_{\Delta,\xi} \leq S_\Delta$ であるから, $|\Delta| < \delta$ ならば

$$|S_{\Delta,\xi} - S| \leq S_\Delta - s_\Delta < \varepsilon.$$

よって定義 3.2 から, $f(x)$ が $[a,b]$ で積分可能であり **(i)** が導かれた. □

ε-δ 式で表してきたリーマン和の極限 S を, 以後 $|\Delta| \to 0$ における極限として

$$S = \lim_{|\Delta| \to 0} \sum_{i=1}^{n} f(\xi_i)(x_i - x_{i-1}) = \int_a^b f(x)dx$$

とも表すことにする. 記号 $\int_a^b f(x)dx$ はライプニッツによるが, この式において $f(\xi_i) = f(x), x_i - x_{i-1} = \Delta x$ と書いてみると $f(x)\Delta x$ を a から b まで加えた和 $\sum$ (S=sum) の極限に与えた記号表現が $\int_a^b$ なのであろう.

さて定義 3.2 を満たす関数の基本的な例として, 次の定理 3.2, さらには定理 3.3 がある.

定理 3.2 閉区間 $[a,b]$ で連続な関数 $f(x)$ は積分可能である.

証明 仮定から $f(x)$ はもちろん有界であり, 定理 1.19 (p.44) により一様連続であるから, $\varepsilon > 0$ を任意に与えると, ある $\delta > 0$ があって

$$|x' - x''| < \delta \text{ を満たす任意の } x', x'' \in [a,b] \text{ に対し } |f(x') - f(x'')| < \varepsilon \quad (3.15)$$

が成立する.

そこで $|\Delta| < \delta$ となるような分割 Δ を選ぶと, Δ の小分割区間 I_i について $0 \leq M_i - m_i < \varepsilon$ となる. ここで f の連続性から

$$M_i = \sup_{I_i} f(x) = \max_{I_i} f(x), \quad m_i = \inf_{I_i} f(x) = \min_{I_i} f(x).$$

各 i について $f(\xi_i) = M_i, f(\xi_i') = m_i$ を満足する ξ_i, ξ_i' が I_i の中に存在する. したがって

$$S_\Delta - s_\Delta = \sum_{i=1}^{n} (M_i - m_i)(x_i - x_{i-1})$$

$$= \sum_{i=1}^{n}(f(\xi_i)-f(\xi_i^{'}))(x_i-x_{i-1})<\varepsilon(b-a)$$

が成立し，$f(x)$ は $[a,b]$ で積分可能である (定理 3.1(iii))．　□

定理 3.3　閉区間 $[a,b]$ で**区分的に連続な**関数 $f(x)$ は積分可能である．

☘ **証明**　f に対して定理 3.1 (iii) が成立することを証明しよう．$I=[a,b]$ とする．I の中の $f(x)$ の不連続点を $c_1,\cdots,c_p$ とする．任意の $\varepsilon>0$ に対して，「$|\Delta|<\delta \Rightarrow S_\Delta - s_\Delta<\varepsilon$」を満たすような δ を求めればよい．まず

$$S_\Delta - s_\Delta = \sum_{i=1}^{n}(M_i-m_i)(x_i-x_{i-1}) \tag{3.16}$$

$$= \sum_{\Delta'}(M_i-m_i)(x_i-x_{i-1}) + \sum_{\Delta''}(M_i-m_i)(x_i-x_{i-1}) \tag{3.17}$$

と右辺の和を $\sum_{\Delta'}$ と $\sum_{\Delta''}$ の二つに分けよう[4]．Δ',Δ'' のうち，不連続点をもつもの (ただし隣り合う小区間の境界点が不連続のときは二つの区間) に対する和を $\sum_{\Delta'}$ とする．$\sum_{\Delta''}$ の部分和は，各小区間が $f(x)$ の連続点に対するものだけとする．

このとき $\sum_{\Delta''}$ の和は有限個の f の連続点のみの和であるから定理 3.2 により $\delta_2>0$ を十分小さくとれば $|\Delta''|<\delta_2$ であるとき $\sum_{\Delta''}(M_i-m_i)(x_i-x_{i-1})<\varepsilon/2$ が成立する．M を $[a,b]$ における $f(x)$ の最大値，m を最小値とするとき，p 個の不連続点を含む細分区間はたかだか $2p$ 個．したがって $\sum_{\Delta'}$ の和は $2p(M-m)|\Delta'|$ をこえることはない ($M=\max_{[a,b]}f(x), m=\min_{[a,b]}f(x)$ とする)．ゆえに $\delta_1=\dfrac{\varepsilon}{4p(M-m)}$ に対して $|\Delta'|<\delta_1$ を満たす Δ' は $\sum_{\Delta'}(M_i-m_i)(x_i-x_{i-1})<\dfrac{\varepsilon}{2}$．

そこで (3.17) 式の $[a,b]$ の分割 Δ は，定理 3.2 の証明の中の (3.15) 式の δ

---

[4] $\sum_{\Delta'},\sum_{\Delta''}$ などは $\sum_{i=1}^{n}$ のある部分和で，前者は分割 Δ'，後者は分割 Δ'' に対応するとする．

のかわりに，$\delta_0 = \min(\delta_1, \delta_2)$ とすれば，$|\Delta| < \delta_0$ となる Δ に対しては $S_\Delta - s_\Delta = ((3.17)$ の右辺$) < \varepsilon$ が成り立つ．よって $f(x)$ は積分可能である． □

この章の最初にとりあげた集積体というモデルは，単純に言えば大木をうすく輪切りにした上で加工し，それらを積み上げた再生構造の作品であった．図 3.1 (p.147) に見られるように，それはまさに集積体の垂直断面積を求めるための，**区分求積法の過程**を示唆しているとも言える．すなわち断面の図形を x-y 平面上に移し，面積変更のおこらないように側面の曲線を数学的修正を施すことによって「$y = f(x)$ のグラフと 2 直線 $x = a, x = b$ および x 軸で囲まれる図形」の面積を求めるというモチベーションを与える数学モデルであった．

高校の教科書では $f(x)$ の原始関数 $S(x)$，すなわち $S'(x) = f(x)$ を満たす $S(x)$ の存在を仮定し，$f(x) \geq 0$ のとき

$$S(b) - S(a) = \int_a^b f(x)\,dx$$

と定義して，上に述べた図形の面積としたが，ここでは $f(x)$ が「連続関数」，あるいは「区分的に連続な関数」のときに，その原始関数を実際にリーマン積分 $S(x) = \int_a^x f(t)\,dt$ として求める．ここから 19 世紀の解析学はコーシー，リーマンらにより大きく進展し始めた．

§3.3　定積分の諸性質

定義 3.3　$f(x)$ が $[a,b]$ で積分可能な関数とするとき，次のような規約をおく．

$$\int_b^a f(x)\,dx = -\int_a^b f(x)\,dx \qquad (a < b) \tag{3.18}$$

$$\int_a^a f(x)\,dx = 0. \tag{3.19}$$

定理 3.4　f, g がともに $[a,b]$ で積分可能ならば c を定数とするとき定数倍

cf および和 $f+g$ もまた $[a,b]$ で積分可能で，次式が成り立つ．

$$\int_a^b cf(x)dx = c\int_a^b f(x)dx \tag{3.20}$$

$$\int_a^b (f(x)+g(x))dx = \int_a^b f(x)dx + \int_a^b g(x)dx \quad (\text{積分の線型性}). \tag{3.21}$$

証明　(3.21) 式のみを示そう．

$$\begin{aligned}\int_a^b (f(x)+g(x))dx &= \lim_{|\Delta|\to 0}\sum_{\Delta}(f(\xi_i)+g(\xi_i))(x_i-x_{i-1}) \\ &= \lim_{|\Delta|\to 0}\sum_{\Delta}f(\xi_i)(x_i-x_{i-1}) + \lim_{|\Delta|\to 0}\sum_{\Delta}g(\xi_i)(x_i-x_{i-1}) \\ &= \int_a^b f(x)dx + \int_a^b g(x)dx. \quad \square\end{aligned}$$

定理 3.5　**I.**　$f(x)$ は $[a,b]$ で積分可能であるとき，次の (1)(2) が成立する．

(1)　$[a_1,b_1]\subset[a,b]$ ならば $f(x)$ は $[a_1,b_1]$ でも積分可能

(2)　$a<c<b$ ならば $\displaystyle\int_a^b f(x)dx = \int_a^c f(x)dx + \int_c^b f(x)dx$.

II.　$f(x)$ は閉区間 I で積分可能で，$a,b,c\in I$ は異なる 3 点とするとき，**I** (2) の等式は a,b,c の大小の順序に無関係に成立する．

❦　証明　**I.** (1)　$[a_1,b_1]$ の分割を Δ で表す．$[a,a_1],[b_1,b]$ の分割と Δ を合わせた分割を Δ_1 とする．このとき $S_\Delta-s_\Delta \leq S_{\Delta_1}-s_{\Delta_1}$ は明らか．仮定から任意の $\varepsilon>0$ に対して，ある $\delta>0$ があって，$|\Delta_1|<\delta \Rightarrow S_{\Delta_1}-s_{\Delta_1}<\varepsilon$ が成り立つから，Δ_1 の分割の一部分である $[a_1,b_1]$ の分割 Δ に対して $S_\Delta-s_\Delta<\varepsilon$.

I. (2)　$[a,b]$ の分割で c を分点に含むものを Δ とし，Δ による $[a,c],[c,b]$ の分割をそれぞれ Δ_1,Δ_2 とする．このとき

$$S_\Delta = S_{\Delta_1}+S_{\Delta_2}, \quad s_\Delta = s_{\Delta_1}+s_{\Delta_2}. \tag{3.22}$$

$\int_a^b f(x)dx = S, \int_a^c f(x)dx = S_1, \int_c^b f(x)dx = S_2$ とおく (うしろ二つの積分可能性は (1) で保証される). 定理 3.1 (ii) より任意の $\varepsilon > 0$ に対して

$$S - \varepsilon < s_\Delta, \quad S_\Delta < S + \varepsilon$$

を満たす Δ が存在する. したがって (3.22) より

$$S - \varepsilon < s_{\Delta_1} + s_{\Delta_2} \leq S_1 + S_2 \leq S_{\Delta_1} + S_{\Delta_2} < S + \varepsilon.$$

$0 < \varepsilon$ は任意だから $S = S_1 + S_2$.

II. 定義 3.3 の規約から,例えば $a < b < c$ ならば

$$\int_a^c f dx = \int_a^b f dx + \int_b^c f dx \qquad (\text{I (2) より}).$$

よって

$$\int_a^b f dx = \int_a^c f dx - \int_b^c f dx = \int_a^c f dx + \int_c^b f dx.$$

他の場合も同様である. □

定理 3.6 $f(x), g(x)$ は $[a,b]$ で積分可能とする.

(1) $f(x) \geq g(x) \ (a \leq x \leq b)$ ならば

$$\int_a^b f(x)dx \geq \int_a^b g(x)dx \qquad (\text{積分の単調性}).$$

(2) $f(x) \geq 0 \ (a \leq x \leq b)$ かつある点 x_0 で $f(x)$ は連続で $f(x_0) > 0$ ならば

$$\int_a^b f(x)dx > 0.$$

証明 (1) $h(x) = f(x) - g(x) \geq 0$ かつ $h(x)$ は積分可能. また $\int_a^b h(x)dx = \lim_{|\Delta| \to 0} \sum_\Delta h(\xi_i)(x_i - x_{i-1}) \geq 0.$ よって

$$\int_a^b h(x)\,dx = \int_a^b f(x)\,dx - \int_a^b g(x)\,dx \geq 0.$$

(2) 定理 1.15 (p.38) から十分小さな $\varepsilon > 0$ に対して

$$f(x) > \frac{1}{2} f(x_0) \qquad (x_0 - \varepsilon < x < x_0 + \varepsilon)$$

が成り立つから

$$\int_a^b f(x)\,dx = \int_a^{x_0-\varepsilon} f(x)\,dx + \int_{x_0-\varepsilon}^{x_0+\varepsilon} f(x)\,dx + \int_{x_0+\varepsilon}^b f(x)\,dx$$
$$\geq \int_{x_0-\varepsilon}^{x_0+\varepsilon} f(x)\,dx > \int_{x_0-\varepsilon}^{x_0+\varepsilon} \frac{1}{2} f(x_0)\,dx = f(x_0)\varepsilon > 0.$$

ただし $x_0 = a$ (または $x_0 = b$) のときは, $a < x < a+\varepsilon$ (または $b-\varepsilon < x < b$) で $f(x) > \frac{1}{2} f(a)$ $\left(\text{または } f(x) > \frac{1}{2} f(b)\right)$ となり, 前と同様にして $\int_a^b f(x)\,dx > f(x_0)\frac{\varepsilon}{2} > 0$. □

定理 3.7 $f(x), g(x)$ が $[a,b]$ において積分可能ならば, 積 $f(x)g(x)$ もそうである.

☘ **証明** 任意の $\varepsilon > 0$ に対し, $[a,b]$ の分割 Δ_1, Δ_2 が存在し

$$S_{\Delta_1} - s_{\Delta_1} < \varepsilon, \qquad S_{\Delta_2} - s_{\Delta_2} < \varepsilon \tag{3.23}$$

が成り立つ. ここで $\Delta_1 = \bigcup_i I_i^{(1)}, \Delta_2 = \bigcup_j I_j^{(2)}$ とすると

$$S_{\Delta_1} - s_{\Delta_1} = \sum_{\Delta_1} (M_i^{(1)} - m_i^{(1)})(x_i - x_{i-1})$$
$$S_{\Delta_2} - s_{\Delta_2} = \sum_{\Delta_2} (M_j^{(2)} - m_j^{(2)})(x_j' - x_{j-1}').$$

ただし Δ_1 の小分割区間を $\{I_i^{(1)}\}$ (Δ_2 については $\{I_j^{(2)}\}$), また

$$M_i^{(1)} = \sup_{I_i^{(1)}} f, \qquad m_i^{(1)} = \inf_{I_i^{(1)}} f \qquad \left(M_j^{(2)}, m_j^{(2)} \text{は } g \text{ に対する} \sup_{I_j^{(2)}}, \inf_{I_j^{(2)}}\right)$$

とかく.

Δ を Δ_1 と Δ_2 の合併による分割とすると (3.23) 式は Δ_1, Δ_2 を Δ でおきかえても成立する．Δ の小分割区間を $\{I_i\}$ とおき，上と同様に Δ について

$$M_i = \sup_{I_i} f, \quad M_i' = \sup_{I_i} g \quad (m_i, m_i' \text{は} f, g \text{に対する} \inf),$$

$$|f|, |g| \leq L$$

とする．$x, x' \in I_i$ ならば不等式

$$|f(x)g(x) - f(x')g(x')| \leq |f(x) - f(x')||g(x)| + |g(x) - g(x')||f(x')|$$

より

$$|f(x)g(x) - f(x')g(x')| \leq L(M_i - m_i) + L(M_i' - m_i').$$

$M_i^* = \sup_{x \in I_i}(fg)(x), m_i^* = \inf_{x' \in I_i}(fg)(x')$ とおけば

$$M_i^* - m_i^* \leq L(M_i - m_i) + L(M_i' - m_i').$$

ゆえに

$$\sum_\Delta (M_i^* - m_i^*)(x_i - x_{i-1}) \leq L\sum_\Delta (M_i - m_i)(x_i - x_{i-1})$$
$$+ L\sum_\Delta (M_i' - m_i')(x_i - x_{i-1}) \leq 2\varepsilon L$$

が成り立つ．よって fg は $[a, b]$ で積分可能．　□

定理 3.8　（積分の平均値の定理）　$f(x), g(x)$ が $[a, b]$ で積分可能，かつ $g(x)$ は一定符号をもつとする．このとき

$$\int_a^b f(x)g(x)dx = \mu \int_a^b g(x)dx \tag{3.24}$$

を満たす定数 μ が存在する．ここで $I = [a, b]$ とかくと

$$\inf_I f(x) \leq \mu \leq \sup_I f(x).$$

特に
$$\int_a^b f(x)dx = \mu(b-a) \tag{3.25}$$
が成立する．

証明 $g(x)$ は $[a,b]$ で正と仮定する (そうでなければ $-g$ を考えればよい)．次の定理 3.9 によれば，ある x_0 が $[a,b]$ の内点として存在し，$g(x_0) > 0$ かつ $g(x)$ の連続点となる．いまこれを認めよう．そうすれば定理 3.6 (2) から $\int_a^b g(x)dx > 0$ である．

一方，$mg(x) \leq f(x)g(x) \leq Mg(x)$ $(a \leq x \leq b)$ が成り立つ．ただし $M = \sup_I f(x)$, $m = \inf_I f(x)$ とした．したがって
$$m\int_a^b g(x)dx \leq \int_a^b f(x)g(x)dx \leq M\int_a^b g(x)dx.$$

この両辺を $\int_a^b g(x)dx$ で割った式
$$m \leq \frac{\int_a^b f(x)g(x)dx}{\int_a^b g(x)dx} \leq M$$

は定数 $\mu = \int_a^b f(x)g(x)dx \Big/ \int_a^b g(x)dx$ とおくことにより (3.24) 式が得られる．ここで $\inf_I f(x) \leq \mu \leq \sup_I f(x)$ である．

$g(x) \equiv 1$ の場合，次式が成り立つ．
$$\int_a^b f(x)dx = \mu(b-a). \quad \square$$

注意 1 通常 (3.25) 式は積分の平均値の定理，(3.24) 式は第 1 平均値の定理とよばれる．もし $f(x)$ が連続関数であれば，中間値の定理から $f(\xi) = \mu$

となる ξ が a と b の間にあるから (3.24), (3.25) 式ともそれぞれ μ を $f(\xi)$ でおきかえられる．

注意 2 f が $[a,b]$ で C^1-級，$f'(x)$ は一定符号，$g(x)$ が $[a,b]$ で連続のとき，ある $\xi \in (a,b)$ があって，次式が成り立つ．

$$\int_a^b f(x)g(x)dx = f(a)\int_a^\xi g(x)dx + f(b)\int_\xi^b g(x)dx. \qquad (3.26)$$

これを**第 2 平均値の定理**という．

定理 3.9 $f(x)$ が $[a,b]$ で積分可能ならば $f(x)$ が連続となる点は $[a,b]$ 内に稠密に存在する．

♣ **証明** (i) 仮定から f は $[a,b]$ に含まれる任意の閉区間 $[a',b']$ で積分可能 (定理 3.5 I (p.161))．ここで $a<a'<b'<b$ とする．そこで任意の正数 ε を与えると $[a',b']$ のある分割 Δ' があり，

$$S_{\Delta'} - s_{\Delta'} < \varepsilon \qquad (3.27)$$

が成り立つ．ここで，今までの記号にならい

$$S_{\Delta'} - s_{\Delta'} = \sum_{\Delta'} (M_i - m_i)(x_i - x_{i-1})$$

($v_i = M_i - m_i$ を $\delta_i = [x_{i-1}, x_i]$ における f の振動量という) とする．$\min_{\Delta'} v_i = v^{(1)}$，$|\delta_i| = x_i - x_{i-1}$ と表すとき

$$\varepsilon > S_{\Delta'} - s_{\Delta'} = \sum_{\Delta'} v_i |\delta_i| > v^{(1)}(b' - a').$$

したがって $v^{(1)} < \dfrac{\varepsilon}{b'-a'}$．いま正数 ε_1 を任意に与え，(3.27) の ε を $\dfrac{\varepsilon}{b'-a'} < \varepsilon_1$ を満たすようにあらかじめ選んでおけば $v^{(1)} < \varepsilon_1$ が成り立つ．ここで $v^{(1)}$ は $[a',b']$ のある小区間 $\delta^{(1)}$ における f の振動量とする．$\delta^{(1)} \subset [a',b'] \subset [a,b]$ であるから，$\delta^{(1)} = [a_1, b_1]$ と表すとき $a<a_1<b_1<b$，すなわち $\delta^{(1)}$ は $[a,b]$ の内部に完全に含まれ

$$x,x'\in\delta^{(1)} \implies |f(x)-f(x')|<v^{(1)}<\varepsilon_1$$

が成り立つ．

(ii) 区間 $[a,b]$ の代わりに，$[a_1,b_1]$ に対して (i) と同じ操作をくりかえせば，$\varepsilon_2(<\varepsilon_1)$ を任意に与えたとき $[a_1,b_1]$ の内部に含まれる小区間 $\delta^{(2)}=[a_2,b_2]$ が存在して

$$x,x'\in\delta^{(2)} \implies |f(x)-f(x')|<v^{(2)}<\varepsilon_2$$

が成り立つ．

(i)(ii) を続けて行えば，$\varepsilon_1>\varepsilon_2>\cdots>\varepsilon_n>\cdots,\varepsilon_n\to 0\ (n\to\infty)$ を与えると

$$\delta^{(1)}\supset\delta^{(2)}\supset\cdots\supset\delta^{(n)}\supset\cdots$$

を満たす $[a,b]$ の内部に含まれる小区間列 ($\delta^{(n)}$ は $\delta^{(n-1)}$ の内部に含まれている) が存在し $\delta^{(n)}$ における f の振動量 $v^{(n)}$ は $v^{(n)}<\varepsilon_n\ (n=1,2,\cdots)$ を満たす．またすべての $\delta^{(n)}$ に共通の内点 x_0 が含まれる．

f は x_0 で連続である．実際，任意の正数 η[5]を与えると，十分大きな n に対して $\varepsilon_n<\eta$ が成り立つから

$$x\in\delta^{(n)} \implies |f(x)-f(x')|\leq v^{(n)}<\varepsilon_n<\eta$$

よって $\lim_{x\to x_0}f(x)=f(x_0)$．

以上の事実は $[a,b]$ の内部に含まれる任意の閉区間 $[a',b']$ において成立するから，稠密性の議論に従い，f の連続点は $[a,b]$ の中で稠密に存在する． □

定理 3.10 $f(x)$ が $[a,b]$ で積分可能ならば，$|f(x)|$ もそうであり，不等式

$$\left|\int_a^b f(x)dx\right|\leq \int_b^a |f(x)|dx$$

が成り立つ．

証明 (i) $f(x)$ が連続ならば $|f(x)|$ もそうである (例 1.8 (p.27))．したがっ

---

[5] η: エータ．

て $|f(x)|$ は積分可能で,

$$-|f(x)| \leq f(x) \leq |f(x)|$$

と定理 3.6 (i) から $\pm \int_a^b f(x)dx \leq \int_a^b |f(x)|dx$.

♣ (ii) $f(x)$ が積分可能という仮定だけならば, 任意の $\varepsilon > 0$ を与えたとき, 分割 $\varDelta = [x_i]_{i=1,\cdots,n}$ を選ぶことにより

$$\sum_{i=1}^n (M_i' - m_i')(x_i - x_{i-1}) < \varepsilon \quad (M_i' = \sup_{[x_{i-1}, x_i]} |f(x)|,\ m_i' = \inf_{[x_{i-1}, x_i]} |f(x)|) \tag{3.28}$$

が成立することを示せばよい. 今までの記号にならい M_i, m_i については $S_\varDelta - s_\varDelta = \sum_{i=1}^n (M_i - m_i)(x_i - x_{i-1}) < \varepsilon$ が成り立つような $\varDelta$ の存在は, f の積分可能性から保証されているから, この $\varDelta$ を用いて (3.28) 式を示そう. それには各 i につき

$$M_i' - m_i' \leq M_i - m_i \tag{3.29}$$

を示せばよい. (3.29) 式は任意の $x, x' \in I_i = [x_{i-1}, x_i]$ について

$$|f(x)| \leq |f(x) - f(x')| + |f(x')| \leq M_i - m_i + |f(x')|$$

より

$$\sup_{x \in I_i} |f(x)| \leq M_i - m_i + |f(x')|.$$

よって $M_i' - M_i + m_i \leq |f(x')|$.

今度はこの不等式の右辺を $\inf_{x' \in I_i} |f(x')|$ でおきかえて $M_i' - M_i + m_i \leq m_i'$. したがって (3.29) が得られる. ゆえに $|f(x)|$ は $[a,b]$ で積分可能. そこで証明すべき不等式は

$$\left|\sum_\varDelta f(\xi_i)(x_i - x_{i-1})\right| \leq \sum_\varDelta |f(\xi_i)|(x_i - x_{i-1})$$

において $|\Delta|\to 0$ の極限をとればよい. □

$|f(x)|$ が積分可能でも,必ずしも $f(x)$ が積分可能にはならないという意味で逆は一般には成立しない(文献 [1] を参照).

さて $\int_a^b f(x)dx$ で b を変数とみなすとき,あらためて x とかくと,対応

$$x \longrightarrow \int_a^x f(x)dx$$

が定まる. $\int_a^x f(x)dx = \int_a^x f(t)dt = \int_a^x f(u)du$ などとかいてもすべて同じ対応である.この対応を**上端** x の関数として $F(x)=\int_a^x f(t)dt$ とかくことにする. $F(x)$ を**積分関数**, $f(x)$ を**被積分関数**とよぶ.

定理 3.11 (1) $f(x)$ が $[a,b]$ で積分可能とする.このとき積分関数 $F(x)=\int_a^x f(t)dt$ は $[a,b]$ で連続である.

(2) $f(x)$ が $[a,b]$ で積分可能であり,点 $c\in[a,b]$ において連続とする.このとき積分関数 $F(x)$ は点 c において微分可能であり,次が成り立つ.

$$F'(c)=f(c).$$

証明 (1) $f(x)$ は定義から有界である: $|f(x)|\leq L, x, x+h \in [a,b]$ とすると

$$F(x+h)-F(x)=\int_a^{x+h} f(t)dt - \int_a^x f(t)dt = \int_x^{x+h} f(t)dt \quad \text{より}$$

$$|F(x+h)-F(x)| \leq \left|\int_x^{x+h} |f(t)|dt\right| \leq L|h|.$$

ゆえに $\lim_{h\to 0} F(x+h)=F(x) \quad (x\in[a,b])$

(2) 仮定から任意の $\varepsilon>0$ に対して $\delta>0$ を十分小さくとれば $|h|<\delta$ のとき $|t-c|<|h| \Rightarrow |f(t)-f(c)|<\varepsilon$ が成り立つ.よって

$$\frac{F(c+h)-F(c)}{h}-f(c)=\frac{1}{h}\int_c^{c+h}f(t)dt-f(c).$$

$f(c)=\dfrac{1}{h}\displaystyle\int_c^{c+h}f(c)dt$ であるから

$$\text{上式右辺}=\frac{1}{h}\int_c^{c+h}(f(t)-f(c))dt.$$

したがって

$$\left|\frac{F(c+h)-F(c)}{h}-f(c)\right|\leq\frac{1}{|h|}\left|\int_c^{c+h}|f(t)-f(c)|dt\right|$$
$$\leq\frac{1}{|h|}\varepsilon|h|=\varepsilon.$$

これは $\displaystyle\lim_{h\to 0}\frac{F(c+h)-F(c)}{h}=F'(c)=f(c)$ を意味する． □

注意 (1)(2) を通して，c が区間の端点 a (または b) のときは例により $a\leq t<a+h$ (または $b-h<t\leq b$) となるように h を選ぶことは 2 章にも述べた通り．特に (2) では $F'_+(a)=f(a), F'_-(b)=f(b)$ である．

一般に $F'(x)=f(x)$ を満たす関数 $F(x)$ を $f(x)$ の**原始関数**とよぶ．上の定理から**閉区間上の連続関数は必ず原始関数をもつ**ことが証明された．

定理 3.12 (微積分の基本公式) $f(x)$ は a を含む区間 I 上の連続関数とする．$G(x)$ を $f(x)$ の原始関数とすると，$G(x)$ は加法的定数を除いて一意的に定まり

$$\int_a^b f(x)dx=G(b)-G(a)$$

が成り立つ．

証明 $F(x)=\displaystyle\int_a^x f(t)dt$ とおくと，前定理 (2) より $F'(x)=f(x)=G'(x)$．したがって $F(x)-G(x)=c$ (定数) であり $F(x)=G(x)+c$．また $G(a)=$

$F(a)-c, G(b)=F(b)-c$ より

$$\int_a^b f(t)dt = F(b)-F(a) = G(b)-G(a). \qquad \square$$

注意 C^1-級の関数を微分すると C^0-級になるが，逆に C^0-級の関数を積分すると C^1-級になる．標語的に言えば，微分法は関数のなめらかさを落とし，積分法は逆に関数のなめらかさをあげる．

問 3.2 $f(x)$ が連続関数のとき

$$\frac{d}{dx}\int_x^a f(t)dt$$

を求めよ．

問 3.3 $\dfrac{d}{dt}\displaystyle\int_{\psi(t)}^{\phi(t)} f(x)dx = f(\phi(t))\phi'(t) - f(\psi(t))\psi'(t)$ を示せ．ただし $f(x)$ は閉区間 I で連続，$\phi(t), \psi(t)$ は $[\alpha,\beta]$ で C^1-級で $\phi(t), \psi(t) \in I$ とする．

問 3.4 $\dfrac{d}{dx}\displaystyle\int_{\sin x}^{\cos x} f(t)dt$ を求めよ．

次の 2 定理は積分の計算にしばしば用いられる．

定理 3.13 （置換積分） $f(x)$ は $[a,b]$ で連続，$\phi(t)$ は $[\alpha,\beta]$ で C^1-級で $\phi(t) \in [a,b], \phi(\alpha)=a, \phi(\beta)=b$ とすると

$$\int_a^b f(x)dx = \int_\alpha^\beta f(\phi(t))\phi'(t)dt$$

定理 3.14 （部分積分） $f(x), g(x)$ が $[a,b]$ で C^1-級ならば

$$\int_a^b f'(x)g(x)dx = [f(x)g(x)]_a^b - \int_a^b f(x)g'(x)dx$$

(証明は 3.5 節を参照).

♣ **例 3.2** （ベルヌーイの剰余項） ここで p.123 に戻りテーラーの定理におけるベルヌーイの剰余項と呼ばれる，積分の形で表されるもう一つの剰余項をあげておこう．

$$f(x) = f(a) + \int_a^x f'(t)dt \qquad (\text{' は } t \text{ による導関数}).$$

部分積分により

$$\int_a^x f'(t)dt = \int_a^x f'(t)\left[-\frac{(x-t)}{1!}\right]' dt = f'(a)\frac{x-a}{1!} + \int_a^x f''(t)(x-t)dt,$$

$$\int_a^x f''(t)(x-t)dt = \int_a^x f''(t)\left[-\frac{(x-t)^2}{2!}\right]' dt$$
$$= f''(a)\frac{(x-a)^2}{2!} + \int_a^x f'''(t)\frac{(x-t)^2}{2!}dt,$$

一般に,

$$\int_a^x f^{(n-1)}(t)\left[-\frac{(x-t)^{n-1}}{(n-1)!}\right]' dt = f^{(n-1)}(a)\frac{(x-a)^{n-1}}{(n-1)!}$$
$$+ \int_a^x f^{(n)}(t)\frac{(x-t)^{n-1}}{(n-1)!}dt.$$

したがって,

$$f(x) = \sum_{k=0}^{n-1} \frac{f^{(k)}(a)}{k!}(x-a)^k + \int_a^x \frac{f^{(n)}(t)}{(n-1)!}(x-t)^{n-1}dt,$$

すなわち,

$$R_n(x) = \int_a^x \frac{f^{(n)}(t)}{(n-1)!}(x-t)^{n-1}dt \qquad (\text{ベルヌーイの剰余項}).$$

さて,この $a=0$ におけるベルヌーイの剰余項を $f(x)=(1+x)^\alpha$ にあてはめよう.

$$f^{(n)}(x) = \binom{\alpha}{n} n! (1+x)^{\alpha-n}$$

より,

$$R_n(x) = \int_0^x n \binom{\alpha}{n} (1+t)^{\alpha-n}(x-t)^{n-1}dt$$

$$= n\binom{\alpha}{n}\int_0^x (1+t)^{\alpha-1}\left(\frac{x-t}{1+t}\right)^{n-1} dt.$$

ここで $-1<x<1$ とする．この剰余項を用いて $\lim_{n\to\infty} R_n(x)=0$ を示そう．0 と x の間を動く数 t を $t=\theta x$ ($0<\theta<1$) と表すと，

$$\left(\frac{x-t}{1+t}\right)^{n-1} = x^{n-1}\left(\frac{1-\theta}{1+\theta x}\right)^{n-1}$$

だから，剰余項は

$$R_n(x) = \alpha\left(\frac{\alpha-1}{1}x\right)\cdots\left(\frac{\alpha-n+1}{n-1}x\right)\int_0^x (1+t)^{\alpha-1}\left(\frac{1-\theta}{1+\theta x}\right)^{n-1} dt.$$

ここで $0<\dfrac{1-\theta}{1+\theta x}<1$ より

$$\left|\int_0^x (1+t)^{\alpha-1}\left(\frac{1-\theta}{1+\theta x}\right)^{n-1} dt\right|$$
$$\leq \int_0^{|x|} (1+t)^{\alpha-1}\cdot 1\, dt \leq \frac{1}{\alpha}\{(1+|x|)^\alpha - 1\} \qquad (=\kappa(x) \text{ とおく}).$$

よって

$$|R_n(x)| \leq \kappa(x)\left|\alpha\left(\frac{\alpha-1}{1}x\right)\cdots\left(\frac{\alpha-n+1}{n-1}x\right)\right|$$

をうる．$|x|<1$ である x を固定するとき，$\left|\dfrac{\alpha-k}{k}x\right| \to |x|$ ($k\to\infty$) に注意すると，$|x|<\gamma<1$ である γ について，N を十分大きく選んでおけば $\left|\dfrac{\alpha-k}{k}x\right|<\gamma$ ($k\geq N$) が成立する．結局，

$$|R_n(x)| \leq \kappa\left|\alpha\left(\frac{\alpha-1}{1}x\right)\cdots\left(\frac{\alpha-N+1}{N-1}x\right)\right|\gamma^{n-N} \to 0 \qquad (n\to\infty).$$

すなわち，$\lim_{n\to\infty} R_n(x)=0$．したがって任意の実数 α について，$-1<x<1$ でマクローリン展開 (2 項展開)

$$(1+x)^\alpha = 1 + \binom{\alpha}{1}x + \cdots + \binom{\alpha}{n}x^n + \cdots$$

が得られた.

例 3.3 $\alpha = -1$, $\alpha = -\dfrac{1}{2}$ の場合の 2 項展開は $-1 < x < 1$ において

$$\frac{1}{1+x} = 1 - x + x^2 - \cdots + (-1)^n x^n + \cdots$$

$$(1+x)^{-\frac{1}{2}} = \frac{1}{\sqrt{1+x}} = 1 - \frac{1}{2}x + \frac{1 \cdot 3}{2 \cdot 4}x^2 - \cdots + (-1)^n \frac{1 \cdot 3 \cdots (2n-1)}{2 \cdot 4 \cdots (2n)}x^n + \cdots.$$

§3.4 曲線の長さ (続き)

曲線の長さはすでに定義 1.7 で述べた.曲線が $[a,b]$ 上の連続関数 $\varphi(t)$, $\psi(t)$ によるパラメタ表示により

$$C = \{(\varphi(t), \psi(t)),\ a \leq t \leq b\}$$

で与えられているとき,まず $[a,b]$ の分割

$$\Delta : a = t_0 < t_1 < \cdots < t_{n-1} < t_n = b$$

を与え,

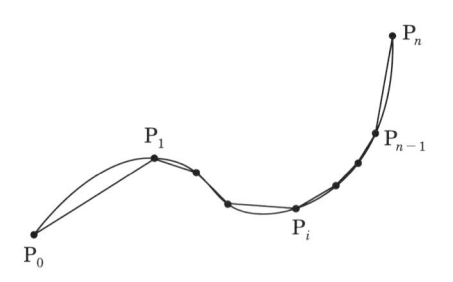

図 **3.7**

$$P_i = (\varphi(t_i), \psi(t_i)) \qquad (i=1,2,\cdots,n)$$

を順次結んだ折れ線の長さ

$$l_\Delta = \sum_{i=1}^n \overline{P_{i-1}P_i} = \sum_{i=1}^n \sqrt{(\varphi(t_i)-\varphi(t_{i-1}))^2 + (\psi(t_i)-\psi(t_{i-1}))^2} \qquad (3.30)$$

を定める. $[a,b]$ のあらゆる分割 Δ に対する l_Δ の集合が上に有界であれば, その上限 $\sup_\Delta l_\Delta$ を C の長さと定義したのであった.

今度は $l = \sup_\Delta l_\Delta < \infty$ の場合にそれを積分で表すために, $\varphi(t), \psi(t)$ は $[a,b]$ 上で C^1-級の関数であるとしよう.

定理 3.15 $\varphi(t), \psi(t)$ は $[a,b]$ 上で C^1-級の関数であるとする. このとき曲線 C は長さをもち, 長さ $L(C) = l$ は次式で与えられる.

$$\boxed{L(C) = \int_a^b \sqrt{\psi'(t)^2 + \phi'(t)^2}\, dt.} \qquad (3.31)$$

❧ **証明** 分割 $\Delta : a = t_0 < t_1 < \cdots < t_{n-1} < t_n = b$ について, 平均値の定理より, $i = 1, 2, \cdots, n$ に対し

$$\begin{aligned}\varphi(t_i)-\varphi(t_{i-1}) &= \varphi'(\sigma_i)(t_i-t_{i-1}), & t_{i-1}<\sigma_i<t_i \\ \psi(t_i)-\psi(t_{i-1}) &= \psi'(\tau_i)(t_i-t_{i-1}), & t_{i-1}<\tau_i<t_i\end{aligned} \qquad (3.32)$$

と表される. ここで $\varphi'(t), \psi'(t)$ は $[a,b]$ で連続, したがって一様連続であるから, $|\Delta| = \max_{1 \leq i \leq n} |t_i - t_{i-1}|$ だから, 次のことが成立することに注意しよう. まず $\varepsilon > 0$ を任意に与えたとき, ある $\delta_1 > 0$ があって $t, s \in [a,b]$ が $|t-s| < \delta_1$ を満たす限り

$$|\varphi'(t)-\varphi'(s)| < \frac{\varepsilon}{4(b-a)}, \qquad |\psi'(t)-\psi'(s)| < \frac{\varepsilon}{4(b-a)} \qquad (3.33)$$

が成り立つ. $\varphi'(t), \psi'(t)$ が連続であるから $\sqrt{\varphi'(t)^2 + \psi'(t)^2}$ ももちろん連続であり, $\int_a^b \sqrt{\varphi'(t)^2 + \psi'(t)^2}\, dt < \infty$. 一方 ℓ_Δ は定義 (3.30) と (3.32) より

$$\ell_\Delta = \sum_{i=1}^n [(\varphi(t_i)-\varphi(t_{i-1}))^2+(\psi(t_i)-\psi(t_{i-1}))^2]^{\frac{1}{2}}$$
$$= \sum_{i=1}^n (\varphi'(\sigma_i)^2+\psi'(\tau_i)^2)^{\frac{1}{2}}(t_i-t_{i-1}). \tag{3.34}$$

この右辺を $\sum((\varphi'(t_i)^2+\psi'(t_i)^2)^{\frac{1}{2}}+\varepsilon_i)(t_i-t_{i-1})$ とおくと
$$\varepsilon_i = \sqrt{\varphi'(t_i)^2+\psi'(t_i)^2} - \sqrt{\varphi'(\sigma_i)^2+\psi'(\tau_i)^2}$$
である．

ベクトル (a_1,a_2), (b_1,b_2) を $\boldsymbol{a},\boldsymbol{b}$ と表すと
$$|\|\boldsymbol{a}\|-\|\boldsymbol{b}\|| \leq \|\boldsymbol{a}-\boldsymbol{b}\| \leq |a_1-b_1|+|a_2-b_2|$$
が成り立つ．実際，最初の不等式は両辺を平方してシュワルツの不等式 $\|\boldsymbol{a}\|\cdot\|\boldsymbol{b}\| \geq \boldsymbol{a}\cdot\boldsymbol{b}$ を用いればよい．後の不等式は明らか．

そこで，あらためて $\boldsymbol{a}=(\varphi'(\sigma_i),\psi'(\tau_i)), \boldsymbol{b}=(\varphi'(t_i),\psi'(t_i))$ とおくと
$$|\varepsilon_i| = |\|\boldsymbol{a}\|-\|\boldsymbol{b}\|| \leq |\varphi'(\sigma_i)-\varphi'(t_i)|+|\psi'(\tau_i)-\psi'(t_i)|.$$

$|\Delta|<\delta_1$ ならば右辺の 2 項はともに (3.33) から $\dfrac{\varepsilon}{4}(b-a)$ より小．したがって
$$\sum_{i=1}^n |\varepsilon_i|(t_i-t_{i-1}) \leq \frac{\varepsilon}{2(b-a)}\sum_{i=1}^n (t_i-t_{i-1}) = \frac{\varepsilon}{2}.$$

$\sum_{i=1}^n \sqrt{\varphi'(t_i)^2+\psi'(t_i)^2}(t_i-t_{i-1})$ は $\int_a^b \sqrt{\varphi'(t)^2+\psi'(t)^2}dt$ のリーマン和で，ε に対して，$\delta_2>0$ を十分小さくとれば
$$|\Delta|<\delta_2 \Longrightarrow \left|\sum_{i=1}^n \sqrt{\varphi'(t_i)^2+\psi'(t_i)^2}(t_i-t_{i-1}) - \int_a^b \sqrt{\varphi'(t)^2+\psi'(t)^2}dt\right| < \frac{\varepsilon}{2}$$
が成立する．したがって
$$\lim_{|\Delta|\to 0}\sum_{i=1}^n \sqrt{\varphi'(t_i)^2+\psi'(t_i)^2}(t_i-t_{i-1}) = \int_a^b \sqrt{\varphi'(t)^2+\psi'(t)^2}dt.$$

そこで $\delta=\min(\delta_1,\delta_2)$ とし $|\Delta|<\delta$ を満たす分割 Δ を選べば

$$\left|\ell_\Delta - \int_a^b \sqrt{\varphi'(t)^2 + \psi'(t)^2}\,dt\right|$$
$$\leq \left|\sum_{i=1}^n \sqrt{\varphi'(t_i)^2 + \psi'(t_i)^2}(t_i - t_{i-1}) - \int_a^b \sqrt{\varphi'(t)^2 + \psi'(t)^2}\,dt\right|$$
$$+ \sum_{i=1}^n |\varepsilon_i||(t_i - t_{i-1})| < \frac{\varepsilon}{2} + \frac{\varepsilon}{2} = \varepsilon.$$

よって $\displaystyle\lim_{|\Delta|\to 0}\ell_\Delta = \int_a^b \sqrt{\varphi'(t)^2 + \psi'(t)^2}\,dt$.

最後に $\displaystyle\lim_{|\Delta|\to 0}l_\Delta = \sup_\Delta \ell_\Delta$ が成立することを示そう．$L = \displaystyle\lim_{|\Delta|\to 0}\ell_\Delta$ であるから，任意の $\varepsilon > 0$ に対して，L の ε-近傍 $U = (L-\varepsilon, L+\varepsilon)$ をとるとき，$\delta > 0$ を十分小さく選べば，

$|\Delta| < \delta$ を満たす分割の一つを Δ_0 とすると $\ell_{\Delta_0} \in U$.

一方，$[a,b]$ の任意の分割 Δ をとると，$\widehat{\Delta} = \Delta \cup \Delta_0$ は Δ, Δ_0 をより細分した分割だから，$|\widehat{\Delta}| < \delta$, したがって $\ell_\Delta \leq \ell_{\widehat{\Delta}}$, かつ $\ell_{\widehat{\Delta}} \in U$. よって $\ell_\Delta \leq \ell_{\widehat{\Delta}} < L+\varepsilon$. したがって，$\ell_\Delta < L+\varepsilon$. Δ は任意の分割であったから上限 $\sup_\Delta \ell_\Delta \leq L+\varepsilon$. ここで ε をいくらでも小さくとりうるから，$\sup_\Delta \ell_\Delta \leq L$. もちろん $\ell_{\widehat{\Delta}} \in U$ であったから $L-\varepsilon < \ell_{\widehat{\Delta}} \leq \sup_\Delta \ell_\Delta$. よって $\varepsilon \to 0$ として，$L \leq \sup_\Delta \ell_\Delta$. 以上から $L = \sup_\Delta \ell_\Delta$ が得られた． □

上の定理では曲線 C をパラメタ表示 $x = \varphi(t), y = \psi(t)$ $(a \leq t \leq b)$ で与えたが，もし C が $y = f(x)$ $(a \leq x \leq b)$ で表されれば $\varphi(t) = t, \psi(t) = f(t)$ とおくことにより

$$l = \int_a^b \sqrt{1 + f'(t)^2}\,dt$$

が得られる．

定積分の応用として述べた上の定理は，第 2 章 p.68 の位置ベクトル $\overrightarrow{OP}$ が軌道上を定点 A から点 P まで移動する場合，時間経過 Δt がごく小さけ

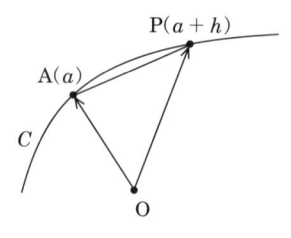

図 3.8

れば次式が成立する．

定理 3.16　(弧 AP の長さ)≈(弦 AP の長さ)，すなわち

$$\lim_{P \to A} \frac{L(\widehat{AP})}{L(\overline{AP})} = 1. \tag{3.35}$$

証明　軌道を $(\varphi(t), \psi(t))$ でパラメタ表示する．

$$A = P(t_0) = (\varphi(t_0), \psi(t_0)),$$
$$P = P(t_0 + \Delta t) = (\varphi(t_0 + \Delta t), \psi(t_0 + \Delta t))$$

とするとき

$$L(\overline{AP}) = \sqrt{(\varphi(t) - \varphi(t_0))^2 + (\psi(t) - \psi(t_0))^2} \qquad (t_0 + \Delta t = t \text{ とおいた})$$

$$L(\widehat{AP}) = \int_{t_0}^{t_0 + \Delta t} \sqrt{\varphi'(t)^2 + \psi'(t)^2} dt.$$

したがって，$\Delta\varphi = \varphi(t) - \varphi(t_0) = \varphi(t_0 + \Delta t) - \varphi(t_0)$, $\Delta\psi = \psi(t) - \psi(t_0) = \psi(t_0 + \Delta t) - \psi(t_0)$ とおくと

$$\lim_{P \to A} \frac{L(\widehat{AP})}{L(\overline{AP})} = \lim_{\Delta t \to 0} \frac{\int_{t_0}^{t_0 + \Delta t} \sqrt{\varphi'(t)^2 + \psi'(t)^2} dt}{\sqrt{(\Delta\varphi)^2 + (\Delta\psi)^2}} \qquad (\Delta t > 0)$$

$$= \lim_{\Delta t \to 0} \frac{1}{\Delta t} \int_{t_0}^{t_0 + \Delta t} \sqrt{\varphi'(t)^2 + \psi'(t)^2} dt \lim_{\Delta t \to 0} \frac{1}{\sqrt{\varphi'(\xi)^2 + \psi'(\tau)^2}}$$

(ここで $\xi = t_0 + \theta_1 \Delta t$, $\tau = t_0 + \theta_2 \Delta t$, $0 < \theta_1, \theta_2 < 1$)
$$= \sqrt{\varphi'(t_0)^2 + \psi'(t_0)^2} \cdot \frac{1}{\sqrt{\varphi'(t_0)^2 + \psi'(t_0)^2}} = 1. \quad \square$$

§3.5　定積分・不定積分の計算

まず，3.3 節の定理 3.13 と 3.14 の証明から始めよう．定理 3.13 の証明は
$$F(x) = \int_a^x f(x)dx \qquad (x = \varphi(t))$$
とおき $\dfrac{d}{dt} F \circ \varphi$ を計算すると
$$\frac{d}{dx} F(x) \cdot \frac{dx}{dt} = f(x) \cdot \frac{dx}{dt} = f(\varphi(t))\varphi'(t).$$
すなわち
$$\frac{d}{dt} F \circ \varphi = f(\varphi(t))\varphi'(t).$$
両辺を α から β まで積分すれば
$$F \circ \varphi(\beta) - F \circ \varphi(\alpha) = F(b) - F(a) = \int_\alpha^\beta f(\varphi(t))\varphi'(t)dt.$$

定理 3.14 の証明は $(fg)' = f'g + fg'$ の両辺を a から b まで積分すればよい．　$\square$

例 3.4　(1)　$f(x)$ が $[0, \pi]$ で連続のとき，変換 $x = \pi - t$ を行って，
$$\int_0^\pi x f(\sin x) dx = \frac{\pi}{2} \int_0^\pi f(\sin x) dx$$
を導け．

(2)　$\displaystyle\int_0^\pi \frac{x \sin x}{1 + \cos^2 x} dx$ を求めよ．

解　(1)　$x = \pi - t$ より

$x=\pi$ は $t=0$, $x=0$ は $t=\pi$ に対応し, $dx=-dt$.

したがって

$$\int_0^\pi xf(\sin x)dx = -\int_\pi^0 (\pi-t)f(\sin(\pi-t))dt$$
$$= \pi\int_0^\pi f(\sin t)dt - \int_0^\pi tf(\sin t)dt,$$

よって $2\int_0^\pi xf(\sin x)dx = \pi\int_0^\pi f(\sin t)dt$. ゆえに,

$$\int_0^\pi xf(\sin x)dx = \frac{\pi}{2}\int_0^\pi f(\sin x)dx$$

を得る.

(2) $\dfrac{\sin x}{1+\cos^2 x} = \dfrac{\sin x}{2-\sin^2 x} = f(\sin x)$ とおけば, (1) より

$$\int_0^\pi \frac{x\sin x}{1+\cos^2 x}dx = \frac{\pi}{2}\int_0^\pi \frac{\sin x}{2-\sin^2 x}dx = \frac{\pi}{2}\int_0^\pi \frac{\sin x}{1+\cos^2 x}dx.$$

変換 $t=\cos x$ を行うと $dt=-\sin x dx$ より

$$\text{上式最右辺} = \frac{\pi}{2}\int_1^{-1} \frac{-1}{1+t^2}dt = \frac{\pi}{2}\left[\tan^{-1}t\right]_{-1}^1 = \frac{\pi^2}{4}.$$

例 3.5 $I_{pq} = \displaystyle\int_0^1 x^p(1-x)^q dx$ (p, q は正の整数) について次の各式を導け.

(1) $I_{pq} = \dfrac{p}{q+1}I_{p-1,q+1}$

(2) $I_{pq} = \dfrac{p!q!}{(p+q+1)!}$

解 (1)
$$\int_0^1 x^p(1-x)^q dx = \left[-\frac{1}{q+1}x^p(1-x)^{q+1}\right]_0^1$$
$$+ \frac{p}{q+1}\int_0^1 x^{p-1}(1-x)^{q+1}dx = \frac{p}{q+1}I_{p-1,q+1}.$$

(2) $\quad I_{pq} = \dfrac{p}{q+1} I_{p-1,q+1} = \dfrac{p}{q+1} \dfrac{p-1}{q+2} I_{p-2,q+2}$

$$= \dfrac{p}{q+1} \dfrac{p-1}{q+2} \cdots \dfrac{1}{q+p} \int_0^1 x^0 (1-x)^{q+p} dx$$

$$= \dfrac{p!q!}{(p+q+1)!}.$$

例 3.6 (1) $f(x)$ が $[0,1]$ で連続のとき $\displaystyle\int_0^{\pi/2} f(\cos x) dx = \int_0^{\pi/2} f(\sin x) dx$.

(2) $\displaystyle\int_0^{\pi/2} \sin^n x dx = \int_0^{\pi/2} \cos^n x dx$

(3) $I_n = \displaystyle\int_0^{\pi/2} \sin^n x dx$ とおくとき $n \geq 2$ (自然数) として漸化式 $I_n = \dfrac{n-1}{n} I_{n-2}$ を導け.

(4) $\displaystyle\int_0^{\pi/2} \sin^n x dx = \begin{cases} \dfrac{1 \cdot 3 \cdots (n-3) \cdot (n-1)}{2 \cdot 4 \cdots (n-2) \cdot n} \dfrac{\pi}{2} & (n : 偶数) \\ \dfrac{2 \cdot 4 \cdots (n-3) \cdot (n-1)}{3 \cdots (n-4) \cdot (n-2) \cdot n} & (n : 奇数) \end{cases}$

解 (1) $\cos x = t$ とおくと $0 \leq x \leq \dfrac{\pi}{2}$ では $\sin x \geq 0$ なので

$$-\sin x dx = -\sqrt{1-t^2} dx = dt \quad \text{すなわち} \quad dx = -\dfrac{1}{\sqrt{1-t^2}} dt.$$

したがって

$$\int_0^{\pi/2} f(\cos x) dx = \int_0^1 \dfrac{f(t)}{\sqrt{1-t^2}} dt.$$

また $\sin x = t$ とおくと $dx = \dfrac{1}{\sqrt{1-t^2}} dt$. よって

$$\int_0^{\pi/2} f(\sin x) dx = \int_0^1 \dfrac{f(t)}{\sqrt{1-t^2}} dt = \int_0^{\pi/2} f(\cos x) dx.$$

(2) $u = \sin x \to f(u) = u^n = \sin^n x$. $f(u)$ は $[0,1]$ で連続，よって (1) から

$$\int_0^{\pi/2} \sin^n x\,dx = \int_0^{\pi/2} \cos^n x\,dx.$$

(3) $\displaystyle I_n = \int_0^{\pi/2} \sin^n x\,dx = \int_0^{\pi/2} \sin^{n-1} x \cdot \sin x\,dx$

$\displaystyle \quad = [-\sin^{n-1} x \cos x]_0^{\pi/2} + (n-1)\int_0^{\pi/2} \sin^{n-2} x \cdot \cos^2 x\,dx$

$\displaystyle \quad = (n-1)(I_{n-2} - I_n).$

よって
$$I_n = \frac{n-1}{n} I_{n-2}.$$

(4) $\displaystyle I_1 = \int_0^{\pi/2} \sin x\,dx = [-\cos x]_0^{\pi/2} = 1,$

$I_0 = \dfrac{\pi}{2}$ より

$$\int_0^{\pi/2} \sin^{2m} x\,dx = \frac{2m-1}{2m} I_{2m-2} = \frac{2m-1}{2m}\frac{2m-3}{2m-2}\cdots\frac{3}{4}\frac{1}{2} I_0$$

$$\int_0^{\pi/2} \sin^{2m+1} x\,dx = \frac{2m}{2m+1} I_{2m-1} = \frac{2m}{2m+1}\frac{2m-2}{2m-1}\cdots\frac{2}{3} I_1. \quad \blacksquare$$

注意 (1) は,より一般に $x = a - t$ として

$$\int_0^a f(x)\,dx = -\int_a^0 f(a-t)\,dt = \int_0^a f(a-x)\,dx$$

が成り立つことから f の代わりに $f \circ \sin$, $a = \dfrac{\pi}{2}$ としても得られる:

$$\int_0^{\pi/2} f \circ \sin(x)\,dx = \int_0^{\pi/2} f \circ \sin\left(\frac{\pi}{2} - x\right)dx = \int_0^{\pi/2} f \circ \cos(x)\,dx.$$

(4) の表現式は次のように書くことができる.

$$I_{2m} = \frac{(2m)!}{2^{2m}(m!)^2}\frac{\pi}{2}, \quad I_{2m+1} = \frac{2^{2m}(m!)^2}{(2m+1)!} \quad \left(I_n = \int_0^{\pi/2} \sin^n x\,dx\right).$$

3.5.1 不定積分の計算

$f(x)$ の原始関数を $G(x)$ とするとき任意定数 C に対して $G(x)+C$ を $f(x)$ の不定積分とよび，それを $\int f(x)dx$ と表すと定義し，原始関数と不定積分は混同して用いる．したがって

線形性: $\int (\alpha f(x) + \beta g(x))dx = \alpha \int f(x)dx + \beta \int g(x)dx$ （α, β：定数）

部分積分: $\int f'(x)g(x)dx = f(x)g(x) - \int f(x)g'(x)dx$

置換積分: $\int f(x)dx = \int f(\varphi(t))\varphi'(t)dt \quad (x = \varphi(t))$

を，定積分の公式と同様に用いる．

例 3.7 (1) $\int \dfrac{e^x}{e^x + e^{-x}} dx$ (2) $\int \dfrac{1}{x\sqrt{x^2+1}} dx$ を求めよ．

解 (1) $e^x = t$ とおくと $e^x dx = dt$ より

$$\int \frac{e^x}{e^x+e^{-x}} dx = \int \frac{1}{t+t^{-1}} dt = \int \frac{t}{t^2+1} dt = \frac{1}{2}\log(t^2+1) = \frac{1}{2}\log(e^{2x}+1).$$

(2) $\sqrt{x^2+1} = t$ とおくと $x^2+1 = t^2$．よって $xdx = tdt$ ゆえに

$$\int \frac{1}{x\sqrt{x^2+1}} dx = \int \frac{t}{(t^2-1)t} dt = \int \frac{1}{(t^2-1)} dt$$

$$= \frac{1}{2}\left(\int \frac{1}{t-1} dt - \int \frac{1}{t+1} dt \right) = \frac{1}{2}\log\left|\frac{t-1}{t+1}\right|$$

$$= \frac{1}{2}\log\left(\frac{\sqrt{x^2+1}-1}{\sqrt{x^2+1}+1} \right). \quad \blacksquare$$

問 3.5 次の積分を求めよ．ただし，$a > 0$ とする．

(1) $\displaystyle\int_0^1 x^2(1+2x^3)^5 dx$ (2) $\displaystyle\int_0^{\sqrt{\pi}} x\cos(x^2)dx$

(3) $\displaystyle\int_1^2 x\sqrt{x-1}\,dx$ (4) $\displaystyle\int_0^a x\sqrt{a^2-x^2}\,dx$ (5) $\displaystyle\int_0^a \sqrt{a^2-x^2}\,dx$

(6) $\displaystyle\int_0^a x^2\sqrt{a^2-x^2}\,dx$ (7) $\displaystyle\int_0^{\pi/4} \tan x\,dx$

3.5.2 有理関数の不定積分

(1) $\dfrac{多項式}{多項式}$ で定義される関数を**有理関数**という．$P(x), Q(x)$ を多項式とするとき[6]，$\deg P \geq \deg Q$ ならば

$$\frac{P(x)}{Q(x)} = P_1(x) + \frac{P_2(x)}{Q(x)} \quad (\deg P_2 < \deg Q)$$

の形に変形される．例をあげよう．$P(x) = x^4$, $Q(x) = x^3 + 1$ とする．割り算して有理関数 $\dfrac{P(x)}{Q(x)}$ は $\dfrac{x^4}{x^3+1} = x - \dfrac{x}{x^3+1}$. したがって $P_1 = x$, $P_2 = -x$ である．

$$\int \frac{P(x)}{Q(x)} dx = \int x\, dx - \int \frac{x}{x^3+1} dx = \frac{x^2}{2} - \int \frac{x}{x^3+1} dx \tag{3.36}$$

を求めることにする．

$$\frac{x}{x^3+1} = \frac{x}{(x+1)(x^2-x+1)} = \frac{x}{(x+1)\left\{\left(x-\dfrac{1}{2}\right)^2 + \left(\dfrac{\sqrt{3}}{2}\right)^2\right\}}. \tag{3.37}$$

このとき最右辺は

$$\frac{A}{x+1} + \frac{Bx+C}{x^2-x+1}$$

のように和で表される．いずれも $\deg(分子) < \deg(分母)$ となることに注意しよう．あとの便宜のために第 2 項の分母を

$$x^2 - x + 1 = (x-p)^2 + q^2$$

の形にかきあらためると

$$p = \frac{1}{2}, \quad q = \frac{\sqrt{3}}{2}$$

---

[6] $\deg P$ は P の多項式としての次数 (degree)．

となる[7].

$$\frac{x}{x^3+1} = \frac{A}{x+1} + \frac{Bx+C}{x^2-x+1}$$

とおくと，定数 A, B, C はこの恒等式から $A = -\frac{1}{3}$, $B = C = \frac{1}{3}$. すなわち，

$$\frac{x}{x^3+1} = \frac{-\frac{1}{3}}{x+1} + \frac{\frac{1}{3}(x+1)}{x^2-x+1}.$$

右辺を左辺の**部分分数展開**とよぶ．そこで

$$\int \frac{x}{x^3+1} dx = -\frac{1}{3}\log|x+1| + \frac{1}{6}\int \frac{2x-1}{x^2-x+1} dx + \frac{1}{2}\int \frac{1}{x^2-x+1} dx$$
$$= -\frac{1}{3}\log|x+1| + \frac{1}{6}\log|x^2-x+1| + \frac{1}{\sqrt{3}}\tan^{-1}\left(\frac{2x-1}{\sqrt{3}}\right).$$

ゆえに (1) の積分値は次のようになる．

$$\int \frac{P(x)}{Q(x)} dx = \frac{1}{2}x^2 + \frac{1}{3}\log|x+1| - \frac{1}{6}\log|x^2-x+1| - \frac{1}{\sqrt{3}}\tan^{-1}\frac{2x-1}{\sqrt{3}}.$$

(2)　今度は有理関数 $\frac{P_1(x)}{Q(x)}$, $\deg P_1 < \deg Q$ の場合として

$$\int \frac{P_1(x)}{Q(x)} dx = \int \frac{4x}{(x-1)^2(x^2+1)^2} dx$$

を考える．$Q(x) = (x-1)^2(x^2+1)^2 = 0$ は実数解 $x=1$ を 2 重解としてもつ．$x = i, -i$ は虚数解でそれぞれ 2 重解である．被積分関数は $\deg P_1 < \deg Q$ ならば，次に述べる定理から

$$\frac{4x}{(x-1)^2(x^2+1)^2} = \frac{A_1}{x-1} + \frac{A_2}{(x-1)^2} + \frac{B_1x+C_1}{x^2+1} + \frac{B_2x+C_2}{(x^2+1)^2} \qquad (3.38)$$

---

[7] $x - p = qt$ と変換すると $dx = qdt$. よって
$$\int \frac{dx}{(x-p)^2+q^2} = \frac{1}{q}\int \frac{dt}{1+t^2} = \frac{1}{q}\tan^{-1}\left(\frac{x-p}{q}\right).$$

の形で表される．もし $\dfrac{P_1(x)}{Q(x)}$ が $\dfrac{P_1(x)}{(x-1)^3(x^2+1)^3}$ ならば部分分数展開は次のように表される．

$$\dfrac{A_1}{x-1}+\dfrac{A_2}{(x-1)^2}+\dfrac{A_3}{(x-1)^3}+\dfrac{B_1x+C_1}{x^2+1}+\dfrac{B_2x+C_2}{(x^2+1)^2}+\dfrac{B_3x+C_3}{(x^2+1)^3}.$$

さて (3.38) の部分分数展開の係数を定めるのには，(3.38) の両辺に $(x-1)^2(x^2+1)^2$ をかけ合わせた恒等式

$$4x \equiv A_1(x-1)(x^2+1)^2 + A_2(x^2+1)^2 + (B_1x+C_1)(x-1)^2(x^2+1)$$
$$+ (B_2x+C_2)(x-1)^2$$

から，

$$A_1=-1, \quad A_2=1, \quad A_3=0, \quad B_1=1, \quad C_1=0, \quad B_2=0, \quad C_2=-2$$

を算出する．したがって (3.38) の両辺を積分すると

$$\int \dfrac{4x}{(x-1)^2(x^2+1)^2}dx$$
$$=-\int \dfrac{dx}{x-1}+\int \dfrac{dx}{(x-1)^2}+\int \dfrac{x}{x^2+1}dx-\int \dfrac{2}{(x^2+1)^2}dx$$
$$=-\log|x-1|-\dfrac{1}{x-1}+\dfrac{1}{2}\int \dfrac{2x}{x^2+1}dx-\int \dfrac{2}{(x^2+1)^2}dx$$
$$=-\log|x-1|-\dfrac{1}{x-1}+\dfrac{1}{2}\log(x^2+1)-2\int \dfrac{1}{(x^2+1)^2}dx.$$

最終項の $\displaystyle\int \dfrac{1}{(x^2+1)^2}dx$ を求めるためには部分積分を利用し，

$$\int \dfrac{1}{x^2+1}dx = \int \dfrac{1}{x^2+1}\cdot x' dx$$
$$= \dfrac{x}{x^2+1}+2\int \dfrac{x^2}{(x^2+1)^2}dx = \dfrac{x}{x^2+1}+2\int \dfrac{x^2+1-1}{(x^2+1)^2}dx$$
$$= \dfrac{x}{x^2+1}+2\int \dfrac{1}{x^2+1}dx-2\int \dfrac{1}{(x^2+1)^2}dx.$$

ゆえに
$$\int \frac{1}{(x^2+1)^2}dx = \frac{1}{2}\frac{x}{x^2+1} + \frac{1}{2}\int \frac{1}{x^2+1}dx$$
$$= \frac{x}{2(x^2+1)} + \frac{1}{2}\tan^{-1}x.$$

よって，
$$I = \int \frac{4x}{(x-1)^2(x^2+1)^2}dx$$
$$= -\log|x-1| - \frac{1}{x-1} + \frac{1}{2}\log(x^2+1) - \frac{x}{x^2+1} - \tan^{-1}x.$$

上の (1)(2) の例は，次の一般的定理の特別な場合である．この定理を以下に証明なしに述べる．

定理 3.17 有理関数 $\dfrac{P(x)}{Q(x)} = P_1(x) + \dfrac{P_2(x)}{Q(x)}$ $(\deg P_2 < \deg Q)$ において

$$Q(x) = (x-a_1)^{m_1}\cdots(x-a_r)^{m_r}((x-p_1)^2+q_1^2)^{n_1}\cdots((x-p_s)^2+q_s^2)^{n_s}$$

と分解されているとする．ただし $q_l \neq 0, l=1,\cdots,s$. このとき

$$\frac{P_2(x)}{Q(x)} = \left(\frac{A_1^{(1)}}{x-a_1} + \frac{A_2^{(1)}}{(x-a_1)^2} + \cdots + \frac{A_{m_1}^{(1)}}{(x-a_1)^{m_1}}\right)$$
$$+ \cdots + \left(\frac{A_1^{(r)}}{x-a_r} + \frac{A_2^{(r)}}{(x-a_r)^2} + \cdots + \frac{A_{m_r}^{(r)}}{(x-a_r)^{m_r}}\right)$$
$$+ \left(\frac{B_1^{(1)}x+C_1^{(1)}}{(x-p_1)^2+q_1^2} + \frac{B_2^{(1)}x+C_2^{(1)}}{((x-p_1)^2+q_1^2)^2} + \cdots + \frac{B_{n_1}^{(1)}x+C_{n_1}^{(1)}}{((x-p_1)^2+q_1^2)^{n_1}}\right)$$
$$+ \cdots$$
$$+ \left(\frac{B_1^{(s)}x+C_1^{(s)}}{(x-p_s)^2+q_s^2} + \frac{B_2^{(s)}x+C_2^{(s)}}{((x-p_s)^2+q_s^2)^2} + \cdots + \frac{B_{n_s}^{(s)}x+C_{n_s}^{(s)}}{((x-p_s)^2+q_s^2)^{n_s}}\right)$$

と部分分数に展開される．ここで $A_{m_k}^{(k)}, B_{n_l}^{(l)}, C_{n_l}^{(l)}$ はすべて定数である．また a_k は $Q(x)=0$ の実数解，$p_l \pm |q_l|i$ (p_l, q_l は実数) は虚数解で前者は重複

度 m_k,後者はともに重複度 n_l であるとする.ここで m_k は $k=1,2,\cdots,r$, n_l は $l=1,2,\cdots,s$ である.

(1) の場合　実数解 $a=-1$ で重複度は 1,虚数解は $\dfrac{1}{2}\pm\dfrac{\sqrt{3}}{2}i$ の二つで $p=\dfrac{1}{2}, q=\dfrac{\sqrt{3}}{2}$.

(2) の場合　実数解は $a=1$ で重複度 2,虚数解は二つ ($\pm i$) で $p=0, q=1$;重複度はそれぞれ 2.

上の定理は複雑なので説明がくどくなってしまったが,結局
$$\int \frac{P_2(x)}{Q(x)}dx \text{ は } \int \frac{dx}{(x-a)^m} \text{ の型と } \int \frac{Ax+B}{((x-p)^2+q^2)^n}dx \text{ の型}$$
の計算に帰着されることを主張する.

問 3.6　$\displaystyle\int \frac{dx}{x^2(x+1)}$ を求めよ.

3.5.3　三角関数の不定積分

(1)　$R(u,v)$ が u,v の有理関数のときの積分 $\displaystyle\int R(\sin x, \cos x)dx$.

この場合,$\tan\dfrac{x}{2}=t$ とおく.

$$\cos x = 2\cos^2\frac{x}{2}-1 = \frac{2}{1+t^2}-1 = \frac{1-t^2}{1+t^2}$$
$$\sin x = 2\sin\frac{x}{2}\cos\frac{x}{2} = 2\tan\frac{x}{2}\cos^2\frac{x}{2} = \frac{2t}{1+t^2}.$$

$\dfrac{x}{2}=\tan^{-1}t$ より $dx=\dfrac{2}{1+t^2}dt$,したがって
$$\int R(\sin x, \cos x)dx = \int R\left(\frac{2t}{1+t^2}, \frac{1-t^2}{1+t^2}\right)\frac{2t}{1+t^2}dt.$$

右辺の被積分関数は t の有理関数となり,I は t の有理関数の積分に帰着する.

例 3.8　$I=\displaystyle\int \dfrac{\sin x}{1+\cos x+\sin x}dx$ を求めよ.

解 $\tan\dfrac{x}{2}=t$ とおく. $\cos x=\dfrac{1-t^2}{1+t^2}$, $\sin x=\dfrac{2t}{1+t^2}$, $dx=\dfrac{2}{1+t^2}dt$ より

$$I=\int\dfrac{2t}{(t+1)(t^2+1)}dt=-\int\dfrac{1}{t+1}dt+\int\dfrac{t+1}{t^2+1}dt.$$

ここで

$$\int\dfrac{t+1}{t^2+1}dt=\dfrac{1}{2}\int\dfrac{2t}{t^2+1}dt+\int\dfrac{1}{t^2+1}dt=\dfrac{1}{2}\log(t^2+1)+\tan^{-1}t$$

となるので

$$I=-\log|t+1|+\dfrac{1}{2}\log(t^2+1)+\tan^{-1}t=\dfrac{1}{2}\log\dfrac{t^2+1}{t^2+2t+1}+\tan^{-1}t$$
$$=\dfrac{1}{2}(-\log(1+\sin x)+2\tan^{-1}t)=\dfrac{1}{2}(-\log(1+\sin x)+x). \quad\blacksquare$$

(2) $R(u)$ が有理関数のときの積分 $\displaystyle\int R(\sin^2 x)dx$, $\displaystyle\int R(\cos^2 x)dx$, $\displaystyle\int R(\tan x)dx$.

この場合は $\tan x=t$ とおけば, t 自身の有理関数の積分に帰着する.

例 3.9 $I=\displaystyle\int\dfrac{dx}{a\sin^2 x+b\cos^2 x} \qquad (a>0, b\neq 0)$

解 $I=\displaystyle\int\dfrac{\dfrac{1}{\cos^2 x}}{a\tan^2 x+b}dx$ と変形して $\tan x=t$ とおくと $\dfrac{dx}{\cos^2 x}=\sec^2 x dx=dt$ より, $b>0$ ならば

$$I=\int\dfrac{dt}{at^2+b}=\dfrac{1}{b}\int\dfrac{dt}{\left(\sqrt{\dfrac{a}{b}}t\right)^2+1}=\dfrac{1}{b}\sqrt{\dfrac{b}{a}}\int\dfrac{\sqrt{\dfrac{a}{b}}dt}{1+\left(\sqrt{\dfrac{a}{b}}t\right)^2}$$
$$=\dfrac{1}{\sqrt{ab}}\tan^{-1}\sqrt{\dfrac{a}{b}}t=\dfrac{1}{\sqrt{ab}}\tan^{-1}\left(\sqrt{\dfrac{a}{b}}\tan x\right).$$

$b<0$ ならば

被積分関数 $= \dfrac{1}{at^2+b} = \left(\dfrac{1}{\sqrt{a}t-\sqrt{-b}} - \dfrac{1}{\sqrt{a}t+\sqrt{-b}}\right)\dfrac{1}{2\sqrt{-b}}$

より

$$I = \dfrac{1}{2\sqrt{-b}}\left(\int \dfrac{1}{\sqrt{a}t-\sqrt{-b}}dt - \int \dfrac{1}{\sqrt{a}t+\sqrt{-b}}dt\right)$$

$$= \dfrac{1}{2\sqrt{-b}}\left(\dfrac{1}{\sqrt{a}}\log(\sqrt{a}t-\sqrt{-b}) - \dfrac{1}{\sqrt{a}}\log(\sqrt{a}t+\sqrt{-b})\right)$$

$$= \dfrac{1}{2\sqrt{-ab}}\log\left|\dfrac{\sqrt{a}t-\sqrt{-b}}{\sqrt{a}t+\sqrt{-b}}\right|.$$

よって

$$= \begin{cases} \dfrac{1}{\sqrt{ab}}\tan^{-1}\left(\sqrt{\dfrac{a}{b}}\tan x\right) & (b>0) \\ \dfrac{1}{2\sqrt{-ab}}\log\left|\dfrac{\sqrt{a}\tan x-\sqrt{-b}}{\sqrt{a}\tan x+\sqrt{-b}}\right| & (b<0). \end{cases} \blacksquare$$

3.5.4 無理関数の不定積分

$R(x,y)$ は x と y の有理関数とする.

(1) $\displaystyle I = \int R\left(x, \sqrt[n]{\dfrac{ax+b}{cx+k}}\right)dx \qquad (ak \neq bc,\ n \geq 2 \text{ は自然数})$

例 3.10 $\displaystyle \int \dfrac{dx}{\sqrt{x}-\sqrt[3]{x}}$

解 $\sqrt[6]{x} = t$ とおく. $x = t^6,\ dx = 6t^5 dt$

$$\int \dfrac{dx}{\sqrt{x}-\sqrt[3]{x}} = \int \dfrac{6t^5}{t^3-t^2}dt = 6\int \left(t^2+t+1+\dfrac{1}{t-1}\right)dt$$

$$= 6\left(\dfrac{t^3}{3}+\dfrac{t^2}{2}+t+\log|t-1|\right)$$

$$= 6\left(\dfrac{\sqrt{x}}{3}+\dfrac{\sqrt[3]{x}}{2}+\sqrt[6]{x}+\log|\sqrt[6]{x}-1|\right). \blacksquare$$

一般に $\sqrt[n]{\dfrac{ax+b}{cx+d}} = t$ とおくと

$$x = \frac{dt^n - b}{a - ct^n}, \quad dx = \frac{n(ad-bc)}{(a-ct^n)^2} t^{n-1} dt.$$

したがって

$$I = \int R\left(x, \sqrt[n]{\frac{ax+b}{cx+d}}\right) dx = \int R\left(\frac{dt^n - b}{a - ct^n}, t\right) \frac{n(ad-bc)}{(a-ct^n)^2} t^{n-1} dt.$$

右辺の被積分関数は有理関数であるから，I は有理関数の積分になる．

直接この例には入らないが，同様な置換積分で計算可能な場合がある．

例 3.11 $\displaystyle \int \frac{x+1}{\sqrt{(x^2+1)^3}} dx$

解 $t = \sqrt{x^2+1}$ とおく．$t^2 = x^2+1$ より $xdx = tdt$

$$\int \frac{x}{\sqrt{(x^2+1)^3}} dx = \int \frac{t}{t^3} dt = \int \frac{1}{t^2} dt = -\frac{1}{t} = -\frac{1}{\sqrt{x^2+1}}.$$

また $\displaystyle \int \frac{dx}{\sqrt{(x^2+1)^3}}$ は $x = \tan\theta$ とおくと $dx = \sec^2\theta d\theta$ を代入して

$$= \int \frac{\sec^2\theta}{\sec^3\theta} d\theta = \int \cos\theta d\theta = \sin\theta = \frac{x}{\sqrt{1+x^2}}.$$

よって

$$\int \frac{x+1}{\sqrt{(x^2+1)^3}} dx = \int \frac{x}{\sqrt{(x^2+1)^3}} dx + \int \frac{dx}{\sqrt{(x^2+1)^3}} = \frac{x-1}{\sqrt{1+x^2}}. \quad \blacksquare$$

(2) $\displaystyle I = \int R(x, \sqrt{ax^2+bx+c}) dx$

例 3.12 (i) $\displaystyle \int \frac{dx}{\sqrt{x^2+\alpha}}$ (ii) $\displaystyle \int \sqrt{x^2+\alpha} dx$ （ただし $\alpha \neq 0$ 定数）

解 (i) $\sqrt{x^2+\alpha} = t - x$ とおくと $\displaystyle x = \frac{t^2-\alpha}{2t}$

$$\sqrt{x^2+\alpha} = \frac{t^2+\alpha}{2t}, \quad dx = \frac{t^2+\alpha}{2t^2} dt.$$

したがって

$$I = \int \frac{dx}{\sqrt{x^2+\alpha}} = \int \frac{dt}{t} = \log\left|x+\sqrt{x^2+\alpha}\right|.$$

(ii) 部分積分と (i) の結果を用いると

$$\begin{aligned}I &= \int \sqrt{x^2+\alpha}\,dx = x\sqrt{x^2+\alpha} - \int \frac{x^2}{\sqrt{x^2+\alpha}}dx \\ &= x\sqrt{x^2+\alpha} - \int \frac{x^2+\alpha}{\sqrt{x^2+\alpha}}dx + \int \frac{\alpha}{\sqrt{x^2+\alpha}}dx \\ &= x\sqrt{x^2+\alpha} - \int \sqrt{x^2+\alpha}\,dx + \alpha\log\left|x+\sqrt{x^2+\alpha}\right|.\end{aligned}$$

移項して

$$2I = x\sqrt{x^2+\alpha} + \alpha\log\left|x+\sqrt{x^2+\alpha}\right|.$$

よって

$$I = \frac{1}{2}\left(x\sqrt{x^2+\alpha} + \alpha\log\left|x+\sqrt{x^2+\alpha}\right|\right). \quad \blacksquare$$

一般に $I = \int R\!\left(x, \sqrt{ax^2+bx+c}\right)dx$ については次のようになる．

(2-1) $a>0$ ならば $\sqrt{ax^2+bx+c} = t - \sqrt{a}\,x$ とおく．このとき

$$x = \frac{t^2-c}{2\sqrt{a}\,t+b}, \quad dx = \frac{2(\sqrt{a}\,t^2+bt+\sqrt{a}\,c)}{(2\sqrt{a}\,t+b)^2}dt.$$

したがって $\int R\!\left(x, \sqrt{ax^2+bx+c}\right)dx$

$$= \int R\!\left(\frac{t^2-c}{2\sqrt{a}\,t+b}, \frac{\sqrt{a}\,t^2+bt+\sqrt{a}\,c}{2\sqrt{a}\,t+b}\right)\frac{2(\sqrt{a}\,t^2+bt+\sqrt{a}\,c)}{(2\sqrt{a}\,t+b)^2}dt.$$

右辺は t の有理関数の積分である．

問 3.7 例 3.11 の $\displaystyle\int \frac{x+1}{\sqrt{(x^2+1)^3}}dx$ をこの方法で計算せよ．

(2-2) $a<0$ ならば $ax^2+bx+c=0$ が相異なる 2 実数解 α, β $(\alpha<\beta)$ をもつ場合を考えればよい．このとき

$$\sqrt{ax^2+bx+c} = \sqrt{-a}(x-\alpha)\sqrt{\frac{\beta-x}{x-\alpha}} \quad \text{または} \quad \sqrt{-a}(\beta-x)\sqrt{\frac{x-\alpha}{\beta-x}}.$$

そこで $\sqrt{\dfrac{\beta-x}{x-\alpha}} = t \left(\text{または} \sqrt{\dfrac{x-\alpha}{\beta-x}} = t\right)$ とおけば，I は t の有理関数の積分に帰着する．

例 3.13 $I = \displaystyle\int \frac{dx}{\sqrt{2+x-x^2}}$

解

$$\frac{1}{\sqrt{2+x-x^2}} = \frac{1}{\sqrt{(x+1)(2-x)}} = \sqrt{\frac{2-x}{x+1}} \frac{1}{2-x}.$$

$\sqrt{\dfrac{2-x}{x+1}} = t$ とおくと

$$x = \frac{2-t^2}{1+t^2}, \quad dx = \frac{-6t}{(1+t^2)^2} dt.$$

また $\dfrac{1}{2-x} = \dfrac{1+t^2}{3t^2}$．よって

$$I = \int \sqrt{\frac{2-x}{x+1}} \frac{1}{2-x} dx = \int t \frac{1+t^2}{3t^2} \frac{-6t}{(1+t^2)^2} dt = -\int \frac{2}{1+t^2} dt$$
$$= -2\tan^{-1} t = -2\tan^{-1}\sqrt{\frac{2-x}{x+1}}.$$

別解 $(x+1)(2-x) = \left(\dfrac{3}{2}\right)^2 - \left(x-\dfrac{1}{2}\right)^2$ そこで $t = x - \dfrac{1}{2}$ とおくと

$$I = \int \frac{dt}{\sqrt{\left(\dfrac{3}{2}\right)^2 - t^2}} = \sin^{-1}\frac{2t}{3} = \sin^{-1}\frac{2x-1}{3}.$$

不定積分の解が二つあれば，その差は定数に等しい．したがって上の二つの解 $-2\tan^{-1}\sqrt{\dfrac{2-x}{x+1}}$，$\sin^{-1}\dfrac{2x-1}{3}$ は積分法の違いによる差異であるが

$$-2\tan^{-1}\sqrt{\frac{2-x}{x+1}} - \sin^{-1}\frac{2x-1}{3} = c \quad (\text{定数}) \tag{3.39}$$

となる．実際左辺を微分すれば，次式が成り立つ

$$\left(-2\tan^{-1}\sqrt{\frac{2-x}{x+1}} - \sin^{-1}\frac{2x-1}{3}\right)' = \frac{1}{\sqrt{2+x-x^2}} - \frac{1}{\sqrt{2+x-x^2}} = 0.$$

(3.39) で，いま主値だけ考えると，$x \to -1+0$ とすれば

$$c = -2 \cdot \frac{\pi}{2} - \left(-\frac{\pi}{2}\right) = -\frac{\pi}{2}.$$

よって

$$-2\tan^{-1}\sqrt{\frac{2-x}{x+1}} = \sin^{-1}\frac{2x-1}{3} - \frac{\pi}{2}. \quad \blacksquare$$

問 3.8 例 3.5 の積分 $\displaystyle\int \frac{dx}{\sqrt{x+2-x^2}}$ を変数変換 $\sqrt{\dfrac{x+1}{2-x}} = t$ によって t の有理関数の積分に帰着させ，積分を計算せよ．

問 3.9　(1) $\displaystyle\int \frac{dx}{1-x^2}$　(2) $\displaystyle\int \frac{dx}{1-x^4}$　(3) $\displaystyle\int \cot x\, dx$

(4) $\displaystyle\int \tan x\, dx$　(5) $\displaystyle\int \frac{\cos x}{1+2\sin x}dx$　(6) $\displaystyle\int \frac{e^x-1}{e^x+1}dx$

(7) $\displaystyle\int x\log x\, dx$　(8) $\displaystyle\int \frac{\log x}{x^2}dx$　(9) $\displaystyle\int \frac{x}{\sqrt{1-x}}dx$

§3.6　広義積分

ここでは $f(x)$ が有界区間 $[a, b]$ 上で有界である場合についてのみ，積分可能性を定義してきた．今度は $f(x)$ が $[a, b]$ 内に不連続点をもち，その点の近傍では非有界な場合[8]，あるいは無限区間 $(-\infty, a]$ とか $[b, \infty)$ のような場合にも，その上で定義された関数について積分可能性の定義を拡大することによって，広義の定積分を導入しよう．これらの積分を一括して**広義積**

---

[8] この点を被積分関数の**特異点**という．

分とよぶ．

簡単のため $f(x)$ は $[a, b)$ で連続, $x=b$ の近傍では非有界と仮定する．$\varepsilon > 0$ をどんなに小さくとっても $f(x)$ は $[a, b-\varepsilon]$ で連続であるから, $[a, b-\varepsilon]$ 上では積分可能である．いまもし極限

$$\lim_{\varepsilon \to +0} \int_a^{b-\varepsilon} f(x)dx = J \tag{3.40}$$

が存在するならば[9]，$f(x)$ は $[a, b]$ 上で積分可能 (広義積分可能) であるといい，極限値

$$J = \int_a^b f(x)dx \tag{3.41}$$

を $[a, b]$ における $f(x)$ の定積分とよぶ．$\int_a^b f(x)dx$ は**広義積分**である．$f(x)$ が $(a, b]$ で連続な場合も極限

$$\lim_{\varepsilon \to +0} \int_{a+\varepsilon}^b f(x)dx$$

が存在すれば，同様に広義積分

$$\int_a^b f(x)dx = \lim_{\varepsilon \to +0} \int_{a+\varepsilon}^b f(x)dx$$

が定義される．さらには $f(x)$ が (a, b) 上の連続関数のとき，極限

$$\lim_{\varepsilon \to +0, \varepsilon' \to +0} \int_{a+\varepsilon}^{b-\varepsilon'} f(x)dx \tag{3.42}$$

が存在すれば，同様に広義積分が

$$\int_a^b f(x)dx = \lim_{\varepsilon \to +0, \varepsilon' \to +0} \int_{a+\varepsilon}^{b-\varepsilon'} f(x)dx \tag{3.43}$$

と定義される．

---

[9] このとき $\int_a^b f(x)dx$ は**収束する**という．極限が存在しなければ**発散する**という．

例 3.14 $a>0$ のとき $\displaystyle\int_0^a \frac{1}{\sqrt{a^2-x^2}}dx$ を求めよ．

解 $f(x)=\dfrac{1}{\sqrt{a^2-x^2}}$ は $[0,a)$ で連続であり，$\varepsilon>0$ を十分小さくとれば

$$\int_0^{a-\varepsilon} \frac{1}{\sqrt{a^2-x^2}}dx = \left[\sin^{-1}\frac{x}{a}\right]_0^{a-\varepsilon} = \left\{\sin^{-1}\left(1-\frac{\varepsilon}{a}\right)-\sin^{-1}0\right\}$$
$$= \sin^{-1}\left(1-\frac{\varepsilon}{a}\right).$$

したがって

$$\lim_{\varepsilon\to +0}\int_0^{a-\varepsilon}\frac{1}{\sqrt{a^2-x^2}}dx = \lim_{\varepsilon\to +0}\sin^{-1}\left(1-\frac{\varepsilon}{a}\right) = \sin^{-1}1 = \frac{\pi}{2}.$$

ゆえに，

$$\int_0^a \frac{1}{\sqrt{a^2-x^2}}dx = \frac{\pi}{2}. \qquad\blacksquare$$

例 3.15 (1) $J=\displaystyle\int_0^1 \frac{dx}{x^\alpha}$ ($\alpha>0$) の収束，発散を調べよ．

(2) α,β は正の定数で $\alpha>\beta-1$ を満たすとき，広義積分

$$\int_0^1 \frac{\sin x^\alpha}{x^\beta}dx$$

が収束することを示せ．

解 (1) $\dfrac{1}{x^\alpha}$ は $x=0$ の近傍で ∞，すなわち非有界だから $x=0$ は特異点である．$\alpha\neq 1$ ならば

$$J=\lim_{h\to +0}\int_h^1 \frac{dx}{x^\alpha}=\lim_{h\to +0}\left[\frac{x^{1-\alpha}}{1-\alpha}\right]_h^1=\lim_{h\to +0}\frac{1-h^{1-\alpha}}{1-\alpha}$$
$$=\begin{cases}\dfrac{1}{1-\alpha} & (\alpha<1)\\ +\infty & (\alpha>1).\end{cases}$$

したがって積分は $\alpha<1$ ならば収束，$\alpha>1$ ならば発散．$\alpha=1$ では

$$\lim_{h\to +0}\int_h^1 \frac{dx}{x} = \lim_{h\to +0}[\log x]_h^1 = +\infty.$$

だから積分は発散．以上をまとめると，$0<\alpha<1$ ならば $\int_0^1 \frac{dx}{x^\alpha}$ は収束，$\alpha\geq 1$ ならば発散である．

(2) $\lim_{x\to +0}\frac{\sin x}{x}=1$ よりある定数 $C, c>0$ があって

$$c \leq \frac{\sin x}{x} \leq C, \quad 0<x\leq 1 \tag{3.44}$$

が成り立つ．ゆえに $x^{-\beta}=x^{-\alpha}\cdot x^{\alpha-\beta}$ に注意すると，

$$cx^{\alpha-\beta} \leq \frac{\sin x^\alpha}{x^\beta} \leq Cx^{\alpha-\beta},$$
$$c\int_h^1 x^{\alpha-\beta}dx \leq \int_h^1 \frac{\sin x^\alpha}{x^\beta}dx \leq C\int_h^1 x^{\alpha-\beta}dx \quad (h>0). \tag{3.45}$$

仮定から $\beta-\alpha<1$，よって (1) より，$h\to 0$ の極限をとると，$\lim_{h\to +0}\int_h^1 \frac{\sin x^\alpha}{x^\beta}dx$ は有界である．また，$\int_h^1 \frac{\sin x^\alpha}{x^\beta}dx$ は $h=\frac{1}{n}$ とおけば，n について単調増加で上に有界であるから，広義積分 $\int_0^1 \frac{\sin x^\alpha}{x^\beta}dx$ は存在し，値は $C\int_0^1 x^{\alpha-\beta}dx$ と $c\int_0^1 x^{\alpha-\beta}dx$ の間に存在する．■

広義積分 $\int_a^b f(x)dx$ と通常の定積分 $\int_a^b f(x)dx$ とは定義が異なることに注意しなければならない．いま $f(x)$ が $[a, b]$ において連続であるとき定積分 $\int_a^b f(x)dx$ が定義されたが，$f(x)$ の定義域を (a, b) に限定すると，この積分は広義積分である．$a<c<b$ である点 c を固定するとき $\int_c^x f(t)dt = F(x)$ は部分閉区間 $[c, b]$ 上の定積分として連続であったから

$$\lim_{x\to b-0}\int_c^x f(t)dt = \lim_{x\to b-0}(F(x)-F(c)) = F(b)-F(c) = \int_c^b f(t)dt.$$

同様に

$$\lim_{x\to a+0}\int_x^c f(t)dt = \int_a^c f(t)dt.$$

よって

$$\lim_{x\to a+0, x'\to b-0}\int_x^{x'} f(t)dt = \lim_{x\to a+0}\int_x^c f(t)dt + \lim_{x'\to b-0}\int_c^{x'} f(t)dt$$
$$= \int_a^c f(t)dt + \int_c^b f(t)dt = \int_a^b f(x)dx.$$

すなわち広義積分 $\int_a^b f(x)dx$ と，通常の積分 $\int_a^b f(x)dx$ は一致する．言いかえれば**広義積分は有界閉区間上の通常の積分の拡張である**．

次に $f(x)$ が無限区間 $[a, \infty)$ で連続な場合の広義積分を定義しよう．$\int_a^x f(t)dt$ は連続関数として任意の $x>a$ について確定しているが，もし極限

$$\lim_{x\to\infty}\int_a^x f(t)dt$$

が存在しているならば，これを a から ∞ までの定積分とよび $\int_a^\infty f(x)dx$ と表す．同様に $(-\infty, b]$ 上の連続関数 $f(x)$ についても広義積分

$$\int_{-\infty}^b f(x)dx = \lim_{x\to -\infty}\int_x^b f(t)dt$$
$$\int_{-\infty}^\infty f(x)dx = \lim_{x\to -\infty, x'\to +\infty}\int_x^{x'} f(t)dt$$

なども，右辺の極限が存在すれば同様に左辺の広義積分が定義される．

例 3.16 $J = \int_1^\infty \dfrac{1}{x^\alpha}dx$ $(\alpha>0)$ の収束，発散を調べよ．

解 $\alpha \neq 1$ ならば

$$J = \lim_{x\to\infty}\int_1^x \frac{1}{t^\alpha}dt = \lim_{x\to\infty}\left[\frac{t^{1-\alpha}}{1-\alpha}\right]_1^x = \lim_{x\to\infty}\frac{x^{1-\alpha}-1}{1-\alpha} = \begin{cases} \dfrac{-1}{1-\alpha} & (\alpha>1) \\ +\infty & (0<\alpha<1). \end{cases}$$

$\alpha=1$ では $\displaystyle\lim_{x\to\infty}\int_1^x \frac{1}{t}dt = \lim_{x\to\infty}[\log t]_1^x = +\infty$. 以上をまとめると, $0<\alpha\leq 1$ ならば J は発散, $\alpha>1$ ならば収束である. ∎

例 3.15 より, 特に $\alpha=1, 0<\beta<2$ とすれば広義積分 $\displaystyle\int_0^1 \frac{\sin x}{x^\beta}dx$ は収束する. したがって, 広義積分

$$\int_0^1 \frac{\sin x}{\sqrt{x}}dx \tag{3.46}$$

が存在する. また, $\sqrt{x}=t$ と変数変換した広義積分は

$$\int_0^1 \frac{\sin x}{\sqrt{x}}dx = \int_0^1 \frac{\sin t^2}{t}2t\,dt = 2\int_0^1 \sin t^2\,dt$$

となる. ちなみに, 次式で定義される関数 $S(x)\ (0\leq x<\infty)$

$$S(x) = \int_0^x \sin\left(\frac{\pi}{2}t^2\right)dt \tag{3.47}$$

はフレネル積分を定義する.

定理 3.18 (コーシーの判定法) $F(x)$ は $[a,+\infty)$ で連続な関数とする. このとき $\displaystyle\lim_{x\to\infty}F(x)$ が収束するための必要十分条件は, 任意の $\varepsilon>0$ を与えたとき, ある定数 $L>0$ があって $L<x, x'$ ならば, 常に

$$|F(x)-F(x')|<\varepsilon \tag{3.48}$$

が成立することである.

証明はあとまわし[10]にして, 連続関数 $f(x)\ (a\leq x<+\infty)$ に対する広義

---

[10] 巻末の付録 A.2 節.

積分 $\int_a^\infty f(x)dx$ の収束性を見るため

$$F(x) = \int_a^x f(t)dt$$

として上の定理を活用したい．次の定理が成り立つ．

定理 3.19 $f(x)$ は $[a, \infty)$ 上の連続関数とする．このとき広義積分 $\int_a^\infty |f(x)|dx$ が収束すれば[11] $\int_a^\infty f(x)dx$ も収束し，次の不等式が成り立つ．

$$\left| \int_a^\infty f(x)dx \right| \leq \int_a^\infty |f(x)|dx. \tag{3.49}$$

証明

$$F(x) = \int_a^x f(t)dt, \quad G(x) = \int_a^x |f(t)|dt$$

とする．$\lim_{x \to +\infty} G(x)$ は仮定より有限確定であるから，$\varepsilon > 0$ を任意に与えると，ある $L > 0$ を選ぶとき，L より大きい任意の x, x' について ($x < x'$ としておく) コーシーの判定法 (定理 3.18) より

$$|G(x) - G(x')| < \varepsilon$$

が成立している．このことを積分で表すと

$$L < x < x' \implies \int_x^{x'} |f(t)|dt < \varepsilon.$$

ここで有限区間 $[x, x']$ における連続関数の性質

$$\left| \int_x^{x'} f(t)dt \right| \leq \int_x^{x'} |f(t)|dt \tag{3.50}$$

を用いると左辺は $|F(x') - F(x)|$ に等しいから，結局 $x, x' (x < x') > L$ である任意の x, x' について

---

[11] $\int_a^\infty f(x)dx$ はこのとき絶対収束するという．

$$|F(x')-F(x)|\leq G(x')-G(x)<\varepsilon$$

が成り立つ．よって定理 3.18 より広義積分 $\lim_{x\to\infty}F(x)=\int_a^\infty f(x)dx$ が存在し，(3.50) 式で $x=a$ として $x'\to+\infty$ とすれば不等式

$$\left|\int_a^\infty f(t)dt\right|\leq\int_a^\infty |f(t)|dt$$

が成立する． □

例 3.17 $\beta>0$ のとき広義積分 $\int_1^\infty \dfrac{\sin x}{x^\beta}dx$ は収束することを示せ．

解 $M>1$ に対して部分積分を用いて

$$\int_1^M \frac{\sin x}{x^\beta}dx = \left[-\frac{\cos x}{x^\beta}\right]_1^M - \beta\int_1^M \frac{\cos x}{x^{\beta+1}}dx$$
$$\longrightarrow \cos 1 - \beta\int_1^\infty \frac{\cos x}{x^{\beta+1}}dx \quad (M\to\infty).$$

$\left|\dfrac{\cos x}{x^{\beta+1}}\right|\leq x^{-(\beta+1)}$ であるから，例 3.16 と定理 3.19 から，広義積分 $\int_1^\infty \dfrac{\cos x}{x^{\beta+1}}dx$ は絶対収束する．よって上の定理から，広義積分 $\int_1^\infty \dfrac{\sin x}{x^\beta}dx$ は収束する． ■

ここでも変換 $\sqrt{x}=t$ により広義積分 $\int_1^\infty \dfrac{\sin x}{\sqrt{x}}dx = 2\int_1^\infty \sin t^2 dt$ は収束するから，(3.46) と併せて**フレネル積分**

$$S(\infty)=\int_0^\infty \sin\left(\frac{\pi}{2}t^2\right)dt \tag{3.51}$$

の収束は保証されたことになる．

定理 3.20 関数 $S(x)$ は $(-\infty,\infty)$ で存在する．

証明 今までの議論より，$S(x)$ が $[0,\infty)$ で存在するのは明らか．$S(-x)=\int_0^{-x}\sin\left(\dfrac{\pi}{2}t^2\right)dt$ において t を $-t$ に置き換えると

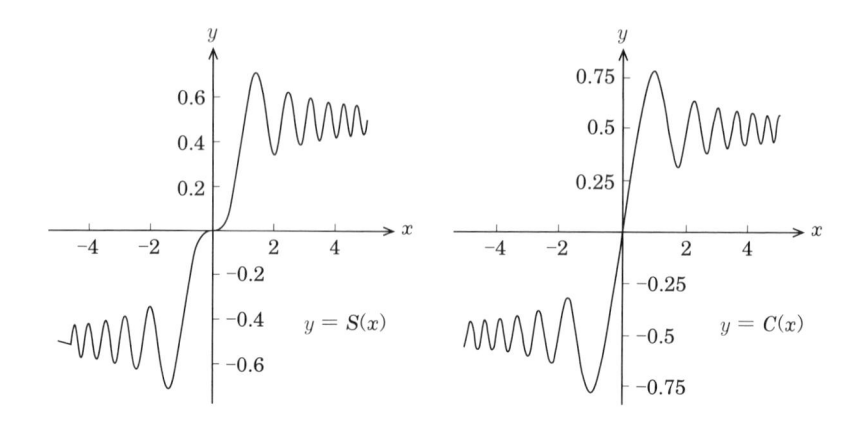

図 **3.9** $S(x)$, $C(x)$ のグラフ (大竹知代氏，山岸友里矢氏の協力による).

$$S(-x) = -\int_0^x \sin\left(\frac{\pi}{2}t^2\right)dt = -S(x).$$

ゆえに，$S(x)$ は $(-\infty, \infty)$ で存在する． □

さて，もう一つの関数 $C(x)$ を定義しよう．

$$C(x) = \int_0^x \cos\left(\frac{\pi}{2}t^2\right)dt, \quad -\infty < x < \infty,$$

$C(x)$ についても定理 3.20 と同様のことが成り立つ．

問 3.10 (原子核の平均寿命) 原子核の平均寿命 τ は，崩壊定数 $\lambda > 0$ [12]を用いて $\tau = \lambda \int_0^\infty t e^{-\lambda t} dt$ によって表される．これを求めよ．

問 3.11 (1) $\int_0^1 (\log x)^n dx$ (2) $\int_0^\infty x^n e^{-x} dx$ (3) $\int_0^{\pi/2} \tan x\, dx$

§3.7　広義積分と現象 (続 曲線の曲がり度)

2 章 11 節で取り上げた，線路や道路の曲率と安全運転の関連について，大きな曲率円の部分の前後に設けられている緩和区間についてとりあげ，それ

---

[12] 第 3 章演習問題 1 を参照.

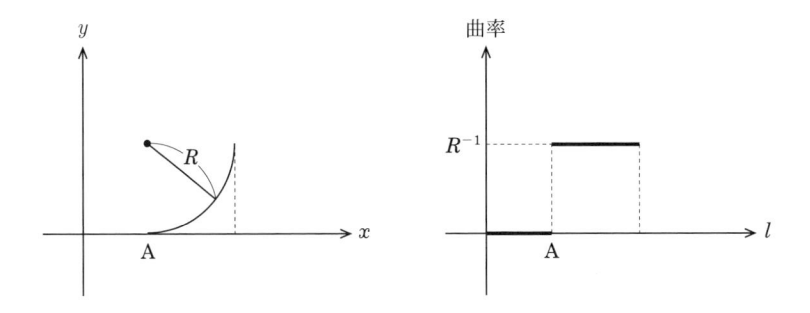

図 3.10

が車両の運行にどのように関わっているのかについて数学的に考察をすることで，より詳しくカーブにおける安全運行のメカニズムについて数理的に考えてみることにする．

l (= 原点から曲線に沿って測った長さ) をパラメタにもつ $x(l)$, $y(l)$ が，

$$x(l) = \int_0^l \cos\frac{\theta^2}{2} d\theta, \quad y(l) = \int_0^l \sin\frac{\theta^2}{2} d\theta \tag{3.52}$$

で与えられているとき，点 $(x(l), y(l))$ によって描かれる曲線のことを**クロソイド曲線**とよぶ．$x(l)$, $y(l)$ は関数 $C(x), S(x)$ の特別な場合であるので，前節の結果より，それぞれの値は $-\infty < l < +\infty$ で存在する．

高速道路において直線区間から円弧区間に直接つながっているようなコースでは，その境目において急激なハンドル操作をしなくてはならない．例えば図 3.10 (左) のコースに沿って車を運転すると仮定しよう．いま車のハンドルの回転の大きさを，真っ直ぐ走っている車のハンドル位置から (右または左に) の角度 θ で表すと，直線区間では常に $\theta = 0$ で，円弧区間ではずっと同じある角度 $\theta \neq 0$ を保つように運転するため，点 A を通過した直後に $\theta = 0$ から円弧に合わせた $\theta \neq 0$ へと急激なハンドル操作を強いられる．したがって，そのようなハンドル操作は車を不安定な状態に陥らせる．

実際このことを数学の言葉に置きなおすと，図 3.10 (左) においては直線が半径 R の円弧と点 A で連続につながっている．しかし，縦軸を曲率にと

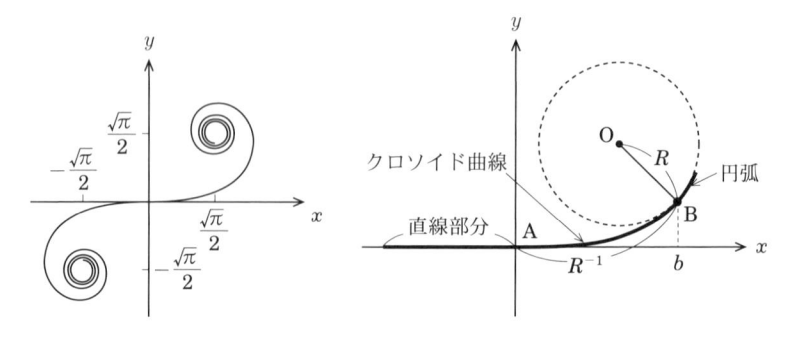

図 3.11 (左) クロソイド曲線, (右) クロソイド曲線と円弧の連結 (左図は, 大竹知代氏, 山岸友里矢氏の協力による).

り横軸に原点からこのコースに沿って測った長さ l をとると, 直線は曲率 0, 円弧は曲率正で一定であるので, 点 A で不連続になっていて (図 3.10 (右)), 曲率に合わせてハンドル切ると急激な操作となるのである.

こういったハンドル操作や速度変化は, 渋滞や事故誘発, ひいてはエネルギー消費を増大させる原因となる. そのため, 高速道路や鉄道では, 直線区間と円弧区間を緩和曲線と呼ばれるなだらかな曲線でつなぐことで, 上の**負の要因**を緩和し, より快適で安全な運転ができる配慮がされている. このような緩和区間の設計は, クロソイド曲線に沿って行われるのが最も適切であるとされている理由を考えてみたい.

まずクロソイド曲線の曲率を求めてみよう.

$$\dot{x}(l) = \cos\frac{l^2}{2}, \quad \ddot{x}(l) = -l\sin\frac{l^2}{2} \tag{3.53}$$

$$\dot{y}(l) = \sin\frac{l^2}{2}, \quad \ddot{y}(l) = l\cos\frac{l^2}{2}. \tag{3.54}$$

これより $\dfrac{dy}{dx}$ と $\dfrac{d^2y}{dx^2}$ を求めると

$$\frac{dy}{dx} = \frac{\dot{y}(l)}{\dot{x}(l)} = \frac{\sin\dfrac{l^2}{2}}{\cos\dfrac{l^2}{2}}, \quad \frac{d^2y}{dx^2} = \frac{d}{dx}\frac{\dot{y}(l)}{\dot{x}(l)} = \frac{l}{\cos^3\dfrac{l^2}{2}} \tag{3.55}$$

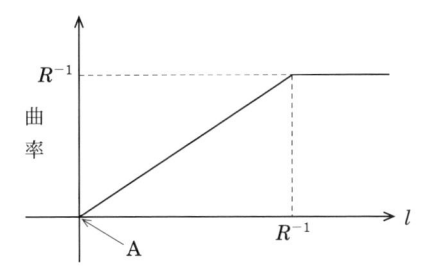

図 **3.12** クロソイド曲線と円弧が連結している場合の曲率の変化.

となるので，クロソイド曲線の曲率半径は

$$\frac{\left(1+\dfrac{\sin^2\dfrac{l^2}{2}}{\cos^2\dfrac{l^2}{2}}\right)^{3/2}}{\dfrac{l}{\cos^3\dfrac{l^2}{2}}}=l^{-1} \tag{3.56}$$

より，クロソイド曲線の曲率は l である．l は弧長 (原点から曲線に沿って測った長さ) であったから，曲線に沿って原点から遠ざかるにつれて一定の値 l で曲率は大きくなることがわかる．

問 3.12 (3.53)～(3.55) を計算せよ．

図 3.11 (右) では直線が点 A(0,0) でクロソイド曲線に接続し，点 B で円 O の円弧と接続するようなコースを考えている．さらに点 B でクロソイド曲線の曲率がちょうど円 O の曲率と等しくなるように，いいかえれば $l=R^{-1}$ となるようにすれば，点 A でクロソイド曲線の曲率は 0 だから，点 A と B で曲率が連続的につながり，その間はこのコースに沿って一定の割合で曲率は変化していることがわかる (図 3.12 参照).

このことを実際の運転におきなおせば，直線コースから点 A を通過した直後から，角速度一定でハンドルを回転させ続けていき，点 B に達したときにちょうど円 O の曲率にあったハンドルの回転角度に移行できているわ

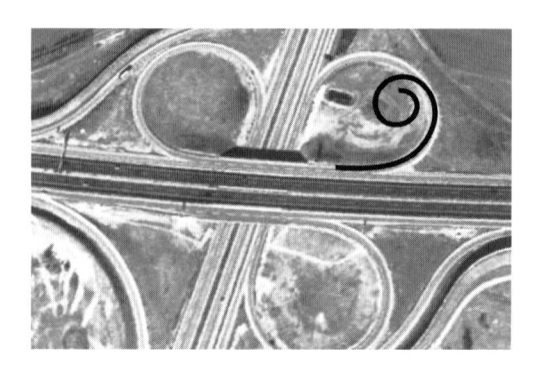

図 **3.13** ドイツミュンヘン近郊のインターチェンジ (太い実線はクロソイド曲線, ⓒGoogle.)

けである．

　以上が，緩和区間をクロソイド曲線によって作るのが最も適しているとされる理由である．その他にも，クロソイド曲線は曲率が穏やか変化するため，曲率一定の円弧コースにくらべ見通しがよいことや，曲率の急激な変化はわれわれに大きな遠心力をもたらすが，クロソイド曲線はそういった負の要因を緩和する利点がある．

　このように緩和区間は，円弧区間に進入する前に無理なく車両の運行状況を調整をするために用意されたものであるはずなのに，宝塚の事故では，ここですでに車両は大きく左傾し，右側の車輪が浮き上がっていたと推測され，そのまま円弧区間に近づき，ついに事故に至ったと考えられる．

§3.8　血液の流れ

　血管内での血流は層流と乱流に大別される．生理的条件下では血流は血管系の多くの部位で層流となる．すなわち血管を長い円筒とみなしたとき，中心軸に平行に血液が流れている状態をさす．特に細い血管内の流れなど常に一定の層流だと仮定できる場合には，数理モデルを用いることにより，それにともなう生体現象が簡単な微積分を用いて説明される．

3.8.1 血液流の数理モデル

ポアズイユ[13]によって提案された血液の流れについての数理モデルについて考えてみたい．血管は半径 R 長さ l の円筒状であり，血液の流れが常に一定の層流であると仮定するとき

$$v = \frac{P}{4\eta l}(R^2 - r^2) \tag{3.57}$$

v は血液の速度，　η は血液の粘性，　P は血管の両端の圧力の差，

R は血管の半径，　l は血管の長さ

が成り立つ．$v = v(r)$ は血管の中心軸からの断面方向の距離 r の関数であり，r が R に近づくに従い血液の速度は式が示すように放物線に従って小さくなっていく．すなわち血管壁に近づくに従い血液の流れは次第に遅くなる．以後，これを**ポアズイユのモデル**とよぶ．

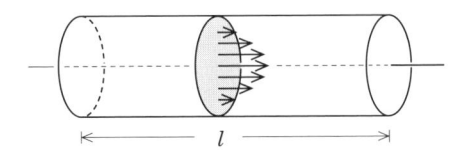

図 3.14

例 3.18 毛細血管における血流の速度を求めよ．ただし

$\eta = 0.03 \text{ dyn·s/cm}^2$, 　$R = 0.0005 \text{ cm}$, 　$l = 0.05 \text{ cm}$, 　$P = 4000 \text{ dyn/cm}^2$

とする．

解　ポアズイユのモデル (3.57) より

$$v = \frac{4000}{4(0.03)0.05}(2.5 \times 10^{-7} - r^2) \approx 6.7 \times 10^5 (2.5 \times 10^{-7} - r^2).$$

$r = 0$ すなわち血管の中心軸における血流は

---

[13] Jean Louis Marie Poiseuille はフランスの物理学，生理学者．

$$v(r=0) \approx 0.17 \text{ cm/s}$$

$r=0.0003$ すなわち血管の中心軸から放射状に 0.0003 cm 離れたところでは

$$v(r=0.0003) \approx 0.11 \text{ cm/s}$$

の速度で流れる． ■

問 3.13 ポアズイユのモデルより，r と v の関係を図示し，r の変化にともない血液の速度が放物線に沿って変化することを確かめよ．

3.8.2 速度勾配

r の変化に伴う血流の速度変化について考えてみよう．r が r_1 から r_2 に変化したときの，速度の平均変化率は

$$\frac{\Delta v}{\Delta r} = \frac{v(r_2)-v(r_1)}{r_2-r_1}$$

で与えられるので，Δr を 0 に近づけると

$$\lim_{\Delta r \to 0} \frac{\Delta v}{\Delta r} = \frac{dv}{dr} = -\frac{Pr}{2\eta l} \tag{3.58}$$

を得る．ここで $\dfrac{dv}{dr}$ を速度勾配とよび，血管の中心軸 $r=0$ において 0，$r=R$ においてその絶対値が最大になる．

例 3.19 $r=0.0003$ における速度勾配は

$$\left.\frac{dv}{dr}\right|_{r=0.0003} = -\frac{4000(0.0003)}{2(0.03)0.05} \approx -400 \text{ (cm/s)/cm.}$$

3.8.3 単位時間あたりの流量

さて，単位時間あたりの流量を求めるため，上記モデルを断面で積分することで

$$Q = \int_0^R 2\pi r v(r) dr = \int_0^R \frac{\pi r P}{2\eta l}(R^2-r^2)dr = \frac{\pi P}{2\eta l}\left(\frac{R^4}{2}-\frac{R^4}{4}\right) = \frac{\pi P}{8\eta l}R^4 \tag{3.59}$$

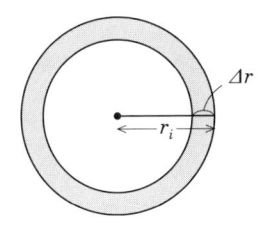

図 **3.15**

を得る．この式は流量を表す**ハーゲン–ポアズイユの式**[14]と呼ばれ，Q は流量を表す．ここで，なぜ Q がこのように表されるかについて積分の定義に従って考えてみたい．実際，半径 R を等間隔に等分する．内径 r_{i-1} 外径 r_i の同心円を考えるときその面積は，$\Delta r = r_i - r_{i-1}$ とおくとき

$$\pi r_i^2 - \pi(r_i - \Delta r)^2 = 2\pi r_i \Delta r - \pi(\Delta r)^2 \approx 2\pi r_i \Delta r.$$

図 3.15 で示した領域では速度 $v(r)$ は一定であるとみなすと，単位時間あたりの流量の近似値は

$$\sum_{i=1}^{n} 2\pi r_i v(r_i) \Delta r$$

となる．$n \to \infty$ のときこの値は求める単位時間あたりの流量に収束するはずである．ゆえに積分の定義により

$$Q = \lim_{n \to \infty} \sum_{i=1}^{n} 2\pi r_i v(r_i) \Delta r = \int_0^R 2\pi r v(r) dr \tag{3.60}$$

と表される．

---

[14] Hagen-Poiseuille equation. ドイツのゴットヒルフ・ハーゲン，フランスのジャン・ポアズイユがそれぞれ独立に発見した．このような流れをハーゲン–ポアズイユ流とよぶことがある．

3.8.4 抵抗

ハーゲン–ポアズイユの式において流量を圧力差で表すと $Q = \left(\dfrac{\pi R^4}{8\eta l}\right) P$. そこで,

$$\Omega = \frac{8\eta l}{\pi R^4} \tag{3.61}$$

とおくと Ω は抵抗を表すと考えられ

$$Q = \frac{1}{\Omega} P$$

が成り立つ．これより，**流量は管の半径の 4 乗に比例し，抵抗は 4 乗に反比例すること**がわかる．したがって，血管の半径は流れに強い影響力を持つ．例えば，血管の半径が 1/2 になれば，血流量は 1/16, 抵抗は 16 倍になる．

例 3.20 血流における抵抗と電気抵抗を比較し，生体現象と物理現象の違いについて考えよ．

解 電気抵抗率 ρ, 断面積 A, 長さ l の物体の電気抵抗は $\Omega = \rho \dfrac{l}{A}$ で与えられるため，物体が血管と同じ半径 R の円筒であるとすると，$A = \pi R^2$ より

電気抵抗は R の 2 乗に反比例する

のに対し，

血流における抵抗が R の 4 乗に反比例し,

血管の半径の方が流れにより強く影響することがわかる．血管の収縮は自律神径によるところが大きく，ちょっとした気持ちの変化が血流や血圧に大きな影響を与えることだろう． ∎

例 3.21 図 3.16 (左) のように血管が角度 θ でより細い血管に枝分かれしているとき $(r_1 > r_2)$, ハーゲン–ポアズイユの式により，$b > 0$ が一定のとき角度 θ と血流の抵抗の関係について調べることにしよう．

(1) まず，2 種類の血管: 半径 r_2 の血管 BC と半径 r_1 の血管 BD, があっ

3.8 血液の流れ 211

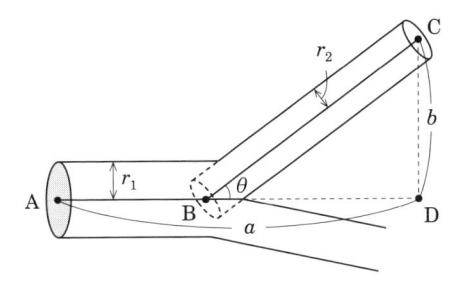

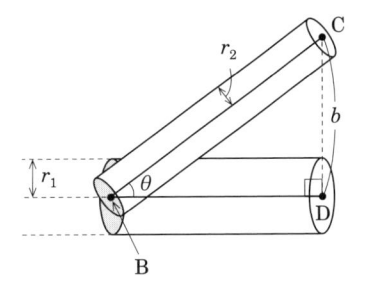

図 **3.16**

てそれぞれの中心軸が図 3.16 (右) のように直角三角形のうちの 2 辺を成す位置関係にあるものとする．それぞれ血液が流れるときの抵抗を考え，それらの差が最小になるような角度 θ を求めよ．

(2) 図 3.16 (左) において血液が ABC を流れるときの全抵抗はいくらか．

(3) (2) の抵抗を最小にする角度 θ を求めよ．

解 (1) 血管の長さは $BC = b\cot\theta$, $BD = b\csc\theta$ だから，ハーゲン–ポアズイユの式から抵抗が $\Omega = C\dfrac{l}{r^4}$ $\left(C = \dfrac{8\eta}{\pi}:\text{定数}\right)$ で与えられるから，2 本の血管の抵抗の差は

$$C\left(\frac{b\csc\theta}{r_2^4} - \frac{b\cot\theta}{r_1^4}\right) = C\left(\frac{b\dfrac{1}{\sin\theta}}{r_2^4} + \frac{-b\dfrac{\cos\theta}{\sin\theta}}{r_1^4}\right) = C\frac{b}{\sin\theta}\left(\frac{1}{r_2^4} - \frac{\cos\theta}{r_1^4}\right)$$

となる．$0 \leq \theta \leq \pi/2$ とするとき，$\sin\theta = t$ とおくと，

$$C\frac{b}{\sin\theta}\left(\frac{1}{r_2^4} - \frac{\cos\theta}{r_1^4}\right) = C\frac{b(r_1^4 - r_2^4\sqrt{1-t^2})}{tr_1^4 r_2^4}, \quad 0 \leq t \leq 1.$$

次に $p(t) = \dfrac{r_1^4 - r_2^4\sqrt{1-t^2}}{t}$ とおくと，

$$p'(t) = \frac{r_2^4 \dfrac{t^2}{\sqrt{1-t^2}} - r_1^4 + r_2^4\sqrt{1-t^2}}{t^2} = \frac{r_2^4 t^2 - r_1^4\sqrt{1-t^2} + r_2^4(1-t^2)}{t^2\sqrt{1-t^2}}$$

$$= \frac{-r_1^4\sqrt{1-t^2}+r_2^4}{t^2\sqrt{1-t^2}}$$

であるから $r_2^4 - r_1^4 \cos\theta = 0$ のとき $p(t)$ は $0 \leq t \leq 1$ において極小となりそこで最小値をとる．すなわち $\cos\theta = \left(\dfrac{r_2}{r_1}\right)^4$ を満たす θ が求めるものである．

(2) 図 3.16 (左) において枝分かれした細い血管を図の点線の部分も含めて考えると，(1) より，ABC を血液が流れるとき全抵抗はほぼ

$$\Omega_{\mathrm{ABC}} = C\left(\frac{a-b\cot\theta}{r_1^4} + \frac{b\operatorname{cosec}\theta}{r_2^4}\right)$$

である．

(3) (2) の結果より $\Omega_{\mathrm{ABC}} = C\dfrac{a}{r_1^4} + C\left(\dfrac{-b\cot\theta}{r_1^4} + \dfrac{b\operatorname{cosec}\theta}{r_2^4}\right)$ だから，(1) より θ が $\cos\theta = \left(\dfrac{r_2}{r_1}\right)^4$ を満たすとき，抵抗 Ω_{ABC} は最小となる． ■

3.8.5 色素希釈法

心臓から送り出される血液の単位時間あたりの流量 Q を求めたい．まず，静脈側から量 A の色素を注入し，動脈側から一定の時間間隔で採血して，その中の色素濃度の変化を記録しグラフに描く．このグラフと時間軸の間に囲まれた部分の面積を求め，

$$\text{面積} \times Q = A$$

の関係を用いて Q を求める方法を**色素希釈法**と呼んでいる．

上の式は数学的にはどのように求められるのだろうか．時間幅 $[0,T]$ において一定の時間間隔 Δt で，心臓を出て行く血液中の色素の濃度を測定するものとする．実際，時間幅 $[0,T]$ を n 等分し，時刻 t_i における色素の濃度を $c(t_i)$ と表すことにする．$\Delta t = t_i - t_{i-1}$ だから時間 Δt の間に心臓を流れ出た色素のおよその流量は

$$c(t_i)(Q\Delta t)$$

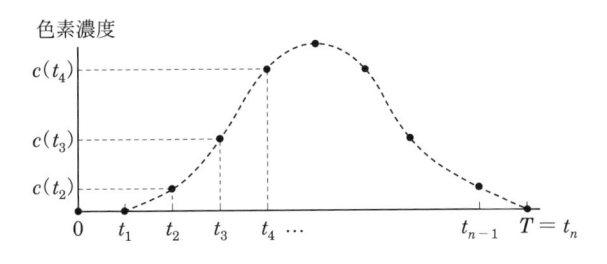

図 3.17

で与えられる．これを足し合わせると

$$\sum_{i=1}^{n} c(t_i)(Q\Delta t) = Q\sum_{i=1}^{n} c(t_i)\Delta t.$$

時間の分割幅を無限に小さくしていく，すなわち $n \to \infty$ とおくと，左辺の値は色素の総量 A に収束し，右辺は積分の定義より

$$A = Q\int_0^T c(t)dt$$

とかけることがわかる．これが求める関係である．これにより，求める単位時間あたりの流量は $Q = \dfrac{A}{\int_0^T c(t)dt}$ で与えられる．

■ 演習問題

1. 放射性物質の崩壊

ラザフォードは，放射性物質のサンプルを測定し，$t=0$ のときの原子核の数を N_0，t 時間後の数を $N(t)$ とし，$\log \dfrac{N'(t)}{N'(0)}$ が原点を通る傾き負の直線上に並ぶことを見つけた．

(1) この直線の傾きを $-\lambda\,(\lambda>0)$[15]とおくとき $N(t)$ を求めよ．

(2) $N(t)$ が次の微分方程式の初期値問題を満たすことを確かめよ．

$$\begin{cases} \dfrac{dN(t)}{dt}=-\lambda N(t) \\ N(0)=N_0. \end{cases}$$

(3) (2) の初期値問題を解いて $N(t)$ を求めよ．

2. 半減期

時刻 t での放射性のある原子数 $N(t)$ の初期値が $N(0)=N_0$ であるとき，この数が半分になるまでにかかる時間のことを，**半減期** $\tau_{1/2}$ とよぶ．

(1) 半減期と崩壊定数および平均寿命の関係を求めよ．

(2) ある放射性物質の崩壊数を調べた．毎分 3600 回の崩壊を観測した 6 時間後には毎分 1080 回だった．この放射性物質の崩壊定数と半減期を求めよ．

3. 基礎代謝モデル

人の一日の基礎代謝率を，

$$R(t)=a-b\cos(\pi(t-5)/12) \qquad (0<b<a,\ 0\le t\le 24)$$

で表す数理モデルを考える．基礎代謝率が最大または最小となる時刻と値，特に $a=85,\ b=0.18$ のとき，一日の基礎代謝を求めよ．

4. 呼吸量モデル

呼吸の吸い込み開始から吐き出し終了までを約 5 秒とする．このとき，時刻 t における肺への空気の流入率を

$$f(t)=c\sin\frac{2\pi}{5}t \qquad (c:正定数,\ 0\le t\le 5)$$

で表す数理モデルを考えるとき，$f(t)$ が最大になる時刻とその量はいくらか．また時刻 t において肺の中の吸い込まれた空気の量はいくらか．

5. 冷却

物体を $\theta_0\,℃$ で熱しておき空気中で冷却する．時刻 t 秒後における温度を $\theta=\theta(t)$ ℃とすれば，次の式が成り立つ．

$$\frac{d\theta}{dt}=-k\theta \qquad (k\text{ は定数})$$

$\theta_0=100\,℃$ のとき，20 秒後に 80 ℃になった．40 秒後には何℃になるか．

---

[15] λ は核種ごとに決まり，崩壊定数と呼ばれている．

6. ウェーバー–フェヒナーの法則

刺激 S に対するわれわれの感覚器官の反応 R を記述する最初の数理モデルは，ドイツ人の生理学者グスタフ・フェヒナーによって提唱され，次の微分方程式で書き表されることがわかっている．

$$\frac{dR}{ds}=\frac{k}{s}.$$

ここで k はある正の定数である．これを満たす $R(s)$ を求めよ．

7. 水平な円管内を平行に流れる流体を考える．円管の中心軸からの断面方向の距離を r とし，流体の速度 $v=v(r)$ が次の微分方程式に従うとき

$$\frac{1}{r}\frac{d}{dr}\left(r\frac{dv}{dr}\right)=-C.$$

これよりポアズイユのモデルを導け．ただし $C(>0)$ は管の長さ，圧力勾配，流体の粘性に依存してきまる定数とする．

8. 薬の最適投与

投与した薬の時刻 t における血中濃度を $C=C(t)$ とするとき

$$\frac{dC(t)}{dt}=-kC(t)$$

が成り立つことが知られている．ここで k は正の定数である．

 (1) 患者に初期投与量 C_0 を与えたとすると，投与後 t 時間後の薬の血中濃度を求めよ．

 (2) 以後，時刻 t_0 ごとに一定量 C_0 を投与していくものとする．時刻 nt_0 後の血中の薬の残余量の総和を求めよ．

9. 残留放射能

ヨウ素 131 は放射性崩壊により，t 日後において $e^{-0.086t}$ 倍になることが知られている．

 (1) ヨウ素 131 の初期量が N_0 であるとき，t 日後の残留量 $N(t)$ を求めよ．

 (2) ヨウ素 131 の半減期を求めよ．

 (3) 毎日一定量 I_0 のヨウ素 131 が新たに蓄積していくものとすると，n 日目のヨウ素 131 の残留量を求めよ．

第4章 偏微分法

§4.1 曲面の上を歩く (2変数関数の連続性,偏微分係数と偏導関数)

2変数関数 $z=f(x,y)$ を考える.これは x と y の値を独立に与えたとき,z の値が関数 f によって定まるということである.

まずは図4.1を見ることから始めよう.これは第1章の始めに見た富士山の,山頂付近の地形図である.ところどころに4桁の小さな数字が記されているが,それらは各地点の標高(海抜何メートルか)を表している.富士山の山頂の標高は3775メートルであるから,だいたいその近くの3千メートル台の数字が書かれている.そして山頂を囲むように何本もの細い線が見えるが,これらが**標高差10メートルごとの等高線**である.すなわち,標高差10メートルごとに同じ高さにある地点を結んだものが等高線である.したがって今,自分のいる地点の xy 座標がわかれば,つまり東経何度,北緯何度かがわかれば,自分の立っている地表面の標高がわかる.

これは2変数関数 $z=f(x,y)$ を表現する典型的な例である.x,y をそれぞれ東経と北緯の度数だとすると,z がそこでの標高を表す.地形図はこの関数を1枚の平面に表現した,ある意味でとても巧みな情報伝達の方法といえよう.

地図上をある方向に進んだとしよう.このとき,等高線を横切れば,等高線の値の差だけ高さを上がる,あるいは下がることになる.3400メートルの等高線を横切るときは標高3400メートルの地点にいるときであり,さらに3410メートルの等高線を横切れば,自然に10メートルの高さを上がったことになる.したがって地図上を一定の距離だけ進むとき,次のことがい

4.1 曲面の上を歩く (2 変数関数の連続性,偏微分係数と偏導関数) 217

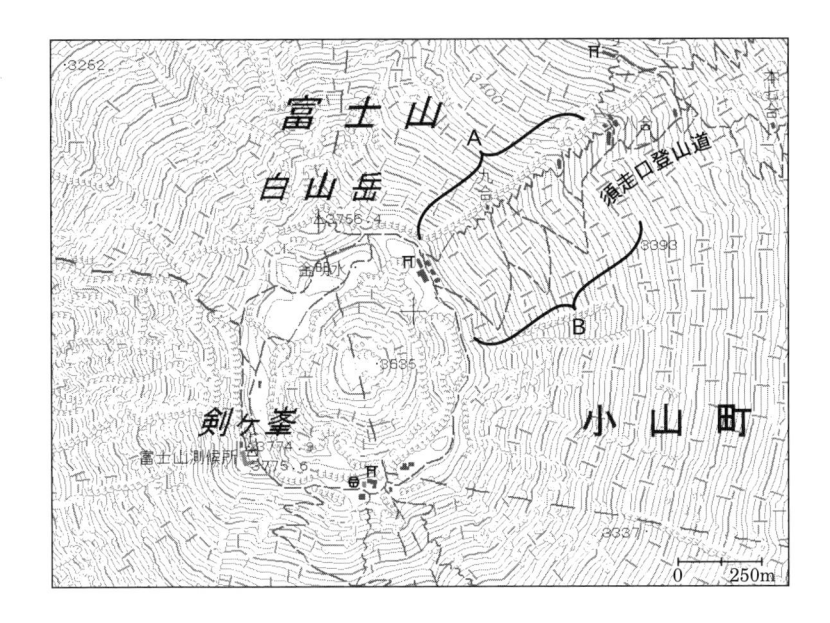

図 **4.1** 富士山の地形図 (国土地理院発行 2 万 5 千分の 1 の地形図より).

える.

> 横切る等高線の数が多いほど勾配が急になり,
> また,等高線の数が少ないほど勾配はなだらか.

以上の観点をふまえて,図 4.1 の右上の方にある須走口登山道に注目しよう.細かなギザギザはあるが等高線とほぼ直交して上っていく道 (図で A の部分) と,その右下に等高線と斜めにぶつかりながら進む大きなジグザグ形をした道 (図で B の部分) がある.今述べたことから,前者の道は,少しの距離で多くの等高線を跨ぐ勾配が急な道であり,後者の道は同じ高さを上がるのに距離を長くとる,前者と比べれば勾配がなだらかな道といえる.

ふつう登山では,勾配が急で短い道は上りに使い,長くて勾配がなだらかな道は下りに使う.したがって須走口からの登山者は,多くが A の道を上

りに使い，Bの道を下り専用に使う．

地図を見ての話がだいぶ長くなってしまったが，ここに出てきた**勾配**，**等高線**というものが実は，この章で学ぶ**偏微分**，**方向微分**，**等位面**といった概念に直結していくのである．

ではまず，2変数関数 $f(x,y)$ の連続性を定義しよう．

定義 4.1 (x,y) と (a,b) の距離が限りなく 0 に近づくに従い，$f(x,y)$ が $f(a,b)$ に限りなく近づくとき，$f(x,y)$ は (a,b) で**連続**という．記号で表せば，

$$\lim_{(x,y)\to(a,b)} f(x,y) = f(a,b).$$

ここで (x,y) と (a,b) の距離とは，x-y 平面での 2 点間の距離 $\sqrt{(x-a)^2+(y-b)^2}$ のことで，lim 記号の下で $(x,y)\to(a,b)$ は，この距離が 0 に近づくことを意味する．

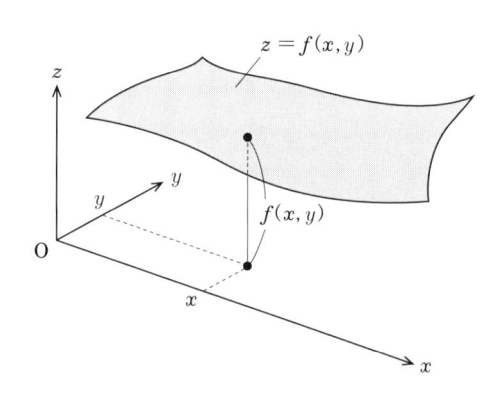

図 **4.2**　$z = f(x,y)$ の曲面．

問 4.1　$x\to a$ かつ $y\to b$ $\iff$ $\sqrt{(x-a)^2+(y-b)^2}\to 0$ を示せ．

上の定義は，1.1.1 節の 1 変数関数の連続性の定義と類似なものであるが，1.2.3 節での ε-δ 方式にならい，より精密に述べなおすと次のようになる．$f(x,y)$ が (a,b) で**連続**とは，

「任意の正の数 ε を与えたとき，ある正の数 δ が存在して

$$\sqrt{(x-a)^2+(y-b)^2}<\delta \implies |f(x,y)-f(a,b)|<\varepsilon 」$$

が成り立つときをいう．

また $f(x,y)$ が，x-y 平面でのある領域 D のすべての点で連続のとき，$f(x,y)$ は D で**連続**，あるいは**領域 D 上の連続関数**とよぶ．

第1章で述べた1変数の連続関数の性質 (1.2節の定理1.11 (p.26)，例1.8 (p.27)，1.4節の定理1.15 (p.38)〜定理1.19 (p.44)) は，変数 x を (x,y) に書き直し，区間 I を x-y 平面での領域 D とすれば同様に成立する．ただし定理1.16以降の有界閉区間 I は x-y 平面での有界閉集合 D とする．ここで D が有界閉集合とは，ある正の数 R が存在して，D のすべての元 (x,y) に対して $\sqrt{x^2+y^2}<R$ が成立し (有界性)，D に含まれる点列 $\{(x_k,y_k)\}_{k=1,2,3,\cdots}$ が $(x_k,y_k) \to (x,y)$ $(k\to\infty)$ ならば必ず，(x,y) も D に含まれる (閉集合性) ときをいう．これは有界閉区間 I の x-y 平面への自然な拡張で，x-y 平面での有界閉集合の例としては，$\{(x,y)|a\le x\le b, c\le y\le d\}=[a,b]\times[c,d]$，$\{(x,y)|\sqrt{x^2+y^2}\le\rho\}$ (半径 ρ の円領域) 等があげられる．

2変数関数の図形的意味を考えよう．xyz 空間で点 $(x,y,f(x,y))$ を定める．x-y 平面を底面と考えれば，$z=f(x,y)$ が (負の場合もこめた) 高さである．(x,y) が底面を動くとき点 $(x,y,f(x,y))$ を集めると，空間内に曲面がつくられる．これを $z=f(x,y)$ の**曲面**という (図4.2)．この章のはじめに図4.1を用いて富士山の登山道について考察したが，今の説明では x-y 平面が海抜0メートルの水平面，$z=f(x,y)$ が (x,y) 上の地表面の標高，そして曲面 $z=f(x,y)$ が富士山の形そのものに対応する．

定義4.1での $\lim_{(x,y)\to(a,b)} f(x,y)=f(a,b)$ の意味には注意を要する．これは x-y 平面の (a,b) に，点 (x,y) があらゆる方向から近づいても $f(x,y)$ が同一の極限値 $f(a,b)$ をもつことを意味する (図4.3)．もし，近づく方向に応じて $f(x,y)$ が異なる極限値をもつならば，連続とはいわない．$f(x,y)$ が点 (a,b) で連続でないとき，$f(x,y)$ は (a,b) で**不連続**であるといい，不連続な点をも

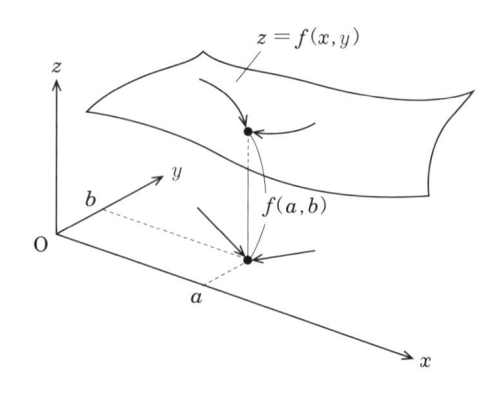

図 4.3　$f(x,y)$ は (a,b) で連続.

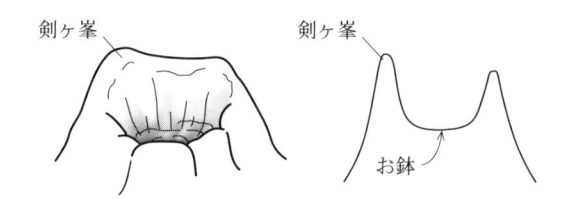

図 4.4　富士山山頂の火口. 右は断面図 (イメージ図).

つような $f(x,y)$ を**不連続関数**とよぶ.

　再びここで, 図 4.1 に注目しよう. 富士山山頂の火口はお鉢ともよばれ, 中がへこんだ凹型をしており, 縁の部分の一番高いところが剣ヶ峯とよばれ, その頂点の標高 3775 メートルが富士山の標高として知られている. 一方, 火口の一番低いところ, つまりお鉢の底は標高 3535 メートルとある. その差は 240 メートルなので, 10 メートル間隔の等高線は 24 本あるはずである. ところが火口の中の等高線は, 図 4.1 では 10 本ほどしか見えない. これはなぜだろうか.

　実は, 火口の縁の部分は, 内側に向かって崖になっていて, その地点では標高差で 100 メートル以上が一挙に下がるのである. 位置 (x,y) での標高を

表す関数を $z=f(x,y)$ とすれば，(x,y) が山頂火口の縁に外側から近づいたとき，$f(x,y)$ の極限値は縁の標高となり，(x,y) が火口の縁に内側から近づいたとき，$f(x,y)$ の極限値は縁の崖直下の標高であり，関数 $z=f(x,y)$ は山頂火口の縁の部分において不連続になる．

さてここで，富士山の話から具体的な2変数関数に戻り，その連続性を調べよう．1章で1変数関数 $f(x)$ が a で連続である，すなわち $\lim_{x\to a}f(x)=f(a)$ とは，x が a に右から近づいても左から近づいても $f(x)$ が同一の極限値 $f(a)$ をもつことであった．しかし次の例からもわかるように，2変数関数となるとその連続性は複雑になる．

例 4.1 次の各2変数関数 $f(x,y)$ の連続性について吟味せよ．

(1) $f(x,y) = \begin{cases} \dfrac{xy}{x^2+y^2} & (x,y) \neq (0,0) \\ 0 & (x,y) = (0,0) \end{cases}$

(2) $f(x,y) = \begin{cases} \dfrac{x^2 y^2}{x^2+y^2} & (x,y) \neq (0,0) \\ 0 & (x,y) = (0,0) \end{cases}$

解 (1) 分子，分母ともに (x,y) の連続関数だから，分母が0にならないところ，すなわち $(x,y) \neq (0,0)$ で $f(x,y)$ は連続．次に (x,y) が，x-y 平面上で x 軸と θ の角をなす直線に沿って原点に近づいたとしよう．$x=r\cos\theta$, $y=r\sin\theta$ で $r\to 0$ とする．このとき

$$f(r\cos\theta,\ r\sin\theta) = \cos\theta\sin\theta = \frac{1}{2}\sin 2\theta$$

であるから，θ の取り方によって極限値は異なる．したがって $f(x,y)$ は $(0,0)$ では連続でない．

(2) $(x,y) \neq (0,0)$ で $f(x,y)$ が連続であることは (1) と同様．

$$|f(x,y)| = x^2 \cdot \frac{y^2}{x^2+y^2} \leq x^2 \longrightarrow 0 \qquad ((x,y) \to (0,0)).$$

したがって $\lim_{(x,y)\to(0,0)} f(x,y) = 0 = f(0,0)$ から $f(x,y)$ は $(0,0)$ でも連続. ∎

次に，2 変数関数 $f(x,y)$ の "微分" について考えよう．第 2 章での関数 $f(x)$ の微分とは異なり，今度は変数が二つあるので，それぞれの変数に関する "微分" を導入する．

そこで y を固定し，関数 f を x だけの関数と思って，f を x で微分したものを，$z = f(x,y)$ の x に関する偏導関数とよび，記号

$$\frac{\partial f}{\partial x}(x,y), \quad f_x(x,y), \quad \frac{\partial z}{\partial x}, \quad z_x \tag{4.1}$$

等で表す．第 2 章の微分係数の定義 (定義 2.1 (p.48)) を思い出せば，

$$\frac{\partial f}{\partial x}(x,y) = \lim_{h\to 0} \frac{f(x+h,y) - f(x,y)}{h} \tag{4.2}$$

である．同様に，$z = f(x,y)$ の y に関する偏導関数を

$$\frac{\partial f}{\partial y}(x,y), \quad f_y(x,y), \quad \frac{\partial z}{\partial y}, \quad z_y \tag{4.3}$$

で表す．

$$\frac{\partial f}{\partial y}(x,y) = \lim_{k\to 0} \frac{f(x,y+k) - f(x,y)}{k} \tag{4.4}$$

である．x を固定し，関数 f を y だけの関数と思って，f を y で微分したものが $z = f(x,y)$ の y に関する偏導関数である．

$f(x,y)$ の偏導関数を求めることを**偏微分する**という．

x-y 平面上の点 (a,b) における偏導関数の値

$$f_x(a,b), \quad f_y(a,b)$$

をそれぞれ，$z = f(x,y)$ の (a,b) における x に関する偏微分係数，y に関する**偏微分係数**とよぶ.

4.1 曲面の上を歩く (2 変数関数の連続性，偏微分係数と偏導関数)

$$f_x(a,b) = \lim_{h \to 0} \frac{f(a+h,b) - f(a,b)}{h}, \quad f_y(a,b) = \lim_{k \to 0} \frac{f(a,b+k) - f(a,b)}{k} \tag{4.5}$$

である．

実際に 2 変数関数 $f(x,y)$ が与えられて偏導関数を求める場合，定義式 (4.2), (4.4) に戻る必要はほとんど無く，ある変数について偏微分をする際は，他の変数を定数とみなし，注目している変数について 2 章で述べた 1 変数関数の微分の公式を適用しながら，計算してゆけばよい．

例 4.2 偏導関数 $f_x(x,y), f_y(x,y)$ を求めよ．

(1) $f(x,y) = x^2 + 3xy^2 + 4y$

(2) $f(x,y) = \dfrac{x}{y}$

解 (1) $f_x(x,y) = (x^2)' + 3y^2(x)' + 4y(1)' = 2x + 3y^2$, $f_y(x,y) = x^2(1)' + 3x(y^2)' + 4(y)' = 6xy + 4$ となる．ここで，$(\ )'$ は括弧の中にある 1 変数関数の微分を意味する．

(2) 同様に，

$$f_x(x,y) = \frac{1}{y}(x)' = \frac{1}{y}, \quad f_y(x,y) = x\left(\frac{1}{y}\right)' = -\frac{x}{y^2}. \quad \blacksquare$$

問 4.2 偏導関数 $f_x(x,y), f_y(x,y)$ を求めよ．

(1) $f(x,y) = (1 - 2xy)^3$　(2) $f(x,y) = \cos(x^2 - y^2)$

(3) $f(x,y) = \sqrt{x^2 + y^2}$

$f_x(x,y), f_y(x,y)$ もそれ自身 2 変数関数であるから，これらの偏導関数も考えることができる：

$$\frac{\partial f_x}{\partial x} = \frac{\partial}{\partial x}\left(\frac{\partial f}{\partial x}\right) \ (= f_{xx}), \quad \frac{\partial f_x}{\partial y} = \frac{\partial}{\partial y}\left(\frac{\partial f}{\partial x}\right) \ (= f_{xy}),$$

$$\frac{\partial f_y}{\partial x} = \frac{\partial}{\partial x}\left(\frac{\partial f}{\partial y}\right) \ (= f_{yx}), \quad \frac{\partial f_y}{\partial y} = \frac{\partial}{\partial y}\left(\frac{\partial f}{\partial y}\right) \ (= f_{yy}).$$

以上 4 種類の 2 変数関数を $f(x,y)$ の **2 階の偏導関数**という．同様に 3 階，

4階, $\cdots$, n階の偏導関数が帰納的に定義できる. n階の偏導関数は全部で2^n個ある. ところが次の定理は, 偏導関数が連続という条件があれば, 偏導関数は微分の順序に依らないことを示している. 証明は例えば, [4] (上) をみられたい.

定理 4.1 $f(x,y)$のn階までのすべての偏導関数が連続であるとする[1]. このときn階までの偏導関数は, 偏微分の順序を変えても不変である.

例えば$n=2$のときは$\dfrac{\partial f_x}{\partial y} = \dfrac{\partial f_y}{\partial x}$である.

問 4.3 例4.2の関数について, これを確認せよ.

問 4.4 問4.2の2階偏導関数をすべて求めよ.

偏微分係数の図形的意味を考えよう. $(a,b,f(a,b))$は曲面上の一点である. このとき, $f_x(a,b)$は, xがaから$a+h$まで変化するときに関数$f(x,b)$がとる平均変化率の$h\to 0$としたときの極限を表している. すなわち, 曲面が$(x,y)=(a,b)$においてx軸方向にどれぐらい傾いているかを示している. 言いかえれば,

「1変数関数$z=f(x,b)$のグラフ上の点$(a,f(a,b))$における接線の傾きが$f_x(a,b)$」.

同様に$f_y(a,b)$は, yがbから$b+k$まで変化するときに関数$f(a,y)$がとる平均変化率の$k\to 0$としたときの極限を表している. すなわち, 曲面が$(x,y)=(a,b)$においてy軸方向にどれぐらい傾いているかを示している.

「1変数関数$z=f(a,y)$のグラフ上の点$(b,f(a,b))$における接線の傾きが$f_y(a,b)$」と言い表すこともできる. 例えば, x軸を東向き, y軸を北向きにとって, 点$(a,b,f(a,b))$から曲面上を東向きに歩き始めるとすれば, そのときの勾配が$f_x(a,b)$であり, 北向きに歩き始めるときの勾配が$f_y(a,b)$である(図4.5).

---

[1] このとき2.1.3節にならい, $f(x,y)$はn回連続微分可能, またはC^n-級であるという.

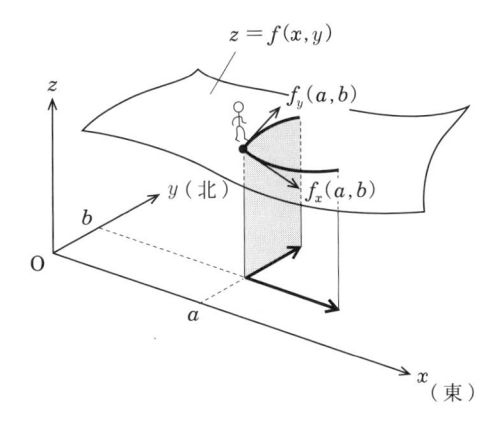

図 4.5 $(a,b,f(a,b))$ から曲面上を東向きに歩き始める場合と、北向きに歩き始める場合.

歩き始める方向は，東向き，北向きに限らず，いろいろ可能である．例えば，北東 $45°$ 方向に曲面上を歩き始めるときの勾配はいくらか，あるいは，東南東 $-30°$ 方向に曲面上を歩き始めるときの勾配はどうなるか．そこでより一般に，x 軸となす角 α の方向を真下にみながら，曲面上を歩き始めるときの勾配を求めてみたい (図 4.6)．そのために，次の合成関数の偏微分の考え方が必要になる．

§4.2 曲面上の路の傾き (合成関数の偏微分法)

2 変数関数 $z=f(x,y)$ において，x,y がそれぞれ t の関数 $x(t),y(t)$ であるとき，もとの 2 変数関数 $z=f(x,y)$ も t の関数 $z(t)=f(x(t),y(t))$ となる．これを $z=f(x,y)$ と関数 $x(t),y(t)$ の**合成関数**とよぶ．これは，2.2.1 節 (p.57) で述べた 1 変数関数の合成関数の自然な拡張である．

以下，偏導関数 $\frac{\partial f}{\partial x}(x,y), \frac{\partial f}{\partial y}(x,y)$ は存在して連続[2]，$x(t),y(t)$ はそれぞれの導関数 $x'(t),y'(t)$ が存在するとする．次の公式が成り立つ．

---

[2] すなわち 2 変数関数 $f(x,y)$ は C^1 級．

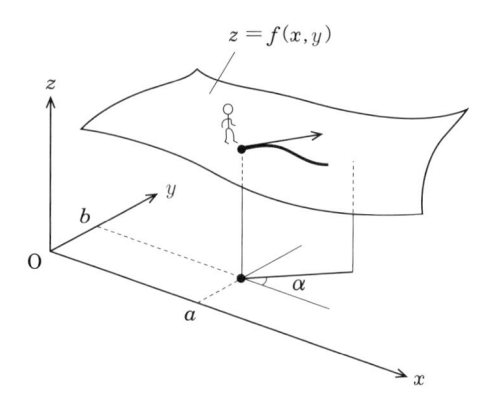

図 **4.6** *x*-*y* 平面上 *x* 軸となす角 α の方向を真下にみながら $(a,b,f(a,b))$ から曲面上を歩く．

定理 4.2

$$\frac{dz}{dt} = \frac{\partial f}{\partial x}(x(t),y(t))\frac{dx}{dt} + \frac{\partial f}{\partial y}(x(t),y(t))\frac{dy}{dt}. \tag{4.6}$$

証明 微分係数の定義 (定義 2.1 (p.48)) に基づき $\dfrac{dz}{dt}$ を書き直していくと，

$$\frac{dz}{dt} = \lim_{h \to 0} \frac{z(t+h)-z(t)}{h} = \lim_{h \to 0} \frac{f(x(t+h),y(t+h)) - f(x(t),y(t))}{h}.$$

ここで分子に，$f(x(t),y(t+h))$ を引いて加える操作を施し，

$$\frac{dz}{dt} = \lim_{h \to 0} \frac{f(x(t+h),y(t+h)) - f(x(t),y(t+h))}{h}$$
$$+ \lim_{h \to 0} \frac{f(x(t),y(t+h)) - f(x(t),y(t))}{h}.$$

このとき，右辺第 1 項の分子については

$$f(x(t+h),y(t+h)) - f(x(t),y(t+h)) = \frac{\partial f}{\partial x}(\xi, y(t+h)) \cdot (x(t+h) - x(t)), \tag{4.7}$$

第 2 項の分子については

$$f(x(t),y(t+h))-f(x(t),y(t))=\frac{\partial f}{\partial y}(x(t),\eta)\cdot(y(t+h)-y(t)) \quad (4.8)$$

となる ξ, η [3] がそれぞれ, $x(t+h)$ と $x(t)$ の間, $y(t+h)$ と $y(t)$ の間に存在する[4]. さらに h を 0 に近づけると, $x(t+h)$ は $x(t)$ に, $y(t+h)$ は $y(t)$ に近づくので, ξ と η はそれぞれ $x(t)$ と $y(t)$ に近づく. したがって, $\frac{\partial f}{\partial x}(x,y)$, $\frac{\partial f}{\partial y}(x,y)$ の連続性より

$$\frac{dz}{dt}=\lim_{h\to 0}\frac{\partial f}{\partial x}(\xi,y(t+h))\ \frac{x(t+h)-x(t)}{h}+\lim_{h\to 0}\frac{\partial f}{\partial y}(x(t),\eta)\ \frac{y(t+h)-y(t)}{h}$$
$$=f_x(x(t),y(t))\ x'(t)+f_y(x(t),y(t))\ y'(t). \qquad \square$$

問 4.5 2 変数関数 $z=f(x,y)$ と $x=x(t), y=y(t)$ が以下で与えられているとき, 公式 (4.6) を用いて $\frac{dz}{dt}$ を求めよ. 次に $x(t), y(t)$ を $f(x,y)$ に代入し合成関数 $z(t)=f(x(t),y(t))$ から直接 $\frac{dz}{dt}$ を計算し, はじめの結果と等しくなることを確かめよ.

(1) $z=\sin(x^2 y)$, $x=t+1$, $y=(t-1)^2$
(2) $z=(x+2y)^2$, $x=\cos t$, $y=\sin t$

問 4.6 $z=xy$, $x=f(t)$, $y=g(t)$ のとき, 公式 (4.6) から関数の積に対する微分の公式 (p.56 の (2.10)) を導け.

これまで t を一般のパラメタとして話を進めてきた. 今度は t を時間変数とみて, 曲面 $z=f(x,y)$ 上を移動する質点の座標を $(x(t),y(t),z(t))$ としたときに, (4.6) の意味を考えてみよう. ここで $z(t)=f(x(t),y(t))$ である.

質点の変位の時間 t に関する導関数は速度となるので, $dx/dt, dy/dt, dz/dt$

---

[3] ξ: クシー, η: エータ.
[4] 平均値の定理 (定理 2.12 (p.98)) を思い出そう. 1 変数関数 $x\to f(x,y(t+h))$ に (2.46) を適用すると (4.7) が得られ ($y(t+h)$ は固定していると考える), 1 変数関数 $y\to f(x(t),y)$ に (2.46) を適用すると (4.8) が得られる ($x(t)$ は固定).

はそれぞれ，この質点の速度ベクトルの x 成分，y 成分，z 成分である．したがって (4.6) は次を示している：

「曲面 $z=f(x,y)$ 上を移動する質点の速度ベクトルの z 成分は，速度ベクトルの x 成分，y 成分に，質点の場所での x に関する偏微分係数，y に関する偏微分係数を，それぞれ乗じて加えたものとなる」．

前節の最後に提起した，曲面上を任意の方向に歩き始めるときの勾配を求める問題は，定理 4.2 の公式 (4.6) を使い次節で検討する．この節では最後に，公式 (4.6) を，x,y が t と s の 2 変数関数の場合に拡張しよう．

2 変数関数 $z=f(x,y)$ において，x,y がそれぞれ t と s の 2 変数関数 $x(t,s)$，$y(t,s)$ であるとき，合成関数 $z=f(x(t,s),y(t,s))$ も t と s の 2 変数関数となり，これを $z(t,s)$ とかく．

次の各式は，多変数関数の微積分で常に使われている重要な公式である．

定理 4.3 偏導関数 $\dfrac{\partial f}{\partial x}(x,y),\dfrac{\partial f}{\partial y}(x,y)$ は存在して連続，$x(t,s),y(t,s)$ は偏導関数 $\dfrac{\partial x}{\partial t},\dfrac{\partial x}{\partial s},\dfrac{\partial y}{\partial t},\dfrac{\partial y}{\partial s}$ が存在するとする．このとき

$$\frac{\partial z}{\partial t}=\frac{\partial f}{\partial x}(x(t,s),y(t,s))\frac{\partial x}{\partial t}+\frac{\partial f}{\partial y}(x(t,s),y(t,s))\frac{\partial y}{\partial t}, \tag{4.9}$$

$$\frac{\partial z}{\partial s}=\frac{\partial f}{\partial x}(x(t,s),y(t,s))\frac{\partial x}{\partial s}+\frac{\partial f}{\partial y}(x(t,s),y(t,s))\frac{\partial y}{\partial s}. \tag{4.10}$$

証明 定理 4.2 より直ちに従う．z は t と s の 2 変数関数であるから，(4.6) の t 微分を t 偏微分にすれば第 1 式が得られ，(4.6) の t 微分を s 偏微分にすれば第 2 式が得られる． □

問 4.7 2 変数関数 $z=f(x,y)$ と $x=x(t,s),y=y(t,s)$ が以下で与えられているとき，公式 (4.9),(4.10) を用いて $\dfrac{\partial z}{\partial t},\dfrac{\partial z}{\partial s}$ を求めよ．次に $x(t,s),y(t,s)$ を $f(x,y)$ に代入し合成関数 $z(t,s)=f(x(t,s),y(t,s))$ から直接 $\dfrac{\partial z}{\partial t},\dfrac{\partial z}{\partial s}$ を計算し，はじめの結果と等しくなることを確かめよ．

(1) $z=x^2+y^2$, $x=t+2s$, $y=2t+s$

(2)　$z = \dfrac{x}{y}$,　$x = ts$,　$y = t+s$

例 4.3　x-y 平面に極座標を導入すると，$x = r\cos\theta, y = r\sin\theta$ $(0 \leq r < \infty, 0 \leq \theta < 2\pi)$ となるが，これらと C^1-級の 2 変数関数 $f(x,y)$ との合成関数 $z = z(r,\theta) = f(r\cos\theta, r\sin\theta)$ を考える．

(1)　$\dfrac{\partial z}{\partial r}, \dfrac{\partial z}{\partial \theta}$ を，$\dfrac{\partial f}{\partial x}$ と $\dfrac{\partial f}{\partial y}$ を用いて表せ．

(2)　$\left(\dfrac{\partial z}{\partial r}\right)^2 + \dfrac{1}{r^2}\left(\dfrac{\partial z}{\partial \theta}\right)^2 = \left(\dfrac{\partial f}{\partial x}\right)^2 + \left(\dfrac{\partial f}{\partial y}\right)^2$ を示せ．

解　(1)　定理 4.3 の t と s をそれぞれ r と θ に置きかえて，(4.9),(4.10) を使えばよい．$\dfrac{\partial x}{\partial r} = \cos\theta$, $\dfrac{\partial y}{\partial r} = \sin\theta$, $\dfrac{\partial x}{\partial \theta} = -r\sin\theta$, $\dfrac{\partial y}{\partial \theta} = r\cos\theta$ であるから

$$\dfrac{\partial z}{\partial r} = \cos\theta \dfrac{\partial f}{\partial x} + \sin\theta \dfrac{\partial f}{\partial y}, \qquad \dfrac{\partial z}{\partial \theta} = -r\sin\theta \dfrac{\partial f}{\partial x} + r\cos\theta \dfrac{\partial f}{\partial y}.$$

(2)　以上の結果を左辺に代入すれば，右辺が得られる．　■

§4.3　山のけわしい路，ゆるやかな路 (方向微分)

4.1 節の，曲面 $z = f(x,y)$ 上の点 $(a,b,f(a,b))$ から歩き始める話に戻ろう．x 軸となす角 α の方向を真下にみながら曲面上を歩き始めるときの勾配を求める (図 4.6 参照)．このとき，$z = f(x,y)$ における x,y は，t をパラメタとして

$$x(t) = a + t\cos\alpha, \qquad y(t) = b + t\sin\alpha \tag{4.11}$$

で表されるとしてよい．(x,y) は (a,b) を通り，ベクトル $(\cos\alpha, \sin\alpha)$ に平行な直線上を動くからである．

t が 0 から動くと，$(x(t),y(t))$ は x-y 平面上で (a,b) から x 軸となす角 α の直線上を動き，このとき $z(t) = f(x(t),y(t))$ は，この直線に沿った曲面の t における高さを表す．したがって，$z(t)$ の t 微分，すなわち t を動かした

ときの高さの変化率が，x 軸となす角 α の方向を真下にみながら曲面上を歩くときの勾配である．

(4.11) より
$$\frac{dx}{dt} = \cos\alpha, \quad \frac{dy}{dt} = \sin\alpha$$
であるから，公式 (4.6) が使えて，
$$\frac{dz}{dt} = f_x(a+t\cos\alpha, b+t\sin\alpha)\cos\alpha + f_y(a+t\cos\alpha, b+t\sin\alpha)\sin\alpha. \tag{4.12}$$

特に，曲面上の $(a,b,f(a,b))$ から歩き始めるときの勾配は，上式で $t=0$ とすればよく次式のようになる．
$$\boxed{f_x(a,b)\cos\alpha + f_y(a,b)\sin\alpha.} \tag{4.13}$$

ここで，(4.1), (4.3) の記号を用いた．(4.13) を $z=f(x,y)$ の点 (a,b) における $(\cos\alpha, \sin\alpha)$ 方向への**方向微分係数**という．

問 4.8 曲面 $z = \sqrt{x^2+xy+2y^2}$ の点 $(1,1)$ における $\left(\dfrac{\sqrt{3}}{2}, \dfrac{1}{2}\right)$ 方向への方向微分係数を求めよ．

さて，今度は曲面上の点 $(a,b,f(a,b))$ から歩き始めるとき，勾配が最大となるのはどの方向に進むときか，また，勾配が最小となるのはどの方向に進むときか，という問題を考えたい．すなわち，

「曲面の高さが最も増大するのはどの方向か，曲面の高さが最も減少するのはどの方向か」

という問題である．登山の例でいえば，最も登りがきついのはどの方向か，最も下りがきついのはどの方向かという問題になる．

いま，曲面 $z=f(x,y)$ は固定されているので，(4.13) での $f_x(a,b), f_y(a,b)$ は与えられていると考えてよい．したがって問題は次のように述べられる：

「α が $0°$ から $360°$ まで動いたとき，(4.13) が最大値，最小値をとると

きの α をそれぞれ求めよ」.

二つのベクトル $\left(f_x(a,b),\ f_y(a,b)\right)$ と $(\cos\alpha,\ \sin\alpha)$ の内積は

$$(4.13) 式 = \left\langle \left(f_x(a,b),\ f_y(a,b)\right),\ (\cos\alpha,\ \sin\alpha) \right\rangle$$

に注意しよう.したがって**最大となるのは,これら二つのベクトルの向きが一致するときであり,最小となるのは,これら二つのベクトルの向きが反対のときである**.ゆえに,勾配が最大となるのは,α が等式

$$(\cos\alpha,\ \sin\alpha) = \frac{1}{\sqrt{f_x(a,b)^2 + f_y(a,b)^2}} \left(f_x(a,b),\ f_y(a,b)\right)$$

を満たすときであり,勾配が最小となるのは,α が等式

$$(\cos\alpha,\ \sin\alpha) = \frac{-1}{\sqrt{f_x(a,b)^2 + f_y(a,b)^2}} \left(f_x(a,b),\ f_y(a,b)\right) \quad (4.14)$$

を満たすときである.そして勾配の最大値と最小値は,(4.13) からそれぞれ

$$\sqrt{f_x(a,b)^2 + f_y(a,b)^2} \quad \text{と} \quad -\sqrt{f_x(a,b)^2 + f_y(a,b)^2} \quad (4.15)$$

となる.

このようにして,ベクトル $(f_x(x,y),\ f_y(x,y))$ によって定められる方向は,曲面 $z = f(x,y)$ 上で常に最大または最小の勾配を与えることがわかった.より正確に述べると次のようになる:

> $(x, y, f(x,y))$ から曲面 $z = f(x,y)$ 上を歩き始める場合,$(f_x(x,y),\ f_y(x,y))$ の方向を真下にみながら進むとき勾配は最大となり,$(-f_x(x,y),\ -f_y(x,y))$ の方向を真下にみながら進むとき勾配は最小となる.

ベクトル解析では,ベクトル $(f_x(x,y),\ f_y(x,y))$ のことを $f(x,y)$ の**勾配**[5]

---

[5] これまで "勾配" を単に傾きの意味で使ってきたが,ベクトル解析では最大の傾きを与える方向 $(f_x(x,y),\ f_y(x,y))$ を**勾配**とよんでいる.そこで以下,勾配といえば (4.16) をさすものとする.

(gradient) とよび，記号 $\mathrm{grad} f$, ∇f で表している．

ベクトル
$$\mathrm{grad} f = \Big(f_x(x,y), \ \ f_y(x,y) \Big) \tag{4.16}$$

は，連続体力学での流れの方向に関係することで重要である．例えば，曲面 $z=f(x,y)$ 上の一点 $(a,b,f(a,b))$ から水を流す状況を考えよう．

「流れは，曲面の高さが最も減少する方向に進む」

と考えるのが直感的にも妥当である (図 4.7)．したがって，$(a,b,f(a,b))$ から水は (4.14) の方向，

$$\boxed{-(\mathrm{grad} f)(a,b) = \Big(-f_x(a,b), \ \ -f_y(a,b) \Big)}$$

に流れ始めるであろう．4.6 節以降でも流れの方向について，より一般的な設定で考察する．

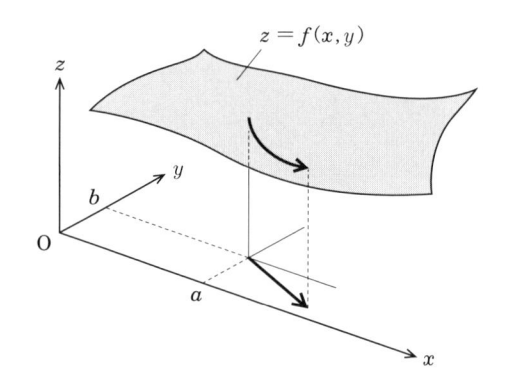

図 4.7 流れは，曲面の高さが最も減少する方向に進む．

例 4.4 次の曲面 $z=f(x,y)$ 上の各点 $(a,b,f(a,b))$ において，曲面の傾きが最小となる方向，すなわち曲面の高さが最も減少する方向と，その傾き (方向微分係数) を求めよ．

(1) 半径 R の北半球面 $z = \sqrt{R^2 - x^2 - y^2}$．

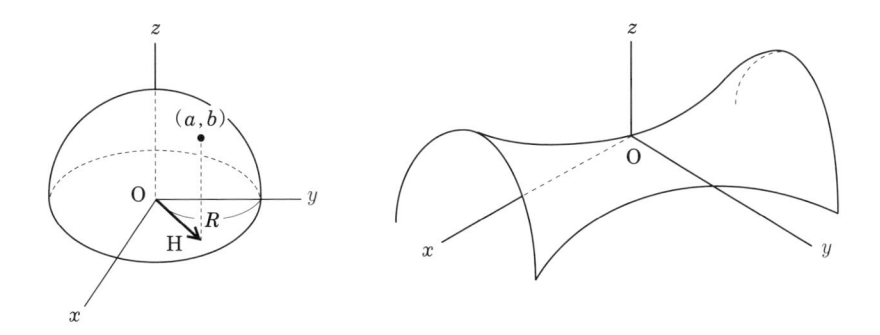

図 4.8 (左) 曲面 $z=\sqrt{R^2-x^2-y^2}$, (右) 曲面 $z=x^2-y^2$.

(2) 双曲放物面 $z=x^2-y^2$.

解 (1) $z=\sqrt{R^2-x^2-y^2}$ から

$$\bigl(z_x(a,b),\ z_y(a,b)\bigr)=\left(\frac{-a}{\sqrt{R^2-a^2-b^2}},\ \frac{-b}{\sqrt{R^2-a^2-b^2}}\right). \tag{4.17}$$

したがって，点 $(a,b,\sqrt{R^2-a^2-b^2})$ において曲面の傾きが最小となる方向は，(4.14) より

$$(\cos\alpha,\ \sin\alpha)=\left(\frac{a}{\sqrt{a^2+b^2}},\ \frac{b}{\sqrt{a^2+b^2}}\right) \tag{4.18}$$

を α が満たすときである．図形的には，点 $(a,b,\sqrt{R^2-a^2-b^2})$ から x-y 平面に下ろした垂線の足を H とすると，ベクトル $\overrightarrow{\mathrm{OH}}$ の方向を真下にみながら進むときに曲面の傾きが最小となる．また，そのときの方向微分係数は，(4.15) から

$$-\frac{\sqrt{a^2+b^2}}{\sqrt{R^2-a^2-b^2}}.$$

(2) $z=x^2-y^2$ から

$$\bigl(z_x(a,b),\ z_y(a,b)\bigr)=(2a,\ -2b). \tag{4.19}$$

したがって点 (a,b,a^2-b^2) において曲面の傾きが最小となる方向は，(4.14) より，

$$(\cos\alpha, \ \sin\alpha) = \left(\frac{-a}{\sqrt{a^2+b^2}}, \ \frac{b}{\sqrt{a^2+b^2}}\right) \qquad (4.20)$$

を α が満たすときである．またそのときの方向微分係数は，(4.15) から

$$-2\sqrt{a^2+b^2}. \quad \blacksquare$$

注意 $(a,b)=(0,0)$ とおくと例 (1), (2) どちらも $(z_x(a,b), z_y(a,b))=(0, 0)$ となる．よって (4.13) から，曲面上の点 $(0,0,f(0,0))$ からどの方向に歩き始めても曲面の傾きはゼロである．このような点は曲面の停留点とよばれ，図 4.8 (左) では北半球面の頂点 (北極点)，図 4.8 (右) では双曲放物面の鞍部点 (峠) に対応する．

問 4.9 北半球面 $z=\sqrt{R^2-x^2-y^2}$ の点 (a,b) における方向微分係数がゼロとなるような方向とはどのようなものか．ただし $a^2+b^2<R^2$ とする．

§4.4 接平面，微分

再び 4.1 節の図 4.5 にもどり，曲面にのっている人物の足もとから伸びた二つの矢印に注目しよう．これらは曲面 $z=f(x,y)$ 上の点 $(a,b,f(a,b))$ における二つの接ベクトル $\boldsymbol{t}_1, \boldsymbol{t}_2$ を表す．ここで，点 $(a,b,f(a,b))$ から曲面上を東向きに (x 軸方向を下にみて) 歩き始めるときの，曲面に対する接線がつくるベクトルが $\boldsymbol{t}_1$ であり，北向きに (y 軸方向を下にみて) 歩き始めるときの，曲面に対する接線がつくるベクトルが $\boldsymbol{t}_2$ である (図 4.9)．成分で表示すると

$$\boldsymbol{t}_1 = \Big(1, 0, f_x(a,b)\Big), \quad \boldsymbol{t}_2 = \Big(0, 1, f_y(a,b)\Big). \qquad (4.21)$$

実際，$y=b$ に固定して $f(x,b)$ を x の 1 変数関数とみなしたときに，そのグラフの $x=a$ における接線の傾きが $f_x(a,b)$ であったことを思い出そう

(p.224). このことは, y は動かさず x を 1 増やしたときに z が $f_x(a,b)$ だけ変化するベクトル $\bm{t}_1$ が接ベクトルであることを意味する. 同様に, $x=a$ を固定して $f(a,y)$ を y の 1 変数関数とみなしたときのグラフの $y=b$ における接線の傾きが $f_y(a,b)$ であったので, x は動かさず y を 1 増やしたときに z が $f_y(a,b)$ だけ変化するベクトル $\bm{t}_2$ も接ベクトルである.

曲面上の点 $(a,b,f(a,b))$ を通り, 接ベクトル $\bm{t}_1,\bm{t}_2$ によって生成される平面を, 点 $(a,b,f(a,b))$ における $z=f(x,y)$ の **接平面** という[6](図 4.9).

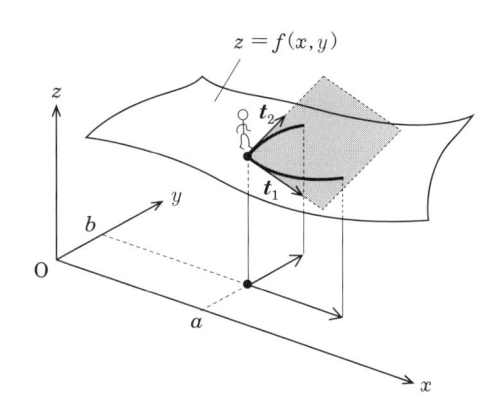

図 **4.9** 点 $(a,b,f(a,b))$ における $z=f(x,y)$ の接平面.

定理 4.4 点 $(a,b,f(a,b))$ における $z=f(x,y)$ の接平面の方程式は

$$z-f(a,b)=f_x(a,b)(x-a)+f_y(a,b)(y-b) \tag{4.22}$$

で与えられる.

証明 (4.22) が点 $(a,b,f(a,b))$ を通るのは明らか. また (4.22) を

---

[6] (4.21) のベクトル $\bm{t}_1,\bm{t}_2$ は xyz 空間で線形独立 (一次独立) である. ここでベクトル $\bm{t}_1,\bm{t}_2$ が線形独立とは, スカラー C_1,C_2 に対して $C_1\bm{t}_1+C_2\bm{t}_2=\bm{0}$ ならば $C_1=C_2=0$ に限るときをいう. これは $\bm{t}_1,\bm{t}_2$ がどちらもゼロベクトルでなく, かつ同一直線上にないことを意味している. すなわち $\bm{t}_1,\bm{t}_2$ は xyz 空間内の平面を生成する.

$$f_x(a,b)(x-a)+f_y(a,b)(y-b)-(z-f(a,b))=0$$

となおすと，この平面の法線ベクトルは

$$\bigl(f_x(a,b),\ f_y(a,b),\ -1\bigr) \tag{4.23}$$

である[7]．(4.21) の接ベクトル $\boldsymbol{t}_1, \boldsymbol{t}_2$ に，この法線ベクトルは直交していることは，内積をとると 0 となることからすぐにわかる．したがって (4.22) は接ベクトル $\boldsymbol{t}_1, \boldsymbol{t}_2$ によって生成される平面である． □

注意 曲面 $z=f(x,y)$ 上の点 $(a,b,f(a,b))$ から，x 軸となす角 α の方向を真下にみながら曲面上を歩き始めるときの，曲面に対する接線のつくる接ベクトルは，(4.13) が $(\cos\alpha,\sin\alpha)$ 方向への方向微分係数であったことを思い出すと

$$\bigl(\cos\alpha,\ \sin\alpha,\ f_x(a,b)\cos\alpha+f_y(a,b)\sin\alpha\bigr)$$

となる．この接ベクトルも (4.23) に直交していることは，内積をとって 0 になることからすぐにわかる．ゆえに平面 (4.22) は，曲面 $z=f(x,y)$ の点 $(a,b,f(a,b))$ における任意の接ベクトルを含む．

例 4.5 (1) 曲面 $z=x^2+xy+2y^2$ の点 $(1,1,4)$ における接平面の方程式を求めよ．

(2) 半径 R の北半球面 $z=\sqrt{R^2-x^2-y^2}$ 上の点 (a,b,c) における接平面の方程式は

$$ax+by+cz=R^2$$

となることを示せ．ただし $c=\sqrt{R^2-a^2-b^2}$．

解 (1) $z_x=2x+y$, $z_y=x+4y$ より $(x,y)=(1,1)$ における偏微分係数は

$$z_x(1,1)=3, \quad z_y(1,1)=5$$

---

[7] xyz 空間での方程式 $\ell(x-a)+m(y-b)+n(z-c)=0$ は，点 (a,b,c) を通り法線ベクトルが (ℓ,m,n) となる平面を表す．

となる．したがって接平面の方程式は，(4.22) を用いて

$$z-4=3(x-1)+5(y-1).$$

(2) $z=\sqrt{R^2-x^2-y^2}$ の (a,b) における偏微分係数は (4.17) で与えられた．$c=\sqrt{R^2-a^2-b^2}$ を用いれば

$$\left(z_x(a,b),\ z_y(a,b)\right)=\left(\frac{-a}{c},\ \frac{-b}{c}\right).$$

ゆえに (4.22) から，接平面の方程式は

$$z-c=\frac{-a}{c}(x-a)-\frac{b}{c}(y-b).$$

整理して

$$a(x-a)+b(x-b)+c(z-c)=0.\text{[8)]}$$

ここで $a^2+b^2+c^2=R^2$ に注意すれば解を得る．■

問 4.10　曲面 $z=x^2-y^2$ の点 (a,b,c) における接平面の方程式を求めよ．ただし $c=a^2-b^2$．

点 $(a,b,f(a,b))$ を通る平面のうち接平面 (4.22) は，(a,b) の近傍では $f(x,y)$ を最も良く近似している．このことを保証するのが次の定理である．

定理 4.5　偏導関数 $f_x(x,y)$, $f_y(x,y)$ はそれぞれ (a,b) の近傍[9)]で存在し，かつ (a,b) で連続とする．このとき (a,b) の近傍で

$$f(x,y)=f(a,b)+f_x(a,b)(x-a)+f_y(a,b)(y-b)+\rho(x,y). \tag{4.24}$$

ここで $\rho(x,y)$ は，(x,y) の (a,b) までの距離 $\sqrt{(x-a)^2+(y-b)^2}$ よりも高位の無限小，すなわち

[8)] 脚注 7 からこの平面は (a,b,c) を通り，法線ベクトルが (a,b,c) となる．すなわち**球面の接平面は，球の中心と接点とを結ぶ直線に垂直な平面**である．

[9)] x-y 平面上の点 (a,b) の近傍とは，ε を十分小さい正の数としたときの (a,b) を中心とする半径 ε の円の内部 $\{(x,y)|(x-a)^2+(y-b)^2<\varepsilon\}$ のことである．

$$\lim_{(x,y)\to(a,b)} \frac{\rho(x,y)}{\sqrt{(x-a)^2+(y-b)^2}} = 0 \quad{}^{10)} \tag{4.25}$$

となるものである.

証明 $f(x,y)-f(a,b)=f(x,y)-f(a,y)+f(a,y)-f(a,b)$

として 1 変数関数

$$t \longrightarrow f(t,y), \quad s \longrightarrow f(a,s)$$

それぞれに平均値の定理を用いると

$$f(x,y)-f(a,y)=f_x(\xi,y)(x-a), \quad f(a,y)-f(a,b)=f_y(a,\eta)(y-b)$$

となる $\xi=\xi(x,y), \eta=\eta(y)$ がそれぞれ, a と x の間, y と b の間に存在する. ゆえに

$$f(x,y)-f(a,b)=f_x(\xi,y)(x-a)+f_y(a,\eta)(y-b)$$

であるが,さらに右辺を変形し

$$f(x,y)-f(a,b)=f_x(a,b)(x-a)+(f_x(\xi,y)-f_x(a,b))(x-a)$$
$$+f_y(a,b)(y-b)+(f_y(a,\eta)-f_y(a,b))(y-b).$$

そこで右辺第 2 項と第 4 項をまとめて

$$\rho(x,y)=(f_x(\xi,y)-f_x(a,b))(x-a)+(f_y(a,\eta)-f_y(a,b))(y-b)$$

とおけば,

$$f(x,y)-f(a,b)=f_x(a,b)(x-a)+f_y(a,b)(y-b)+\rho(x,y)$$

[10)] 2.1 節で導入したランダウの記号を使えば $\rho(x,y)=o(\sqrt{(x-a)^2+(y-b)^2})$. したがって (4.24) は,接平面 (4.22) 上の z の値と $f(x,y)$ との差が, (x,y) と (a,b) 間の距離よりも高位の無限小であることを示している.**平面 (4.22)** は点 $(a,b,f(a,b))$ において,**曲面** $z=f(x,y)$ に密着しているといえよう.

かつ

$$\frac{|\rho(x,y)|}{\sqrt{(x-a)^2+(y-b)^2}} \leq |f_x(\xi,y)-f_x(a,b)|\frac{|x-a|}{\sqrt{(x-a)^2+(y-b)^2}}$$
$$+|f_y(a,\eta)-f_y(a,b)|\frac{|y-b|}{\sqrt{(x-a)^2+(y-b)^2}}$$
$$\leq |f_x(\xi,y)-f_x(a,b)|+|f_y(a,\eta)-f_y(a,b)|.$$

ここで $(x,y) \to (a,b)$ とすると $\xi \to a$, $\eta \to b$. 仮定より $f_x(x,y)$, $f_y(x,y)$ は (a,b) で連続だから，上式最終項は $(x,y) \longrightarrow (a,b)$ のときゼロに収束する. □

さてここで第 2 章と同様に，**微分** (differential) の説明をしよう．

$$dx = x-a, \quad dy = y-b, \quad dz = z-f(a,b)$$

とおく．このとき点 $(a,b,f(a,b))$ における $z = f(x,y)$ の接平面の方程式は, (4.22) より

$$dz = f_x(a,b)dx + f_y(a,b)dy \tag{4.26}$$

となる．これは，"大域的な"座標系である xyz 座標系の中の一点 $(a,b,f(a,b))$ を基点に，局所座標系 (dx,dy,dz) を導入したとき，$(a,b,f(a,b))$ における接平面の方程式が (4.26) であることを意味する (図 4.10)．(4.26) を (a,b) における $f(x,y)$ の**微分 (全微分)** という．

人は，自分の立っている位置が東経何度，北緯何度，海抜何メートルであるかを知らなくとも，自分が今いる位置を中心に右，前，上の 3 方向の軸から決まる小空間の中で暮らしてゆける，というのが局所座標系を導入する直感的意味合いである．

定義 4.2 一般に，2 変数関数 $f(x,y)$ に対して,

$$\begin{cases} f(x,y) = f(a,b) + \alpha(x-a) + \beta(y-b) + \rho(x,y), \\ \lim_{(x,y) \to (a,b)} \dfrac{\rho(x,y)}{\sqrt{(x-a)^2+(y-b)^2}} = 0 \end{cases} \tag{4.27}$$

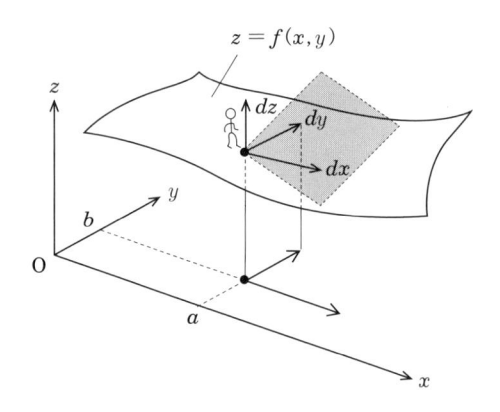

図 **4.10** 局所座標系 (dx,dy,dz) と接平面 $dz = f_x(a,b)dx + f_y(a,b)dy$.

となる定数 α, β が存在するとき，$f(x,y)$ は (a,b) で**微分可能**であるという．またこのとき，局所座標系 (dx,dy,dz) を用いた接平面の方程式 $dz = \alpha dx + \beta dy$ を (a,b) における $f(x,y)$ の**微分**という．

定理 4.5 は，$f(x,y)$ の偏導関数 $f_x(x,y), f_y(x,y)$ が (a,b) の近傍で存在し，かつそれらが (a,b) で連続ならば，$f(x,y)$ は (a,b) で微分可能であることを示している．

一方，この逆については次のことがいえる．

定理 4.6　$f(x,y)$ は (a,b) で微分可能，すなわち (4.27) が成り立てば，$f(x,y)$ は (a,b) で偏微分可能，すなわち極限 (4.5) が存在する．

証明　(4.27) の第 1 式で $x = a+h, y = b$ とおけば
$$f(a+h,b) - f(a,b) = \alpha h + \rho(a+h,b).$$
ゆえに
$$\frac{f(a+h,b) - f(a,b)}{h} = \alpha + \frac{\rho(a+h,b)}{h}.$$
(4.27) の第 2 式から $\displaystyle\lim_{h \to 0} \frac{\rho(a+h,b)}{h} = 0$ であるから

$$f_x(a,b) = \lim_{h \to 0} \frac{f(a+h,b) - f(a,b)}{h} = \alpha.$$

同様に，(4.27) の第 2 式で $x=a, y=b+k$ とおき，$\lim_{k \to 0} \dfrac{\rho(a,b+k)}{k} = 0$ を用いれば

$$f_y(a,b) = \lim_{k \to 0} \frac{f(a,b+k) - f(a,b)}{k} = \beta. \quad \square$$

以上述べたことを簡単に図式化してみると

偏微分可能で偏導関数が連続 $\Longrightarrow$ 微分可能 $\Longrightarrow$ 偏微分可能

となる．曲面を最も良く近似する平面の存在ということから，2 変数関数の微分可能性を定義したのであるが，この微分可能性に対する必要かつ十分条件を 4.1 節で定義した偏導関数のことばで与えることは不可能といえる．

2 変数関数を用いた実際の計算では，偏導関数，偏微分係数が使われることが多いが，"微分可能" と "偏微分可能" の違いには注意しよう．

§4.5　熱力学事始め

これまで 2 変数関数を xyz 空間の変数を用いて表してきた．一方，多くの物理現象では，物理量を独立変数として使い，そのうえで別の物理量に対応させる写像として 2 変数関数を用いることができる．

例として熱力学があげられる．いま，一定量の気体がシリンダーに密封されており，気体の体積はピストンを上下することで自由に変えられるとしよう．もし，ピストンを押して気体の体積を小さくしていけば，内部の気体の圧力は高くなることが予想できよう．実際，一定温度のもとでは，気体の圧力と体積は反比例する (ボイルの法則，図 4.11 (左))．

他方，気体の圧力を一定に保ちつつ，温度を上げていくと気体は膨張し体積が増えることも予想できよう．実際，一定圧力のもとでは，気体の体積と

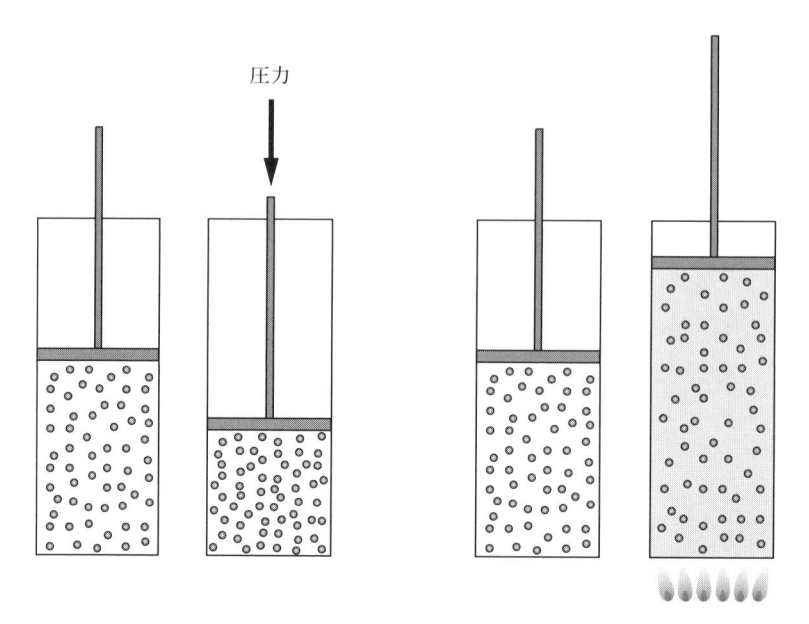

図 4.11 一定量の気体は体積が小さいほど圧力が高くなる (左), 温度を上げていくと気体の体積は増える (右).

絶対温度[11] は比例する (シャルルの法則, 図 4.11 (右)).

以上の法則は, どんな種類の気体でも圧力が低い状態では成り立つことが知られており, これらをまとめたものが次の理想気体の状態方程式である:

$$pV = nRT. \tag{4.28}$$

ここで, p は気体の圧力 (単位はパスカル (Pa) で Pa=N(ニュートン)/m^2), V は気体の占める体積 (単位は m^3), n は気体のモル数 (単位は mol), R は普遍気体定数 ($=8.32$ J/mol·K), T は気体の絶対温度 (単位はケルビン (K)) である.

圧縮率 μ, 膨張係数 β を

---

[11] 摂氏温度 (°C)+273.15. 単位はケルビン (K).

$$\mu=-\frac{1}{V}\left(\frac{\partial V}{\partial p}\right)_T, \quad \beta=\frac{1}{V}\left(\frac{\partial V}{\partial T}\right)_p \tag{4.29}$$

で定義する．

これらの式の意味は直感的にもわかりやすい．すなわち圧縮率 μ は，温度 T が一定の下で圧力を上げたときに，気体の体積が相対的に減る割合を示す．膨張係数 β は，圧力 p が一定の下で温度を上げたときに，気体の体積が相対的に増える割合を示している．圧縮率 μ の定義式にマイナスがつくのは，$\left(\frac{\partial V}{\partial p}\right)_T$ が負の値であり，μ を正にした方が便利だからである．

(4.29) では，体積 V を絶対温度 T と圧力 p の2変数関数 $V=V(T,p)$ とみなしているのである．熱力学では偏微分する際，一定に保っておく量を ( ) の右下に記入するのが習慣になっている．4.1節での偏微分の定義に従えばその必要はないのではあるが，今のように物理量が絡んでくると，この熱力学での表記は理解の助けとなる．

圧縮率 μ と膨張係数 β は (4.29) から計測される．ところが理想気体の場合，状態方程式 (4.28) を用いると，μ と β は気体の状態量[12]そのものと結びつく．以下の例でそれをみていこう．

例 4.6 状態方程式 (4.28) から

$$\mu=-\frac{1}{V}\left(\frac{\partial V}{\partial p}\right)_T=\frac{1}{p}, \quad \beta=\frac{1}{V}\left(\frac{\partial V}{\partial T}\right)_p=\frac{1}{T}$$

を示せ．

解 状態方程式 (4.28) から

$$V=V(T,p)=\frac{nRT}{p}.$$

ゆえに

$$\left(\frac{\partial V}{\partial p}\right)_T=-\frac{nRT}{p^2}, \quad \left(\frac{\partial V}{\partial T}\right)_p=\frac{nR}{p}.$$

---

[12] 状態量：物体が熱平衡であるとき，平衡状態に応じてきまる物体に関する量．例えば物体の体積，圧力，温度など．

したがって
$$\mu = -\frac{1}{V}\left(\frac{\partial V}{\partial p}\right)_T = \frac{1}{V}\frac{nRT}{p^2}.$$

再び (4.28) を使い
$$= \frac{1}{p}.$$

また
$$\beta = \frac{1}{V}\left(\frac{\partial V}{\partial T}\right)_p = \frac{1}{V}\frac{nR}{p}$$

であるから，再び (4.28) を使えば
$$= \frac{1}{T}. \quad\blacksquare$$

問 4.11 状態方程式 (4.28) から $\left(\dfrac{\partial V}{\partial p}\right)_T \cdot \left(\dfrac{\partial p}{\partial T}\right)_V \cdot \left(\dfrac{\partial T}{\partial V}\right)_p = -1$ を示せ.

§4.6 流れの方向とポテンシャル

4.4 節まで，2 変数関数 $z=f(x,y)$ を扱ってきた．この節では，独立変数をもう一つ増やし，3 変数関数 $w=f(x,y,z)$ について考えよう．x,y,z の値を独立に与えると，w の値が関数 f によって定まる．すると今度は，f をそれぞれ一つの変数だけの関数と思って微分することで，**3 種類の偏導関数**が導入できる：

$$\frac{\partial f}{\partial x}(x,y,z) \ \ (=f_x(x,y,z)),$$
$$\frac{\partial f}{\partial y}(x,y,z) \ \ (=f_y(x,y,z)),$$
$$\frac{\partial f}{\partial z}(x,y,z) \ \ (=f_z(x,y,z)).$$

例えば，最初の $w=f(x,y,z)$ の x に関する偏導関数 $\dfrac{\partial f}{\partial x}(x,y,z)$ は

$$\frac{\partial f}{\partial x}(x,y,z) = \lim_{h\to 0}\frac{f(x+h,y,z)-f(x,y,z)}{h}$$

で定義される．

次に，3 変数関数 $w = f(x,y,z)$ と t の関数 $x(t), y(t), z(t)$ との合成関数 $w(t) = f(x(t), y(t), z(t))$ に対して，その t 微分を求めよう．すると (4.6) と類似な公式が得られる．

定理 4.7 偏導関数 $\frac{\partial f}{\partial x}(x,y,z), \frac{\partial f}{\partial y}(x,y,z), \frac{\partial f}{\partial z}(x,y,z)$ は存在して連続，$x(t), y(t), z(t)$ はそれぞれの導関数 $x'(t), y'(t), z'(t)$ が存在するとする．このとき

$$\frac{dw}{dt} = \frac{\partial f}{\partial x}(x(t),y(t),z(t))\frac{dx}{dt} + \frac{\partial f}{\partial y}(x(t),y(t),z(t))\frac{dy}{dt}$$
$$+ \frac{\partial f}{\partial z}(x(t),y(t),z(t))\frac{dz}{dt}. \tag{4.30}$$

証明 微分係数の定義 (定義 2.1) に基づき $\frac{dw}{dt}$ を書き直していくと，

$$\frac{dw}{dt} = \lim_{h\to 0}\frac{w(t+h)-w(t)}{h}$$
$$= \lim_{h\to 0}\frac{f(x(t+h),y(t+h),z(t+h))-f(x(t),y(t))}{h}.$$

定理 4.2 の証明と同様，分子に同じものを引いて加える操作を施し，

$$\frac{dw}{dt} = \lim_{h\to 0}\frac{f(x(t+h),y(t+h),z(t+h))-f(x(t),y(t+h),z(t+h))}{h}$$
$$+ \lim_{h\to 0}\frac{f(x(t),y(t+h),z(t+h))-f(x(t),y(t),z(t+h))}{h}$$
$$+ \lim_{h\to 0}\frac{f(x(t),y(t),z(t+h))-f(x(t),y(t),z(t))}{h}.$$

そこで右辺の 3 項の分子においてそれぞれ，1 変数関数 $x \longrightarrow f(x, y(t+h), z(t+h))$，$y \longrightarrow f(x(t), y, z(t+h))$，$z \longrightarrow f(x(t), y(t), z)$ に平均値の定理を適用する．最後に $h \longrightarrow 0$ として，$f(x,y,z)$ の偏導関数の連続性と $x(t), y(t), z(t)$ の微分可能性を用いれば結果を得る．この方法は定理 4.2 の証明とまったく

相似なので，証明の後半は読者の練習問題としよう．　□

2 変数関数 $z=f(x,y)$ に対しては，xyz 空間で点 $(x,y,f(x,y))$ をプロットすることで，空間内に曲面がつくられた．一方，3 変数関数を空間内に，そのまま図形として表現することは不可能である．そこで，

空間内の各点 (x,y,z) で値 $f(x,y,z)$ が定められている

という 3 変数関数本来の解釈に戻ると，われわれの住む世界は 3 次元空間であるから，身近な $f(x,y,z)$ の例は多くみつけることができる．例えば，$f(x,y,z)$ は (x,y,z) での温度を表す，としてみれば，f は 3 変数関数である．その他，$f(x,y,z)$ として，(x,y,z) での気圧，湿度，力学での質量密度，電磁気学での電位などをあげることができる．

3 変数関数 $w=f(x,y,z)$ の方向微分を考えよう．いま，(x,y,z) が，空間内の点 (a,b,c) からベクトル (h,k,l) に平行な直線上を動くとする[13]．ただし，$\sqrt{h^2+k^2+l^2}=1$ とおく．このとき，x,y,z は，t をパラメタとして

$$x(t)=a+ht, \quad y(t)=b+kt, \quad z(t)=c+lt \tag{4.31}$$

で表される．すると，$w(t)=f(x(t),y(t),z(t))$ は，空間内の直線 (4.31) に沿った w の値を表す．したがって，$w(t)$ の t 微分は，t を動かしたときの w の値の変化率，すなわち (x,y,z) が直線 (4.31) に沿って動いたときに $w=f(x,y,z)$ の値の変化率を表す．

(4.31) より

$$\frac{dx}{dt}=h, \quad \frac{dy}{dt}=k, \quad \frac{dz}{dt}=l$$

であるから，公式 (4.30) が使えて，

---

[13] $A=(a,b,c)$ を空間の点と見るのが普通であるが，これを位置ベクトル $\overrightarrow{OA}=(a,b,c)$ とも表すので，まぎらわしい．そこで**点** (a,b,c)，**ベクトル** (a,b,c) と言葉をつけて判別する．

$$\frac{dw}{dt} = f_x(a+ht,b+kt,c+lt)h + f_y(a+ht,b+kt,c+lt)k$$
$$+ f_z(a+ht,b+kt,c+lt)l. \tag{4.32}$$

特に，点 (a,b,c) での w の値の変化率は，上式で $t=0$ とすることで，

$$f_x(a,b,c)h + f_y(a,b,c)k + f_x(a,b,c)l. \tag{4.33}$$

(4.33) を $w=f(x,y,z)$ の点 (a,b,c) における (h,k,l) 方向への**方向微分係数**という．

4.3 節と類似な考え方で，方向微分係数 (4.33) が最大となる方向，および最小となる方向 (h,k,l) をそれぞれ求めてみよう．これらはそれぞれ，$w=f(x,y,z)$ の値が最も増大する方向，$w=f(x,y,z)$ の値が最も減少する方向である．

(4.33) は，二つのベクトル $\bigl(f_x(a,b,c),\ f_y(a,b,c),\ f_z(a,b,c)\bigr)$ と $(h,\ k,\ l)$ の内積

$$\left\langle \bigl(f_x(a,b,c),\ f_y(a,b,c),\ f_z(a,b,c)\bigr),\ (h,\ k,\ l) \right\rangle$$

に等しいことに注意すれば，最大となる (h,k,l) は

$$(h,\ k,\ l) = \frac{1}{\sqrt{f_x(a,b,c)^2 + f_y(a,b,c)^2 + f_z(a,b,c)^2}}$$
$$\times \bigl(f_x(a,b,c),\ f_y(a,b,c),\ f_z(a,b,c)\bigr),$$

最小となる (h,k,l) は

$$(h,\ k,\ l) = \frac{-1}{\sqrt{f_x(a,b,c)^2 + f_y(a,b,c)^2 + f_z(a,b,c)^2}}$$
$$\times \bigl(f_x(a,b,c),\ f_y(a,b,c),\ f_z(a,b,c)\bigr). \tag{4.34}$$

4.3 節で導入した「流れは，曲面の高さが最も減少する方向に進む」という考え方を，3 変数関数 $f(x,y,z)$ に適用し，

「流れは，$w=f(x,y,z)$ の値が最も減少する方向に進む」

という原理を用いると多くのモデルが説明できる．

例えば，$f(x,y,z)$ は (x,y,z) での気圧を表すとすれば，(a,b,c) から空気は (4.34) の方向に流れ始める．すなわち風の向かう方向が (4.34) である．$f(x,y,z)$ を電位にとれば，電流の向き，すなわち荷電粒子が力を受ける方向が (4.34) である．

ベクトル解析では，ベクトル $(f_x(x,y,z), f_y(x,y,z), f_z(x,y,z))$ のことを 3 変数関数 $f(x,y,z)$ の**勾配 (gradient)** とよび，記号 $\mathrm{grad}\,f$, ∇f で表す．したがって (4.34) から，ベクトル

$$-\mathrm{grad}\,f = \bigl(-f_x(x,y,z),\ -f_y(x,y,z),\ -f_z(x,y,z)\bigr) \tag{4.35}$$

が，空間内の各点 (x,y,z) において $f(x,y,z)$ **が最も減少する方向**であり，**流れの方向**でもある．

流れの方向を作図することを試みよう．そのために，等位面の概念を導入する．γ をある定数としたとき，

$$f(x,y,z) = \gamma \tag{4.36}$$

を満たす (x,y,z) がつくる曲面を関数 $f(x,y,z)$ の**等位面**という．γ の値を変えれば，それに応じて等位面も変わる．

例 4.7 (1) $f(x,y,z) = x^2 + y^2 + z^2$ で $\gamma > 0$ のとき，(4.36) は原点中心で半径 $\sqrt{\gamma}$ の球面を表す．

(2) $f(x,y,z) = x + y + z$ のとき，(4.36) は原点からの距離が $\dfrac{|\gamma|}{\sqrt{3}}$ で法線ベクトルが $(1,1,1)$ の平面を表す．

定理 4.8 ベクトル $\mathrm{grad}\,f = \bigl(f_x(x,y,z), f_y(x,y,z), f_z(x,y,z)\bigr)$ は常に，そこでの等位面の接平面に直交する (図 4.12)．

証明 等位面の式 (4.36) において，z を (x,y) の関数 $z(x,y)$ とみなせ

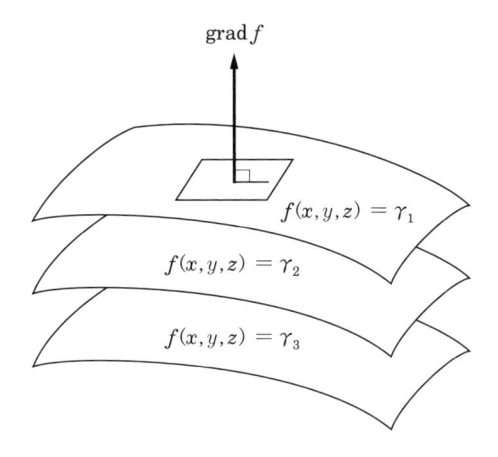

図 **4.12** 等位面とベクトル $\mathrm{grad} f$.

ば[14]，曲面 $z=z(x,y)$ が等位面に他ならない．そこで，4.4 節の接平面の話を思い出そう．

(4.21) より，曲面 $z=z(x,y)$ 上の点 $(x,y,z(x,y))$ での二つの 1 次独立な接ベクトルは，

$$\boldsymbol{t}_1 = \Big(1,\ 0,\ z_x(x,y)\Big), \quad \boldsymbol{t}_2 = \Big(0,\ 1,\ z_y(x,y)\Big) \tag{4.37}$$

にとれる．

さて，(4.36) の両辺を x で偏微分すると，合成関数の偏微分の公式 (4.30) が左辺に使えて[15]

$$f_x(x,y,z) + f_z(x,y,z) z_x(x,y) = 0.$$

この左辺は $\mathrm{grad} f$ と $\boldsymbol{t}_1$ の内積であるから，$\mathrm{grad} f$ は $\boldsymbol{t}_1$ と直交している．

---

[14] $z(x,y)$ の存在は陰関数定理により保証される．曲面 (4.36) 上の 1 点 (x_0,y_0,z_0) で $\mathrm{grad} f \neq (0,0,0)$ とする．そこで例えば $f_z(x_0,y_0,z_0) \neq 0$ とするならば，(x_0,y_0,z_0) の近傍で連続関数 $z=z(x,y)$ が存在し，$z_0 = z(x_0,y_0)$ かつ $f(x,y,z(x,y)) = \gamma$．さらに f が C^1-級ならば z も C^1-級である (陰関数定理)．

[15] (4.30) での t を x として使う．いまは独立変数が x,y と二つあるので，t 微分が x 偏微分となる．3 行すすんで "同様に" 以下では，(4.30) での t を y として使う．

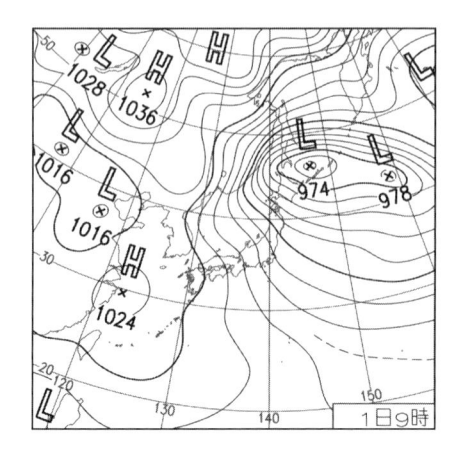

図 **4.13** 2010 年 1 月 1 日午前 9 時の天気図．記号 H, L はそれぞれ高気圧と低気圧の中心．等圧線は 4 hPa ごとである (気象庁提供)．

同様に，(4.36) の両辺を y で偏微分すると，

$$f_y(x,y,z) + f_z(x,y,z) z_y(x,y) = 0.$$

左辺は $\mathrm{grad}\, f$ と $\boldsymbol{t}_2$ の内積であるから，$\mathrm{grad}\, f$ は $\boldsymbol{t}_2$ とも直交している．以上より，$\mathrm{grad}\, f$ は，点 $(x, y, z(x,y))$ における等位面 $z = z(x,y)$ の接平面に直交する． □

等位面は様々な物理現象を記述するのに使われている．例えば，$f(x,y,z)$ は (x,y,z) での気圧を表すとすれば，等位面はすなわち等圧面である．等圧面 "$f(x,y,z) = 1000\,\mathrm{hPa}$"[16] は，空間内で気圧が $1000\,\mathrm{hPa}$ となる点を集めてできる曲面である．そして等圧面を地表面に射影してできる曲線は，天気図の等圧線としてなじみ深いものである (図 4.13)．

定理 4.8 は，等圧面などの等位面があたえられたとき，流れの方向，ここでは，**空気の流れ (風) の方向**が，常に**等位面に垂直**であることを示している．さらに，等位面に垂直な方向は面の表と裏どちらを向くかで 2 通りあるが，(4.34) が $f(x,y,z)$ の値が最も減少する方向であることを思い出せば，

---

[16] 1 hPa (ヘクトパスカル)=100 Pa．Pa (パスカル) は気圧の単位．(4.28) の直後を参照．

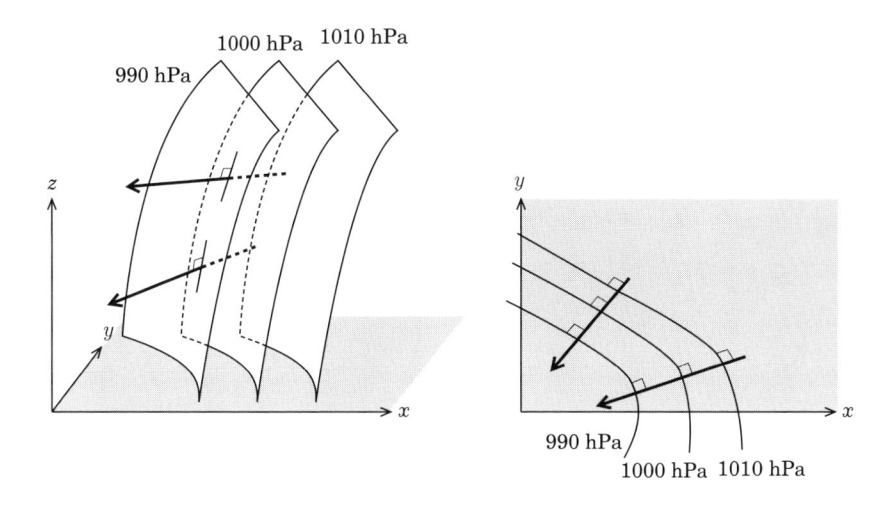

図 **4.14** 等圧面と風の方向 (左), 等圧線と地表面での風の方向 (右).

流れの方向は，等位面に垂直な 2 通りの方向のうち，$f(x,y,z)=\gamma$ の値が減少する向きにとればよいことがわかる．

図 **4.14** は等圧面と風の方向の簡単な概念図である．図 4.14 (右) の等圧線と風の方向は，3 次元空間での等圧面と風の方向を地表面 (ここでは x-y 平面) に射影したものである[17]．ここで，(4.36) の γ は実数を連続的に動くので，等位面は無数にある．ここでも 990 hPa と 1000 hPa の等位面の間にも無数の等圧面があるが，図では 10 hPa ごとに等圧面をえがいている．

これまで 3 変数関数 $f(x,y,z)$ が与えられたとき，それから決まる流れのベクトル (4.35) の性質をみてきた．一方今度は，xyz 空間の各点でベクトル

$$\boldsymbol{v}=\boldsymbol{v}(x,y,z)=(v_1,\ v_2,\ v_3)$$

が与えられたとき，

$$\boldsymbol{v}=-\mathrm{grad}\,f \tag{4.38}$$

---

[17] 実際の地球表面での風は，地球の自転に起因するコリオリの力もうけるので，渦度が発生する．

となる 3 変数関数 $f(x,y,z)$ が見つかるか,という問題を考えたい.与えられたベクトル場が流れの向きとなるようなスカラー場 $f(x,y,z)$ が見つかるかという問題である.

一般に,ベクトル場 $\boldsymbol{v}(x,y,z)$ に対して,各点で (4.38) を満たす関数 $f(x,y,z)$ のことを,ベクトル場 $\boldsymbol{v}$ の**ポテンシャル**とよぶ.例えば,風向きを示すベクトル場に対しては,各点での気圧を表す関数がポテンシャルとなる.

任意のベクトル場がポテンシャルをもつとは限らない.ここでは,与えられたベクトル場がポテンシャルをもつための条件を述べよう.ベクトル解析では重要な定理であるが,証明はここでは割愛し,例えば [10] を見られたい.

定理 4.9 ベクトル場 $\boldsymbol{v} = \boldsymbol{v}(x,y,z) = (v_1, v_2, v_3)$ がポテンシャルをもつ,すなわち,(4.38) を満たす関数 $f(x,y,z)$ が存在するための必要十分条件は,

$$\mathrm{rot}\,\boldsymbol{v} = \left(\frac{\partial v_3}{\partial x_2} - \frac{\partial v_2}{\partial x_3},\ \frac{\partial v_1}{\partial x_3} - \frac{\partial v_3}{\partial x_1},\ \frac{\partial v_2}{\partial x_1} - \frac{\partial v_1}{\partial x_2}\right) = \boldsymbol{0}.$$

注意 $\mathrm{rot}\,\boldsymbol{v}$ をベクトル場 $\boldsymbol{v}$ の**回転** (rotation) とよぶ.

§4.7 ベクトル場とポテンシャルの代表例

この節では,ベクトル場とそのポテンシャルの代表的な例をみていこう.

例 4.8 (**水のわき出し場**) 原点にある水源から密度一定の流体が,単位時間あたり一定の体積だけわき出し,四方に流れ出ている.時間が十分たって流れは定常的かつ等方的になったとする.すなわち,流れの速度ベクトルは時刻によらず常に動径方向を向き,原点からの距離のみに依存するものとする (図 4.15).

今,水源から単位時間にわき出す流体の体積を Q とし,また流体中の任意の一点の位置ベクトルを $\boldsymbol{r} = (x,y,z)$ とおき,その大きさを $r(=|\boldsymbol{r}| = \sqrt{x^2+y^2+z^2})$ で表す.

このとき,原点中心,半径 r の仮想球面を横切って単位時間に流れ出る流体

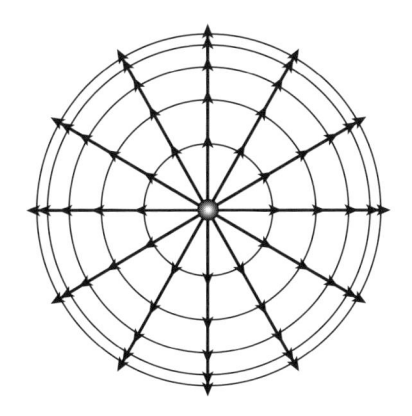

図 **4.15** 水のわき出し.

の体積はやはり Q であるから[18]，点 r での流れの速度ベクトル $v = v(x,y,z)$ は，

$$4\pi r^2 v = Q \tag{4.39}$$

を満たす．ここで $v = |v|$. なぜならば，この仮想球面の表面積が $4\pi r^2$，球面を垂直に横切る流体の速度が v, よってそれらの積が球面から流れ出る流体の体積となるからである.

仮定より v は常に動径方向 (r 方向) を向いているが，動径方向の単位ベクトルは $\dfrac{r}{r}$ であるから，(4.39) より

$$v = \frac{Q}{4\pi r^2}\,\frac{r}{r} = \frac{Q}{4\pi r^3}\,r. \tag{4.40}$$

この流れの速度ベクトル場に対して，ポテンシャルをみつけよう．$r = \sqrt{x^2 + y^2 + z^2}$ から

$$\mathrm{grad}\ r = \left(\frac{\partial r}{\partial x},\ \frac{\partial r}{\partial y},\ \frac{\partial r}{\partial z}\right) = \left(\frac{x}{r},\ \frac{y}{r},\ \frac{z}{r}\right) = \frac{1}{r}\,r.$$

---

[18] 定常流においては，わき出し点から単位時間あたりにわき出る流体の体積は，わき出し点を囲む任意の閉曲面から単位時間に流れ出る流体の体積に等しい.

ゆえに合成関数の微分の公式から

$$\mathrm{grad}\left(\frac{1}{r}\right) = -\frac{1}{r^2}\,\mathrm{grad}\,r = -\frac{1}{r^3}\,\boldsymbol{r}.$$

したがって，(4.40) は，

$$\boldsymbol{v} = -\mathrm{grad}\left(\frac{Q}{4\pi r}\right).$$

ゆえに，ベクトル場 (4.40) のポテンシャル U は，

$$U(x,y,z) = \frac{Q}{4\pi r}. \quad \blacksquare \tag{4.41}$$

❦ **例 4.9 （静電場）** ここでは，q クーロン (C) の点電荷によってつくられる電場ベクトルと，そのポテンシャルを求めよう．

　q クーロンの点電荷を原点に置き，原点以外に置かれた q_0 クーロンの点電荷の位置ベクトルを $\boldsymbol{r} = (x,y,z)$ とおく．これら二つの点電荷間に働く力（静電気力またはクーロン力とよばれる）の大きさ F は，クーロンの法則により両電荷間の距離 $r = |\boldsymbol{r}|$ の 2 乗に反比例し

$$F = k\frac{|qq_0|}{r^2} \tag{4.42}$$

で与えられる．k はクーロン定数（$=8.99\cdots\times 10^9$ N·m^2·C^{-2}）である．ここで，電荷 q と q_0 が同符号のときの働く力は斥力（反発し合う力）となり，電荷 q と q_0 が異符号のときは引力（引き合う力）となる（図 4.16）．

　さて，ここでは点電荷 q_0 に着目すると，この点電荷が原点におかれた点電荷 q から受ける力のベクトル $\boldsymbol{F}$ は，

$$\boldsymbol{F} = k\frac{qq_0}{r^2}\left(\frac{\boldsymbol{r}}{r}\right) = k\frac{qq_0}{r^3}\,\boldsymbol{r} \tag{4.43}$$

となる．なぜなら，電荷 q と q_0 が同符号のときは斥力となり，$\boldsymbol{F}$ の向きは動径方向の単位ベクトル $\dfrac{\boldsymbol{r}}{r}$ で表され，$\boldsymbol{F}$ の大きさは (4.42) である．一方，電荷 q と q_0 が異符号のときは引力となるので，$\boldsymbol{F}$ の向きは原点方向を向いた単位ベクトル $-\dfrac{\boldsymbol{r}}{r}$ で表されるが，q と q_0 が異符号なので (4.43) の $\boldsymbol{F}$ の向

図 **4.16** 二つの点電荷 q, q_0 間に働く斥力 (q と q_0 が同符号のとき).

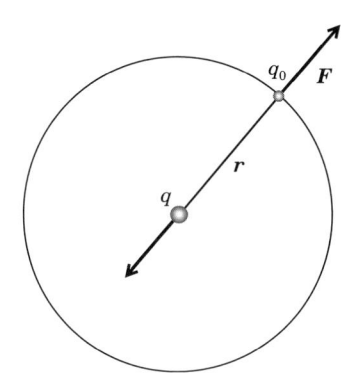

きは原点方向となるからである．

電場 $\boldsymbol{E}$ は 1 クーロンの点電荷が受ける力の場である．したがってそれは (4.43) を q_0 で割ればよく，

$$\boldsymbol{E} = k\frac{q}{r^3}\boldsymbol{r} \tag{4.44}$$

この電場 $\boldsymbol{E}$ に対して，ポテンシャルを求めよう．(4.40) での $\dfrac{Q}{4\pi}$ を kq に置き換えれば，例 4.8 での (4.40) 以降の議論がそのまま使えて，

$$\boldsymbol{E} = -\mathrm{grad}\left(\frac{kq}{r}\right).$$

したがって，

$$U(x,y,z) = \frac{kq}{r} \tag{4.45}$$

が電場 $\boldsymbol{E}$ のポテンシャルである．　■

これは**静電ポテンシャル**または**電位**とよばれ，V(ボルト) の単位でなじみのある物理量となる．

上の二つの例では，流れ (力も一種の流れとみなした) がつくるベクトル

場を見出し，次にそのポテンシャルを求めた．一方，ポテンシャルはスカラー関数であるから，ベクトル場よりも数学的に扱いやすい．そこで様々な物理現象のなかでポテンシャルの満たす微分方程式に着目し，まず解 (ポテンシャル) を求め，次にその勾配 (gradient) を計算することで，ベクトル場がつくる流れの諸性質をみることができる．このアプローチは連続体力学における解析方法の主流である．問 4.13 では，これまでに求めたポテンシャルが，偏微分方程式の一つである**ラプラス方程式**を満たすことを指摘するにとどめるが，このアプローチは，例えば文献 [13] を参照されたい．

問 4.12 (**万有引力の場**)　ここでは，質量 M の物体によってつくられる重力場 (万有引力の場) のベクトルと，そのポテンシャルを求める．質量 M の物体を原点に置き，原点以外の点に置かれた質量 m の物体の位置ベクトルを $\boldsymbol{r}=(x,y,z)$ とおく．両物体間に働く引力の大きさ F は，万有引力の法則により両物体間の距離 $r=|\boldsymbol{r}|$ の 2 乗に反比例し

$$F = G\frac{mM}{r^2} \qquad (4.46)$$

で与えられる．G は万有引力定数 ($=6.672\cdots\times 10^{-11}$ N·m^2·kg^{-2}) である．
(1)　質量 m の物体が質量 M の物体から受ける力のベクトル $\boldsymbol{F}$ は，原点方向を向き，大きさは (4.46) で与えられる．このベクトル $\boldsymbol{F}$ を G,m,M,r および $\boldsymbol{r}$ で表せ．
(2)　この力のベクトル場に対して，ポテンシャル $U=U(x,y,z)$，すなわち

$$\boldsymbol{F} = -\mathrm{grad}\, U$$

となる U を求めよ．U は**重力ポテンシャル**とよばれるものである．

問 4.13　ポテンシャル (4.41), (4.45) および前問の重力ポテンシャル U は，以下のラプラス方程式を満たすことを確認せよ．

$$\frac{\partial^2 U}{\partial x^2}+\frac{\partial^2 U}{\partial y^2}+\frac{\partial^2 U}{\partial z^2}=0.$$

§4.8　定規を使って曲線を描こう

定規で，ふつう私たちは直線をひく．しかしながら，ここでは曲線を描くことを試みよう．図 4.17 (左) の座標平面の上で，x 切片 (x 軸との交点の座標) と y 切片 (y 軸との交点の座標) との和が 10 cm となる直線をひいてみる．もちろん，このような直線は無数にあるが，図 4.17 では x 軸 y 軸上に 5 mm ごとにプロットしてあるので，それを利用して上記の直線を 20 本ぐらい記入してみる (図 4.17 (右))．この作業を続けているうちに，直線の集まりのすぐ外側に沿って，ぼんやりと曲線が浮かび上がってくるであろう．直線をたくさん引けば引くほど，曲線はくっきり見えてくる．さて，この曲線はいったいどのようなものなのか．

ある規則をもった直線の集まりを**直線群**という．上の例では，

「x 切片と y 切片との和が 10cm」

が規則である．外側に沿って浮かび上がってきた曲線をよく見ると，その曲線上の任意の点での接線が直線群に属することが想像できる．このように，任意の点での接線がある直線群に属するとき，その曲線を，直線群の**包絡線**とよぶ．この節では，直線群が与えられたときに，その包絡線を具体的に求める方法を述べる．

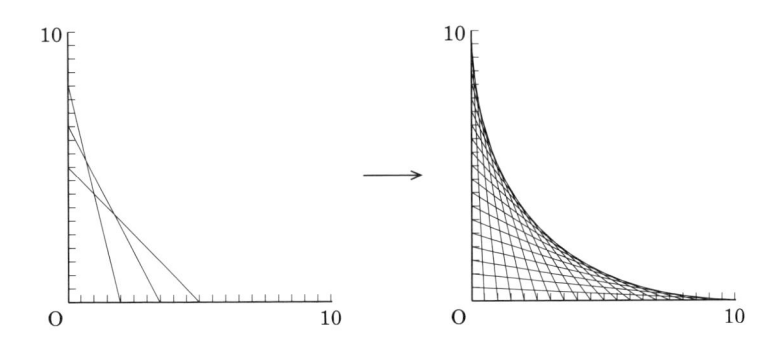

図 4.17　x 切片と y 切片との和が 10 cm となる直線群．

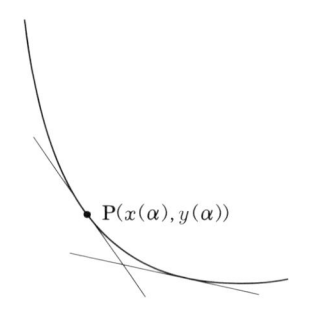

図 4.18 直線群 (細線) と包絡線 (太線). 接点を P とする.

直線群を，α をパラメタとして
$$f(x,y,\alpha)=0 \tag{4.47}$$
で表そう．α を一つきめるごとに直線群に属する直線が 1 本きまるという意味である．上の例では，
$$f(x,y,\alpha)=(10-\alpha)(y-\alpha)+\alpha x \tag{4.48}$$
となる．ここで，和が 10 cm となる x 切片と y 切片のうち，y 切片を α とおいた．

さて，直線 (4.47) と求める包絡線との接点 P を，α を用いて
$$\bigl(x(\alpha),y(\alpha)\bigr) \tag{4.49}$$
で表そう (図 4.18)．関数 $x(\alpha),y(\alpha)$ が求まれば，(4.49) が包絡線のパラメタ表示となる．まず直線 (4.47) の傾き dy/dx を求める．y を x の関数とみなして (4.47) の両辺を x で微分すると，合成関数の偏微分の公式 (4.6) で t を x とおくことにより，
$$f_x(x,y,\alpha)+f_y(x,y,\alpha)\frac{dy}{dx}=0.$$
すなわち，

$$\frac{dy}{dx} = -\frac{f_x(x,y,\alpha)}{f_y(x,y,\alpha)}. \tag{4.50}$$

次に,点 P での包絡線の接線の傾きは,(4.49) から

$$\frac{dy/d\alpha}{dx/d\alpha} = \frac{y'(\alpha)}{x'(\alpha)}. \tag{4.51}$$

包絡線の定義を思い出すと,(4.50) と (4.51) とは等しい.したがって

$$f_x(x,y,\alpha)x'(\alpha) + f_y(x,y,\alpha)y'(\alpha) = 0^{19)}. \tag{4.52}$$

一方,$x=x(\alpha), y=y(\alpha)$ として,(4.47) の両辺を α で微分すると,今度は 3 変数関数における合成関数の偏微分の公式 (4.30) で t も z も α とおくことにより,

$$f_x(x,y,\alpha)x'(\alpha) + f_y(x,y,\alpha)y'(\alpha) + f_\alpha(x,y,\alpha) = 0. \tag{4.53}$$

(4.52) とあわせ,

$$f_\alpha(x,y,\alpha) = 0. \tag{4.54}$$

逆に,(4.54) が成り立てば,(4.53) から (4.50) と (4.51) とは等しい.

したがって,包絡線のパラメタ表示 $(x(\alpha), y(\alpha))$ の関数 $x(\alpha), y(\alpha)$ は,

$$\begin{cases} f(x,y,\alpha) = 0, \\ f_\alpha(x,y,\alpha) = 0 \end{cases} \tag{4.55}$$

を連立して求められることが結論された. □

はじめの例にもどり,包絡線の満たす式を求めよう.(4.48) をパラメタ α で偏微分すると,

[19)] (4.50), (4.51) のような表現を用いると,分母の $f_y(x,y,\alpha), x'(\alpha)$ がゼロでないことが前提となる.しかし,点 P での (4.47) と (4.49) の微分 (点 P を原点にもつ局所座標系 (dx,dy) での接線の式) は,それぞれ,

$$f_x(x,y,\alpha)dx + f_y(x,y,\alpha)dy = 0, \qquad y'(\alpha)dx - x'(\alpha)dy = 0$$

であり (2.1.4 節 (p.51)),この二つの直線が平行である条件として (4.52) を導いた方がすっきりする.

であるから，

$$f_\alpha(x,y,\alpha) = -y-10+2\alpha+x$$

連立方程式

$$\begin{cases} (10-\alpha)(y-\alpha)+\alpha x = 0, \\ -y-10+2\alpha+x = 0 \end{cases}$$

を解けばよい．第2式より

$$\alpha = \frac{-x+y+10}{2}.$$

これを第1式に代入し整理すると，

$$x^2+y^2-2xy-20(x+y)+100=0. \tag{4.56}$$

これが，包絡線の式である．さて，この式はどんな曲線を表しているだろうか．二次曲線であるから楕円，双曲線，放物線のいずれかである．この式をみていても判断がつきにくいので，最初の作図で，直線群の外側に沿って浮かび上がった曲線は，右に 45° 傾いているように見て取れることに注意しよう．曲線 (4.56) を原点中心に 45° 回転させる．点 (x,y) が原点中心に 45° 回転して点 (X,Y) に移るならば，

$$\begin{pmatrix} X \\ Y \end{pmatrix} = \begin{pmatrix} \cos 45° & -\sin 45° \\ \sin 45° & \cos 45° \end{pmatrix} \begin{pmatrix} x \\ y \end{pmatrix} = \frac{1}{\sqrt{2}} \begin{pmatrix} x-y \\ x+y \end{pmatrix}.$$

以上を用いて，(4.56) を (X,Y) に変換すると，

$$Y = \frac{1}{10\sqrt{2}}X^2 + \frac{5}{\sqrt{2}}. \tag{4.57}$$

この式は放物線を表す．したがって，はじめの例での包絡線は放物線であり，(4.57) を原点中心に $-45°$ 回転させた曲線であることが示された．

例 4.10　x 軸と y 軸とで切り取られる長さが $10\,\mathrm{cm}$ となる直線群の包絡線を求めよ．

解　直線が x 軸負方向となす角を α とおく．この直線の傾きは $-\tan\alpha$，y

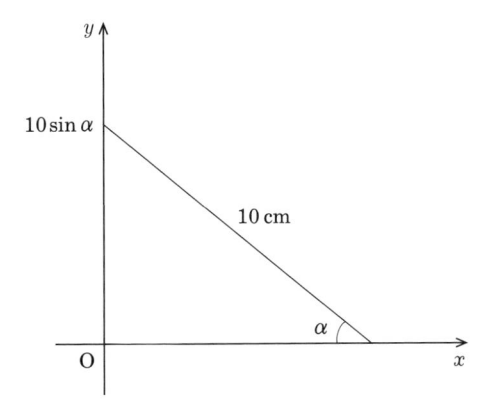

図 **4.19** x 軸と y 軸とで切り取られる長さが 10 cm となる直線.

切片は $10\sin\alpha$ だから (図 4.19), 直線群の式 (4.47) は,

$$f(x,y,\alpha) = x\tan\alpha + y - 10\sin\alpha = 0 \tag{4.58}$$

となる. $f(x,y,\alpha)$ をパラメタ α で偏微分すると,

$$f_\alpha(x,y,\alpha) = \frac{x}{\cos^2\alpha} - 10\cos\alpha.$$

したがって, 包絡線は (4.58) と

$$\frac{x}{\cos^2\alpha} - 10\cos\alpha = 0. \tag{4.59}$$

を連立して求められる.

(4.59) から

$$x = 10\cos^3\alpha. \tag{4.60}$$

これを (4.58) に代入して,

$$y = -x\tan\alpha + 10\sin\alpha = 10(-\cos^3\alpha\tan\alpha + \sin\alpha)$$
$$= 10\sin\alpha(1 - \cos^2\alpha) = 10\sin^3\alpha.$$

ゆえに, 求める包絡線のパラメタ表示 $(x(\alpha), y(\alpha))$ は,

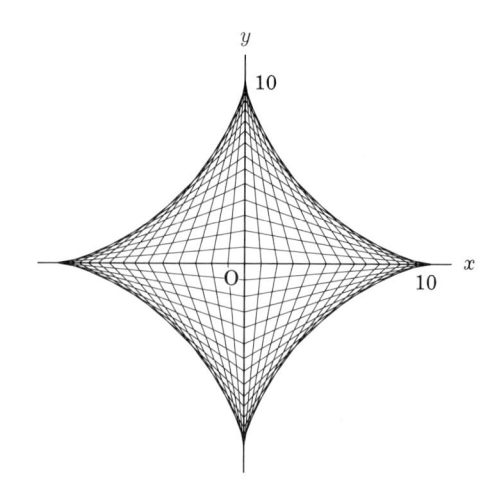

図 **4.20** x 軸と y 軸とで切り取られる長さが 10 cm となる直線群と包絡線．この場合，外側に見えるつぶれた 4 角形が包絡線であり，アステロイドとなる．

$$x(\alpha) = 10\cos^3\alpha, \quad y(\alpha) = 10\sin^3\alpha. \tag{4.61}$$

この曲線は，**アステロイド**[20](asteroid) とよばれるものである (図 4.20). ■

直線群によってつくられた包絡線を，**焦線 (caustic)** ともいう．これは，直線群の中の 1 本 1 本の直線が光線を表しているとすれば，ちょうど包絡線の部分で光が集中し，明るく見えることに由来する．例えば，コーヒーカップに入れた水に太陽光を当てると，カップの内側にカスプ型をした曲線が光るのが見えるであろう．この曲線はネフロイド[21]とよばれもので，平行光線が円周で反射されるとき，その反射光のつくる包絡線である (図 4.21).

---

[20] 半径 R の円の内側を，半径 $R/4$ の円が内接しながら滑らずに転がるとき，内接円上に固定された一点の作る軌跡．今の場合 $R=10$ で，点 (10,0) を通るアステロイドとなる．

[21] 腎臓型曲線．半径 R の円の外側を，半径 $R/2$ の円が外接しながら滑らずに転がるとき，外接円上に固定された一点のつくる軌跡．図 4.21 は $R=\frac{1}{2}$ の場合で，包絡線は (1,0) を通るネフロイドとなる．

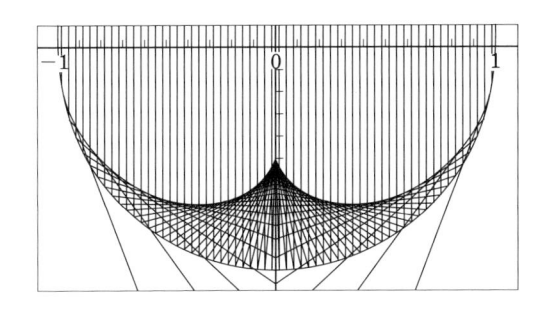

図 **4.21** 円の焦線 (ヨハン・ベルヌーイ，文献 [12] より).

　包絡線 (焦線) は，古くから「毎日自然が目の前に現す曲線」(ヨハン・ベルヌーイ) として，幾何学者を魅了してきたようである (文献 [12] の II.3 節を参照). 同書は本節と内容が重なる部分もあるが，包絡線に関するいろいろなトピックを含んでいる.

　光のつくる包絡線とともに，音のつくる包絡線もみつけることができる. ロンドンのセントポール大聖堂には "ささやきの回廊 (whispering gallery)" とよばれる円形回廊がある. そこでは，高周波の音波が壁からの連続反射により，壁の周囲にそったある狭い帯域にいくつもの包絡線 (caustic) をつくり，そこで強め合いながら伝播していく. そのため人が壁に向かってささやくと，壁に沿ってずっと遠くにいる人も，壁のごく近くではささやき声が異常なほどよく聞こえるそうである (例えば文献 [14] の p.15 を参照. 図 4.22).

　これを数学的に記述しようとすると，偏微分方程式の一つ，波動方程式に対して高周波漸近解を構成する専門的内容となるが，簡単なセッティングの下で，音波の伝わる回廊面，caustic, および高周波漸近解の関係を論じたものに，文献 [28] がある.

　以下の例で

　　「曲線の各点での接線がつくる包絡線はその曲線自身である」

図 4.22 ささやきの回廊 (whispering gallery) の構造 (文献 [14] より).

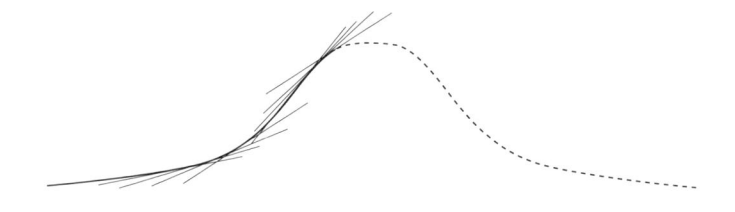

図 4.23 富士山の稜線の接線がつくる包絡線.

という事実を示そう．これは，1.1 節での富士山のモデルにおいて，稜線の接線がつくる包絡線はその稜線そのものになることを意味する (図 4.23)．

例 4.11 曲線 $y=F(x)$ $(x\in I)$ の接線がつくる包絡線は，曲線 $y=F(x)$ と一致することを示せ．

解 曲線 $y=F(x)$ 上の点 $(\alpha, F(\alpha))$ $(\alpha\in I)$ における接線の方程式は

$$y-F(\alpha)=F'(\alpha)(x-\alpha)$$

であるから，直線群の式 (4.47) は

$$f(x,y,\alpha)=F'(\alpha)(x-\alpha)-y+F(\alpha)=0. \tag{4.62}$$

一方 $f_\alpha(x,y,\alpha)=0$ より

$$F''(\alpha)(x-\alpha)-F'(\alpha)+F'(\alpha)=F''(\alpha)(x-\alpha)=0.$$

$F''(\alpha)\equiv 0$ となるのは $F(x)$ が一次関数，すなわち直線のときであるからそ

れを除外して

$$x = \alpha.$$

これを (4.62) に代入すれば

$$y = F(\alpha).$$

ゆえに $y = F(x)$ が包絡線である． ∎

　これまで，α をパラメタとして (4.47) で直線群を表したが，"直線群" を "曲線群" に置きかえても，まったく同様な議論が成り立つ．ただし C が曲線群の包絡線であるとは，C の任意の点における接線が曲線群を構成する曲線のどれかに接しているときをいう．このとき，曲線群 $f(x,y,\alpha)=0$ の包絡線もやはり (4.55) より求められる．

問 4.14　このことを確認せよ[22]．

例 4.12　一点から初速度 v_0 で打ち上げた質点がつくる曲線 (放物線) 群の包絡線を求めよ．ただし，重力加速度を g とする (噴水の一本ごとの水管は放物線である．しかし，遠くから噴水をながめると，見えるのは，一本ごとの水管ではなく，その包絡線である (図 4.24)．打ち上げの角度をパラメタ α とせよ)．

解　打ち上げ地点を原点にとり，水平方向に x 軸を，鉛直上向き方向に y 軸をとる．原点での打ち上げ方向と x 軸とのなす角を α $(0<\alpha<\pi)$ とおく (図 4.25)．

　打ち上げ時から経過した時間を t，そのときの質点の位置を (x,y) で表そう．質点は水平方向には速度 $v_0 \cos\alpha$ の等速直線運動をおこなうから

$$x = v_0 \cos\alpha\, t. \tag{4.63}$$

---

[22] $f_x(x,y,\alpha)=f_y(x,y,\alpha)=0$ となる (x,y) を曲線 $f(x,y,\alpha)=0$ の特異点とよぶ．α を動かしたときの特異点の軌跡は (4.52) を自動的に満たす．したがって (4.55) を満たす解を求めても，それが特異点の軌跡となる可能性に注意されたい．$f(x,y,\alpha)=0$ が直線であれば，特異点は存在しない．

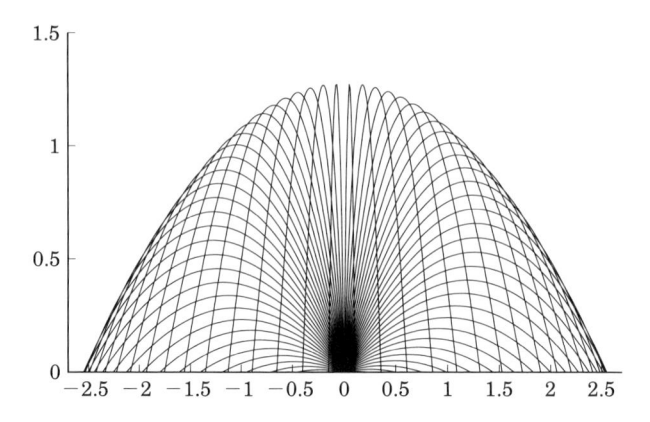

図 4.24 $g=9.8$ m/s^2, $v_0=5$ m/s としたときの放物線群．横軸，縦軸とも目盛りの単位は m (メートル)．輪郭線として浮かび上がってくるのが包絡線である．

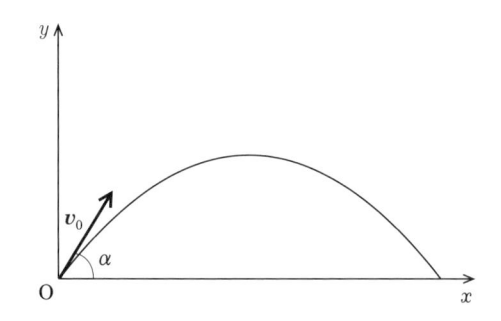

図 4.25 初速度 v_0 打ち上げ角度 α の質点がつくる曲線．

一方，鉛直方向には常に重力加速度を g がはたらくので，質点の速度の y 成分 dy/dt は，

$$\frac{dy}{dt} = v_0 \sin\alpha - gt.$$

これを t で積分し，$t=0$ では $y=0$ であることと合わせると，

$$y = v_0 \sin\alpha \, t - \frac{1}{2}gt^2. \tag{4.64}$$

(4.63) から $t = x/(v_0 \cos\alpha)$. これを (4.64) に代入すれば,

$$y = \tan\alpha \; x - \frac{g}{2v_0^2 \cos^2\alpha} \; x^2. \tag{4.65}$$

これが，原点より角度 α で打ち上げられた質点のつくる軌跡の式であり，α をパラメタとみれば放物線群を表している．では，この包絡線を求めていく．そこで，

$$f(x,y,\alpha) = \tan\alpha \; x - y - \frac{g}{2v_0^2 \cos^2\alpha} \; x^2$$

とおいて，(4.55) を用いよう．$f(x,y,\alpha)$ を α で偏微分すると，

$$f_\alpha(x,y,\alpha) = \frac{1}{\cos^2\alpha} \; x - \frac{g \sin\alpha}{v_0^2 \cos^3\alpha} \; x^2$$

であるから，$f_\alpha(x,y,\alpha) = 0$ より

$$x = \frac{v_0^2 \cos\alpha}{g \sin\alpha} \tag{4.66}$$

を得る．これを (4.65) に代入すると，

$$y = \frac{v_0^2}{g} - \frac{v_0^2}{2g} \; \frac{1}{\sin^2\alpha}. \tag{4.67}$$

再び，(4.66) を用いて

$$\frac{1}{\sin^2\alpha} = 1 + \frac{\cos^2\alpha}{\sin^2\alpha} = 1 + \left(\frac{g}{v_0^2}x\right)^2$$

と変形し，(4.67) に代入すれば，

$$y = \frac{v_0^2}{2g} - \frac{g}{2v_0^2} x^2. \tag{4.68}$$

ゆえに，包絡線も放物線となることが示された．■

問 4.15 放物線 (4.65) が包絡線 (4.68) に x 軸上で接するときの α を求めよ (水平面上で最も遠くへ達するときの打ち上げ角度である)．また，水平面上で質点が到達する最大距離 (すなわち包絡線 (4.68) と x 軸との交点の x

座標) と，鉛直上向き方向に質点が到達する最大高度 (すなわち (4.68) と y 軸との交点の y 座標) との比は，v_0 にも g にもよらず，$2:1$ であることを示せ．

問 4.16 次の規則をもった直線群を数十本引き，包絡線をイメージせよ．(4.55) から包絡線を表す式を求めよ．

　(1)　x 切片と y 切片との積が $10\,\mathrm{cm}^2$ (ヒント: x 切片をパラメタ α とせよ)．

　(2)　傾きが x 切片の値に等しい．

■ 演習問題

1. $f(x,y)=\log\sqrt{x^2+y^2}$ のとき $f_{xx}+f_{yy}=0$ を示せ．

2. $x=r\cos\theta, y=r\sin\theta$ $(0\leq r<\infty, 0\leq\theta<2\pi)$ と，C^2-級の 2 変数関数 $f(x,y)$ との合成関数 $z=z(r,\theta)=f(r\cos\theta,r\sin\theta)$ を考える．

(1) $\dfrac{\partial^2 z}{\partial r^2},\dfrac{\partial^2 z}{\partial \theta^2}$ を，$\dfrac{\partial^2 f}{\partial x^2},\dfrac{\partial^2 f}{\partial x\partial y},\dfrac{\partial^2 f}{\partial y^2}$ および $\dfrac{\partial f}{\partial x},\dfrac{\partial f}{\partial y}$ を用いて表せ．

(2) $\dfrac{\partial^2 z}{\partial r^2}+\dfrac{1}{r}\dfrac{\partial z}{\partial r}+\dfrac{1}{r^2}\dfrac{\partial^2 z}{\partial \theta^2}=\dfrac{\partial^2 f}{\partial x^2}+\dfrac{\partial^2 f}{\partial y^2}$ を示せ．

3.

(1) 微分可能な関数 $f(x)$ と定数 $c\neq 0$ に対して $u(x,t)=f(x-ct)$ とおく．このとき関係式 $\dfrac{\partial u}{\partial t}+c\dfrac{\partial u}{\partial x}=0$ が成立することを示せ．

(2) 逆に $u(x,t)$ が $\dfrac{\partial u}{\partial t}+c\dfrac{\partial u}{\partial x}=0$ をみたしているならば，ある関数 $f(x)$ を用いて $u(x,t)=f(x-ct)$ と表されることを示せ．

4. 楕円面 $\dfrac{x^2}{a^2}+\dfrac{y^2}{b^2}+\dfrac{z^2}{c^2}=1$ $(a,b,c>0)$ の点 (x_0,y_0,z_0) における接平面の方程式を以下の方法で求めよ．

(1) 楕円面を等位面とみなして，定理 4.8 より点 (x_0,y_0,z_0) における楕円面の法線ベクトルをもとめよ．

(2) 脚注 8 を用いて，求める接平面の方程式は $\dfrac{x_0}{a^2}x+\dfrac{y_0}{b^2}y+\dfrac{z_0}{c^2}z=1$ となることを示せ．

5. 定理 4.5 (p.237) により，$f(x,y)$ の値を $x-a, y-b$ の 1 次式で最も良く近似したものが $f(a,b)+f_x(a,b)(x-a)+f_y(a,b)(y-b)$ である．この 1 次式を用いて次の値の近似値を求め，真の値と比較せよ．

(1) $(1.02)^2 \times 2.97$ 　　(2) $(1.99 \times e^{-0.01})^3$

6. $z=f(u,v)$ を C^n-級の 2 変数関数として以下の合成関数 $z(t)$ を考える：

$$z(t)=f(u(t),v(t)), \quad u(t)=a+(x-a)t, \quad v(t)=b+(y-b)t. \quad (4.69)$$

テーラーの定理 (定理 2.18 (p.117)) を原点のまわりで 1 変数関数 $z(t)$ に適用すれば，

$$z(t)=z(0)+z'(0)t+\cdots+\frac{z^{(n-1)}(0)}{(n-1)!}t^{n-1}+R_n(t),$$

$$R_n(t)=\frac{z^{(n)}(\theta t)}{n!}t^n, \qquad 0<\theta<1.$$

ここで $t=1$ とおけば

$$z(1)=z(0)+z'(0)+\cdots+\frac{z^{(n-1)}(0)}{(n-1)!}+R_n(1), \quad R_n(1)=\frac{z^{(n)}(\theta)}{n!}. \quad (4.70)$$

(1) (4.70) で $n=2$ とおいた式を (4.69) の $z(t)$ に適用せよ ($x-a, y-b$ の多項式の部分が前問の 1 次式に対応する)．

(2) 一般の n に対する (4.70) を (4.69) の $z(t)$ に適用せよ (2 変数関数に対するテーラーの定理が導かれる)．

第5章 重積分法

§5.1 積分とは「細分して積む」

薄い板でつくられた図形の一端を糸で吊るす．しばらくして静止状態になったときその一端から，図形上に糸の延長線を引く (図 5.1 で延長線は点線で記入してある)．糸をつける端点をいろいろと変えながらこの操作をくり返していこう (文献 [6] 参照)．すると図形上には何本もの延長線が引かれてゆくが，それらは図形上の "ある一点" を通る．その一点をこの図形の**重心** (**質量中心**) とよんでいる．

どんな図形であっても，糸の延長線は図形上のある一点を必ず通るが，それはなぜなのか．また数式を用いるとその一点はどのように表現されるのか．そしてその一点はどんな性質をもつのであろうか．

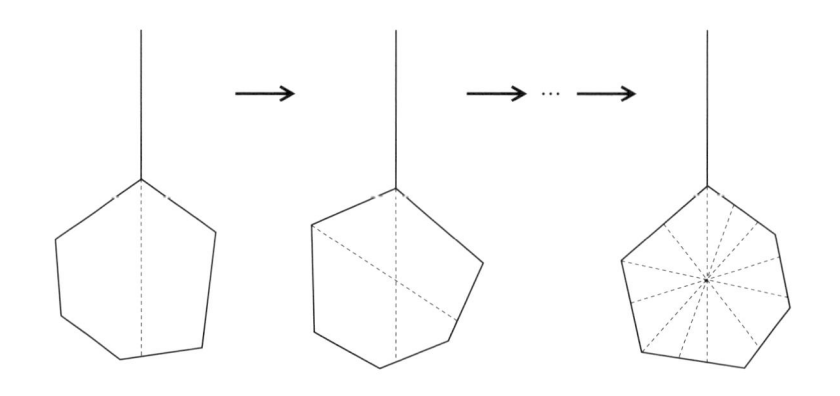

図 5.1　糸をつけた端点から延長線を引く．

5.1 積分とは「細分して積む」   271

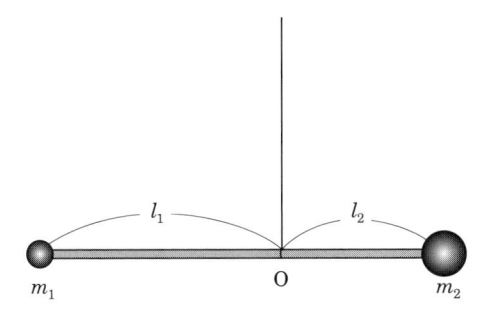

図 **5.2**　重りをつけた棒のつりあい．

　この問題を考察していくために，まず図5.2のような両端に質量m_1, m_2の重りをつけた棒が，点Oで糸にぶら下がってつり合っている状態を考えよう．糸と棒の質量は，両端につけた重りに比べ十分軽く無視できるものとする．点Oから質量m_1の重りまでの距離をl_1，質量m_2の重りまでの距離をl_2としよう．質量m_1の重りには真下方向に重力$m_1 g$がはたらくので，この重りからは，Oを中心に棒を反時計回りにまわそうとする力のモーメント[1]$m_1 g \times l_1$が生じる．同様に，重力$m_2 g$が真下方向にはたらく質量m_2の重りからは，棒を時計回りにまわそうとする力のモーメント$m_2 g \times l_2$が生じる．ここでgは重力加速度である．この二つの回転力がつり合った状態が図5.2であるから，

$$m_1 g l_1 = m_2 g l_2 \quad \text{すなわち} \quad m_1 l_1 = m_2 l_2. \tag{5.1}$$

これが点Oの位置が満たす条件である．

　以上の考察を最初の，糸に吊るした図形に応用できないであろうか．そこで図5.3のように仮想的に，図形を細かく分割しよう．このとき分けられた一個一個の小片がそれぞれ，糸からの延長線と垂直に交わる線分につながれているとする．小片の各々が延長線上の一点Oを中心に図形を回転させようとする力のモーメントを求め，反時計回りのモーメントを正に，時計回り

---

[1] トルクともよばれる．

272　第 5 章　重積分法

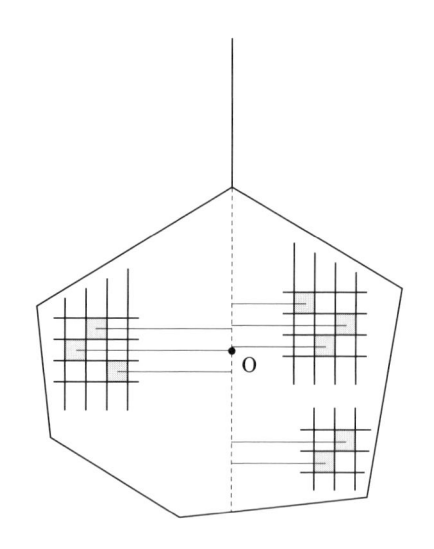

図 5.3　図形を細かく分割し，できた小片を水平線分につなげる．

のモーメントを負として，すべての小片にわたって力のモーメントの総和をとってゼロとなれば，図形はつりあう．ここで述べた

「図形を細かく分割し，各小片のもつ力のモーメントの総和をとる」

という方法は，積分の考え方を示唆している．

「細かく分けた部分に付随する性質を**積**み重ねることで，
　全体の性質を見きわめる」

という考え方，これは第 3 章の 1 変数関数の積分でも用いた原理であるが，この考え方をここでは多変数関数の積分に適用してみよう．

　糸に吊るした図形の例では，「部分に付随する性質」「全体の性質」とは図形を回転させようとする力のモーメントのことである．これは少し取っ付きにくいかもしれない．そこでまず，"性質"として"体積"，"質量"といった基本的数量をとることで，だんだんと多変数関数の積分に慣れていくことにしよう．

§5.2　立体の体積 (2 重積分)

再び空間内の曲面 $z=f(x,y)$ を考えよう．この節では，x-y 平面内の領域 D を底面とし，D の各点 (x,y) での高さが $z=f(x,y)$ で与えられているような立体 V の体積を求めたい．ここで $f(x,y)$ は D 上の有界な関数[2]とする．まず D が長方形領域

$$D=\{\,(x,y)\mid 0\leq x\leq a,\ 0\leq y\leq b\,\}\qquad (a,b\text{ は正の定数})$$

のときに，立体 V の体積を求める方法を考察する (図 5.4)．これはカステラケーキを，底面が長方形になるように切り出したとき，その体積を求めることに対応する．底面が x-y 平面上にあるとすれば茶色のカラメルがのったケーキの上側表面の式が $z=f(x,y)$ である．

さて，$\mathrm{P}=(a,0,0), \mathrm{Q}=(0,b,0)$ とおく．n,m を十分大きい整数として，辺 OP，辺 OQ をそれぞれ n 等分，m 等分した点を x_i, y_j と記そう:

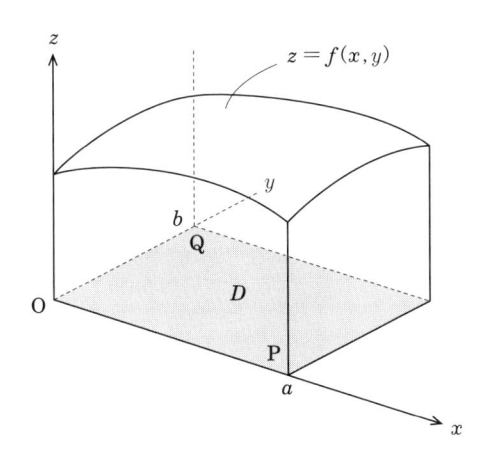

図 5.4　長方形領域 D を底面とする立体 V.

---

[2] ある正の数 M が存在して，D のすべての点 (x,y) について $|f(x,y)|<M$ が成り立つこと．

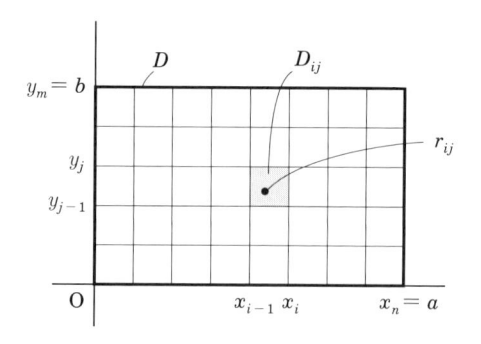

図 5.5　底面 D における小領域 D_{ij}.

$$x_i = \frac{a}{n}i \quad (i=0,1,2,\cdots,n), \quad y_j = \frac{b}{m}j \quad (j=0,1,2,\cdots,m). \tag{5.2}$$

小領域 D_{ij} を

$$D_{ij} = \{\,(x,y) \mid x_{i-1} \leq x \leq x_i,\ y_{j-1} \leq y \leq y_j\,\} \tag{5.3}$$

で定める．OP の n 等分点を通る y 軸に平行な直線と OQ の m 等分点を通る x 軸に平行な直線とで，D を格子状に切り刻んでできた $m \times n$ 個の長方形が D_{ij} $(i=1,2,\cdots,n, j=1,2,\cdots,m)$ である (図 5.5)．

小領域 D_{ij} 内の任意の一点として

$$\boldsymbol{r}_{ij} = (\xi_{ij}, \eta_{ij}) \in D_{ij}, \tag{5.4}$$

すなわち

$$x_{i-1} \leq \xi_{ij} \leq x_i, \quad y_{j-1} \leq \eta_{ij} \leq y_j$$

となる点 $\boldsymbol{r}_{ij} = (\xi_{ij}, \eta_{ij})$ をとり，底面が D_{ij}，高さが $f(\boldsymbol{r}_{ij})$ の直方体 V_{ij} を考える (図 5.6)．直方体は全部で $m \times n$ 個できるが，これらの体積の総和はもちろん V の体積にはならない．しかし，もし辺 OP, 辺 OQ の分割点の個数を増やしていけば，すなわち n,m を大きくしていけば，それにともない D はさらに細かく切り刻まれ，底面 D_{ij} はますます小さな長方形となり，直

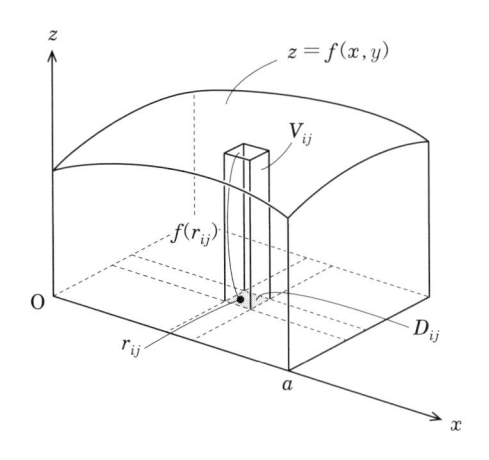

5.2 立体の体積 (2 重積分)　275

図 5.6　直方体 V_{ij}.

方体 V_{ij} の個数はどんどん増えていく．

　V_{ij} の高さは，小領域 D_{ij} 内の一点 $\boldsymbol{r}_{ij}$ での曲面 $z=f(x,y)$ の高さ $f(\boldsymbol{r}_{ij})$ と一致する．よって D_{ij} が細かくなればなるほど，D の中の多くの点で曲面 $z=f(x,y)$ の高さを実現する直方体が増えることになる．つまり立体 V を，縦に細長い無数の直方体 V_{ij} を合体させたもので近似していくのである．このとき V_{ij} の体積の総和もだんだんと V の体積に近づいていくであろう．

　この考え方は，第 3 章で述べた 1 変数関数の積分で x 軸と関数のグラフとで挟まれた部分の面積を，無数の細長い長方形の面積総和 (リーマン和) で近似してゆく方法の自然な拡張である．

　以上の方針に従って，V の体積を求めていこう．D_{ij} は (5.3) で定まる長方形であるから，その面積は
$$(x_i-x_{i-1})(y_j-y_{j-1}).$$
D_{ij} を底面とし，高さが $f(\boldsymbol{r}_{ij})$ の直方体が V_{ij} であるから，その体積は
$$f(\boldsymbol{r}_{ij})(x_i-x_{i-1})(y_j-y_{j-1}).$$

したがって，これらの直方体の体積の総和は

$$\sum_{i=1}^{n}\sum_{j=1}^{m}f(\boldsymbol{r}_{ij})(x_i-x_{i-1})(y_j-y_{j-1}). \tag{5.5}$$

ここで $m,n\to\infty$ とすれば，上式は立体 V の体積へと近づいていくであろう．

$m,n\to\infty$ としたときの (5.5) の極限値を，$f(x,y)$ の D における **2重積分**とよんで $\iint_D f(x,y)dxdy$ で表す．すなわち

$$\iint_D f(x,y)dxdy = \lim_{m,n\to\infty}\sum_{i=1}^{n}\sum_{j=1}^{m}f(\boldsymbol{r}_{ij})(x_i-x_{i-1})(y_j-y_{j-1}). \tag{5.6}$$

ここでもし，D において $f(x,y)=1$ ならば，

$$\iint_D 1\, dxdy = \iint_D dxdy$$

は，D を底面とし高さが常に1の立体の体積，つまり D の面積を表すことに注意しよう．

極限値 (5.6) についてコメントしておこう．一般に $[x_i]_{0\leq i\leq n}, [y_j]_{0\leq j\leq m}$ をそれぞれ OP, OQ の分割 (必ずしも等分割とは限らない) にとり，(5.3) で定まる $m\times n$ 個の長方形 D_{ij} に D を分割することを長方形領域 D の分割 Δ とよぼう．$|\Delta| = \max_{1\leq i\leq n, 1\leq j\leq m}(x_i-x_{i-1}, y_j-y_{j-1})$ とおく．

$f(x,y)$ は D 上の有界関数とする．$|\Delta|\to 0$ としたときの (5.5) の極限値 S が存在するとき，すなわち任意の $\varepsilon\,(>0)$ を与えたとき，ある $\delta\,(>0)$ があって $|\Delta|<\delta$ を満たす任意の分割 Δ と (5.4) を満たす任意の $\boldsymbol{r}_{ij}$ について

$$\left|\sum_{i=1}^{n}\sum_{j=1}^{m}f(\boldsymbol{r}_{ij})(x_i-x_{i-1})(y_j-y_{j-1})-S\right|<\varepsilon$$

が成立するとき，f は D で**積分可能**であるといい，

$$S=\iint_D f(x,y)dxdy$$

で表す．

これは定義 3.2 (p.153) の2変数関数への拡張である．定理 3.1 (p.155) に

対応して次の定理が成立する．証明は定理 3.1 とほとんど同様になされるのでここでは省略する．

定理 5.1　次の三つの条件は同値である．

(i)　$f(x,y)$ は D で積分可能

(ii)　$\underline{S}=\overline{S}$

(iii)　任意の $\varepsilon(>0)$ を与えたとき $S_\Delta - s_\Delta < \varepsilon$ を満たす D の分割 Δ がある．

ここで $\sup\limits_{D_{ij}} f(x,y) = M_{ij}$, $\inf\limits_{D_{ij}} f(x,y) = m_{ij}$ とおくとき

$$S_\Delta = \sum_{i=1}^n \sum_{j=1}^m M_{ij}(x_i - x_{i-1})(y_j - y_{j-1}), \quad \overline{S} = \inf_\Delta S_\Delta,$$

$$s_\Delta = \sum_{i=1}^n \sum_{j=1}^m m_{ij}(x_i - x_{i-1})(y_j - y_{j-1}), \quad \underline{S} = \sup_\Delta s_\Delta.$$

たとえば長方形領域 D で連続な関数 $f(x,y)$ は積分可能である．これは $f(x,y)$ が D (有界閉集合) で**一様連続**，つまり

「$\varepsilon\,(>0)$ を任意に与えたとき，ある $\delta\,(>0)$ があって $\sqrt{(x_1-x_2)^2+(y_1-y_2)^2} < \delta$ を満たす任意の (x_1,y_1), $(x_2,y_2) \in D$ について $|f(x_1,y_1) - (x_2,y_2)| < \varepsilon$」

となるので，$|\Delta| < \delta/\sqrt{2}$ なる分割 Δ に対しては $M_{ij} - m_{ij} < \varepsilon$ $(1 \le i \le n, 1 \le j \le m)$，ゆえに $S_\Delta - s_\Delta < \varepsilon |D|$($|D|$ は D の面積) が成立するからである (定理 5.1 の (iii))．

ここで面積ゼロの概念を導入しよう．集合 K が**面積ゼロ** (Jordan 測度ゼロ) とは，任意の $\varepsilon > 0$ に対して有限個の長方形 $D_1, D_2, \cdots, D_l$ を選んで

$$K \subset D_1 \cup D_2 \cup \cdots \cup D_l \quad \text{かつ} \quad |D_1| + |D_2| + \cdots |D_l| < \varepsilon \tag{5.7}$$

とできるときをいう．ここで $|D_i|$ $(i=1,2,\cdots,l)$ は長方形 D_i の面積を表す．

では面積ゼロの集合としてはどのような例があるか．たとえば，平面上の

一点が面積ゼロである．なぜなら面積 ε の正方形 (一辺の長さが $\sqrt{\varepsilon}$) はどんなに小さい $\varepsilon>0$ をとっても一点を覆うことができる．

曲線のグラフも平面上では面積ゼロである．実際次の定理が成り立つ．

定理 5.2 連続関数 $y=\phi(x)$ $(a\leq x\leq b)$ のグラフ $G=\{(x,y)|y=\phi(x), a\leq x\leq b\}$ は x-y 平面上で面積ゼロである．

証明 $\phi(x)$ は閉区間 $[a,b]$ で連続だから一様連続．よって任意の ε (>0) に対してある δ (>0) があって $|x'-x''|<\delta$ を満たす任意の $x',x''\in[a,b]$ ついて $|\phi(x')-\phi(x'')|<\varepsilon$．そこで $[a,b]$ の分割 $\Delta: a=x_0<\cdots<x_l=b$ で $|\Delta|=\max_{1\leq i\leq l}(x_i-x_{i-1})<\delta$ なるものをとり $D_i=\{(x,y)|x_{i-1}\leq x\leq x_i, m_i\leq y\leq M_i\}$ (ただし $m_i=\inf_{[x_{i-1},x_i]}\phi(x)$, $M_i=\sup_{[x_{i-1},x_i]}\phi(x)$) とおけば $|D_i|<\varepsilon(x_i-x_{i-1})$．このとき $G\subset D_1\cup\cdots\cup D_l$ かつ $|D_1|+\cdots+|D_l|<\varepsilon(b-a)$ が成り立つ． □

面積ゼロの集合は連続関数 $f(x,y)$ の積分可能性に影響を及ぼさない．すなわち

定理 5.3 長方形領域 D で有界な関数 $f(x,y)$ が面積ゼロの集合 K を除いて連続ならば，$f(x,y)$ は D で積分可能である．

証明 集合 K に対して (5.7) が満たされる長方形 $D_1,D_2,\cdots,D_l$ をとると，$D-(D_1\cup\cdots\cup D_l)$ では $f(x,y)$ は (一様) 連続．したがって任意の ε (>0) を与えたとき，ある δ (>0) があって $\sqrt{(x_1-x_2)^2+(y_1-y_2)^2}<\delta$ を満たす任意の $(x_1,y_1),(x_2,y_2)\in D-(D_1\cup\cdots\cup D_l)$ ついて $|f(x_1,y_1)-f(x_2,y_2)|<\varepsilon$．そこで D_i $(i=1,2,\cdots,l)$ の各辺を通る直線を含み，かつ $|\Delta|<\delta/\sqrt{2}$ なる D の分割 Δ をとり，S_Δ と s_Δ の式中の $\sum_{i=1}^n\sum_{j=1}^m$ のうち，$D_1\cup\cdots\cup D_l$ に含まれるものに対応する和を $\overset{(1)}{\sum}$, その他の和を $\overset{(2)}{\sum}$ で表すならば

$$S_\Delta-s_\Delta=\overset{(1)}{\sum}(M_{ij}-m_{ij})(x_i-x_{i-1})(y_j-y_{j-1})$$
$$+\overset{(2)}{\sum}(M_{ij}-m_{ij})(x_i-x_{i-1})(y_j-y_{j-1}).$$

ここで $\sup_D |f(x,y)| = M$ とおけば,上式右辺第 1 項 $< 2M\varepsilon$. 第 2 項は $f(x,y)$ の (一様) 連続性より $|D|\varepsilon$ で上から評価される. □

この定理は今後,領域 D が長方形とは限らない一般的な図形のときに,そこでの 2 重積分を説明する際に必要となる.

ここで (5.6) にもどり,$f(x,y)$ が連続関数のときに,立体の体積 V を具体的に求めてみよう.

例 5.1 $D = \{(x,y) \mid 0 \leq x \leq 2, 0 \leq y \leq 1\}$ のとき,$\iint_D (x+y^2+1)dxdy$ を求めよ.

解 (5.2) から OP, OQ の分割点をそれぞれ x_i, y_j で表すと,
$$x_i = \frac{2}{n}i \quad (i=0,1,2,\cdots,n), \quad y_j = \frac{1}{m}j \quad (j=0,1,2,\cdots,m).$$
(5.4) の $\boldsymbol{r}_{ij}$ として,
$$\boldsymbol{r}_{ij} = \left(\frac{2}{n}i, \frac{1}{m}j\right)$$
にとろう.このとき $\boldsymbol{r}_{ij}$ での平面 $z = x + y^2 + 1$ の高さは,$f(\boldsymbol{r}_{ij}) = \frac{2}{n}i + \left(\frac{1}{m}j\right)^2 + 1$,長方形 D_{ij} の辺の長さは $x_i - x_{i-1} = \frac{2}{n}$ と $y_j - y_{j-1} = \frac{1}{m}$ となるから,(5.5) は
$$\sum_{i=1}^{n}\sum_{j=1}^{m}\left(\frac{2}{n}i + \frac{1}{m^2}j^2 + 1\right)\frac{2}{n}\frac{1}{m} = \sum_{i=1}^{n}\sum_{j=1}^{m}\left(\frac{4}{n^2 m}i + \frac{2}{m^3 n}j^2 + \frac{2}{nm}\right). \quad (5.8)$$
ここで
$$\sum_{i=1}^{n}\sum_{j=1}^{m} i = \sum_{j=1}^{m}\left\{\sum_{i=1}^{n} i\right\} = \sum_{j=1}^{m}\frac{n(n+1)}{2} = \frac{n(n+1)}{2}m,$$
$$\sum_{i=1}^{n}\sum_{j=1}^{m} j^2 = \sum_{i=1}^{n}\left\{\sum_{j=1}^{m} j^2\right\} = \sum_{i=1}^{n}\frac{1}{6}m(m+1)(2m+1) = \frac{1}{6}m(m+1)(2m+1)n,$$
$$\sum_{i=1}^{n}\sum_{j=1}^{m} 1 = nm$$

に注意すると (5.8) の総和は，

$$\frac{2(n+1)}{n}+\frac{1}{3}\frac{(m+1)(2m+1)}{m^2}+2$$

となる．そこで $m,n\to\infty$ とすれば上式の極限は $\dfrac{14}{3}$ となる．■

問 5.1 例 5.1 と同じ手法により $D=\{(x,y)\mid 0\leq x\leq 1,\ 0\leq y\leq 2\}$ のとき，$\displaystyle\iint_D(x^2-xy+y^3)dxdy$ を求めよ．ただし公式 $\displaystyle\sum_{i=1}^n i^3=\left(\frac{1}{2}n(n+1)\right)^2$ も使うこと．

以上は，立体を細長い無数の直方体の和で近似していきながら立体の体積を求めるという，積分の原理に基づいた直接的な方法であるが，たいへん手間がかかる．そこで今度は，2 重積分 (5.6) を求めるのに，1 変数関数の積分の計算に帰着する方法を説明する．

ξ_i,η_j を

$$x_{i-1}\leq\xi_i\leq x_i,\quad y_{j-1}\leq\eta_j\leq y_j$$

となるようにとれば，

$$\boldsymbol{r}_{ij}=(\xi_i,\eta_j)$$

はもちろん (5.4) を満たす．そこで以下，このような $\boldsymbol{r}_{ij}$ を選ぶことにして[3])(5.5) に戻ろう．$\sum$ で和をとる順番を始め i について，次に j についてとれば，(5.5) は

$$\begin{aligned}\sum_{i=1}^n\sum_{j=1}^m &f(\xi_i,\eta_j)(x_i-x_{i-1})(y_j-y_{j-1})\\ &=\sum_{j=1}^m\left\{\sum_{i=1}^n f(\xi_i,\eta_j)(x_i-x_{i-1})\right\}(y_j-y_{j-1}).\end{aligned}\quad(5.9)$$

---

[3]) ここでの $\boldsymbol{r}_{ij}$ はもはや小領域 D_{ij} 内の任意の一点にはならない（例えば，$\boldsymbol{r}_{ij}$ ($j=1,2,\cdots,m$) の x 座標は同じ ξ_i である）．しかし，定理 5.1 より D_{ij} の中で $\boldsymbol{r}_{ij}$ の取り方に 2 重積分 (5.6) は依存しない．

そこで $n,m\to\infty$ としたときの (5.9) の挙動をみていこう．

まず (5.9) の内側の { } の中の和

$$\sum_{i=1}^{n} f(\xi_i,\eta_j)(x_i-x_{i-1}) \tag{5.10}$$

に注目する．1 変数関数

$$x \longrightarrow f(x,\eta_j) \tag{5.11}$$

を考えると (j は固定，したがって η_j も固定している)，(5.10) は

「区間 $[0,a]$ を分割してできた小区間 $[x_{i-1}, x_i]$ $(i=1,2,\cdots,n)$ 上
の $x=\xi_i$ での関数 (5.11) の値」×「小区間の幅」

の総和である．

3.1 節を思い出すと，1 変数関数 (5.11) の区間 $[0,a]$ 上のリーマン和が (5.10) である．したがって $n\to\infty$ としたときの (5.10) の極限が，関数 (5.11) の区間 $[0,a]$ における定積分となる．ゆえに，

$$\lim_{n\to\infty}\sum_{i=1}^{n} f(\xi_i,\eta_j)(x_i-x_{i-1}) = \int_0^a f(x,\eta_j)dx.$$

したがって (5.9) は $n\to\infty$ のとき

$$\sum_{j=1}^{m}\int_0^a f(x,\eta_j)dx \; (y_j-y_{j-1}) \tag{5.12}$$

となる．

次に 1 変数関数

$$y \longrightarrow \int_0^a f(x,y)dx \tag{5.13}$$

を考えると，(5.12) は，

「区間 $[0,b]$ を分割してできた小区間 $[y_{j-1}, y_j]$ $(j=1,2,\cdots,m)$ 上
の $y=\eta_j$ での関数 (5.13) の値」×「小区間の幅」

の総和であるから，前と同様に，$m\to\infty$ としたときの (5.12) の極限が，関数 (5.13) の区間 $[0,b]$ における定積分である．ゆえに，

$$\lim_{m\to\infty}\sum_{j=1}^{m}\int_{0}^{a}f(x,\eta_j)dx\,(y_j-y_{j-1})=\int_{0}^{b}\left\{\int_{0}^{a}f(x,y)dx\right\}dy. \quad (5.14)$$

したがって 2 重積分の定義式 (5.6) から以下が成立することがわかる[4]：

$$\iint_{D}f(x,y)dxdy=\int_{0}^{b}\left\{\int_{0}^{a}f(x,y)dx\right\}dy. \quad (5.15)$$

これは 2 重積分 $\iint_{D}f(x,y)dxdy$ の計算方法も示している．まず関数 $f(x,y)$ を x の 1 変数関数とみなして区間 $[0,a]$ で積分し (このとき y は定数とみなす)，次に，y の 1 変数関数 $\int_{0}^{a}f(x,y)\,dx$ を区間 $[0,b]$ で積分して $\iint_{D}f(x,y)dxdy$ を得るというぐあいである．

このように，内側の { } から順次外側に向かって 1 変数の積分をしながら { } をはずし，計算を進めていけばよい．これを**累次積分**による 2 重積分計算という．

例 5.2 (5.15) を用いて，次の 2 重積分を計算せよ．

(1) $D=\{(x,y)\mid 0\leq x\leq 2,\,0\leq y\leq 1\}$ のときの $\iint_{D}(x+y^2+1)dxdy$.

(2) $D=\{(x,y)\mid 0\leq x\leq a,\,0\leq y\leq b\}$ のときの $\iint_{D}(x+y)^2\,dxdy$. ここで a,b は正の定数.

解 (1) (5.15) により

---

[4] 以上の説明は直感的なものである．厳密には $m,n\to\infty$ は m,n 両方を同時に無限大にすることを意味しているが，ここでの説明のようにはじめに $n\to\infty$ として，その後に $m\to\infty$ としてよいかという問題が残る．詳しい証明は，文献 [4] (下), [11] をみられたい．ここでは直感でもよいから，2 重積分の仕組みを理解していただきたい．

$$\iint_D (x+y^2+1)\,dxdy = \int_0^1 \left\{ \int_0^2 (x+y^2+1)\,dx \right\} dy. \tag{5.16}$$

内側の積分 $\int_0^2 (x+y^2+1)\,dx$ は，y を定数とみなして x について積分するので

$$\left[\frac{x^2}{2} + y^2 x + x \right]_{x=0}^{x=2} = 2 + 2y^2 + 2 = 2y^2 + 4.$$

左の $[\,\cdot\,]$ では，y は固定し x が 0 から 2 まで動くので，このように $[\,\cdot\,]$ の右上と右下の添字の部分には "$x=$" もつけておくと誤解がない．ゆえに (5.16) は

$$\int_0^1 (2y^2+4)\,dy = \left[\frac{2}{3}y^3 + 4y \right]_0^1 = \frac{14}{3}.$$

これは p.279 の例 5.1 を (5.15) にもとづいて計算したもので，結果は同じである．

(2) 同様に

$$\iint_D (x+y)^2\,dxdy = \int_0^b \left\{ \int_0^a (x+y)^2\,dx \right\} dy$$

と書き直し，

$$\begin{aligned}
&= \int_0^b \left[\frac{(x+y)^3}{3} \right]_{x=0}^{x=a} dy = \int_0^b \frac{(a+y)^3}{3} - \frac{y^3}{3}\,dy \\
&= \frac{1}{12} \left[(a+y)^4 - y^4 \right]_0^b = \frac{(a+b)^4 - b^4 - a^4}{12} = \frac{ab(2a^2+3ab+2b^2)}{6}. \quad\blacksquare
\end{aligned}$$

問 5.2 a を正の定数とし $D = \{(x,y) \mid a \leq x \leq 2a,\ a \leq y \leq 2a\}$ のとき $\iint_D \dfrac{1}{(x+2y)^2}\,dxdy$ を求めよ．

さて，(5.9) では

$$\sum_{j=1}^m \left\{ \sum_{i=1}^n \cdots \right.$$

のように，始め x 軸上の分点について和をとり，次に y 軸上の分点について

和をとるという総和法から出発し (5.15) を得た．一方，(5.9) を

$$\sum_{i=1}^{n}\sum_{j=1}^{m}f(\xi_i,\eta_j)(x_i-x_{i-1})(y_j-y_{j-1})$$
$$=\sum_{i=1}^{n}\left\{\sum_{j=1}^{m}f(\xi_i,\eta_j)(y_j-y_{j-1})\right\}(x_i-x_{i-1})$$

のように，始め y 軸上の分点について和をとり，次に x 軸上の分点について和をとるという総和法に書き直し，(5.10) から (5.14) までの議論で x 座標と y 座標の役割を入れかえれば，結局

$$\iint_D f(x,y)dxdy = \int_0^a \left\{\int_0^b f(x,y)dy\right\}dx. \tag{5.17}$$

を得る．求めるものは今の場合，立体 V の体積であったから，どの軸にそった分点について和をとっても順序によらず結果は同じはずである．つまり

$$\int_0^b\left\{\int_0^a f(x,y)dx\right\}dy = \int_0^a\left\{\int_0^b f(x,y)dy\right\}dx.$$

このように重積分の計算では，積分をしていく変数の順序を変更することができる．

問 5.3 p.282 の例 5.2 (1) の 2 重積分を (5.17) により計算せよ．

さてここで，次の 2 重積分を計算しよう．

$$\int_0^1\left\{\int_0^y (x+y^2+1)dx\right\}dy. \tag{5.18}$$

これまでと同様に，内側の積分 $\int_0^y (x+y^2+1)dx$ から始めると，そこでは y を定数とみなして x について積分するので

$$\left[\frac{x^2}{2}+y^2x+x\right]_{x=0}^{x=y} = \frac{y^2}{2}+y^3+y.$$

ゆえに (5.18) は

$$\int_0^1 \left(y^3 + \frac{y^2}{2} + y\right) dy = \left[\frac{y^4}{4} + \frac{y^3}{6} + \frac{y^2}{2}\right]_0^1 = \frac{11}{12}.$$

こうして計算はできてしまったが，これは例 5.2 の解 (1) の (5.16) で，x についての積分区間を $[0,2]$ のかわりに $[0,y]$ としたものである．ではこれは，何を計算したことになるのであろうか．

(5.18) の $\{\,\cdot\,\}$ では，y を $[0,1]$ 間に固定して

$$f(x,y) = \begin{cases} x + y^2 + 1 & (0 \leq x \leq y) \\ 0 & (y \leq x \leq 2) \end{cases}$$

とおいて $\int_0^2 f(x,y)\, dx$ を計算しているのである．いいかえれば，

$$D' = \{\,(x,y) \mid 0 \leq x \leq y,\ 0 \leq y \leq 1\,\}$$

の三角形を底面とし，高さが $z = x + y^2 + 1$ で与えられた立体の体積を求めたことになる．

$$\iint_{D'} (x + y^2 + 1)\, dxdy = \int_0^1 \left\{\int_0^y (x + y^2 + 1)\, dx\right\} dy$$

と書くことができる．例 5.2 の (1) での D と，ここでの D' の位置関係を x-y 平面に表したのが図 5.7 である[5]．

この節では D を長方形領域として D における 2 重積分，すなわち底面が長方形となった立体の体積を求めてきた．それでは，D が一般の形をした有界領域であるとき，D における 2 重積分 $\iint_D f(x,y)\, dxdy$ をどのように定

---

[5] (5.18) において，積分をしていく変数の順序を変更する場合には，図 5.7 の D' は $D' = \{\,(x,y) \mid x \leq y \leq 1,\ 0 \leq x \leq 1\,\}$ とも表されることに注意して

$$\int_0^1 \left\{\int_0^y (x + y^2 + 1)\, dx\right\} dy = \int_0^1 \left\{\int_x^1 (x + y^2 + 1)\, dy\right\} dx$$

とすればよい (**問**: 以下計算を続けて，結果は上と同じ $\dfrac{11}{12}$ となることを確認せよ)．

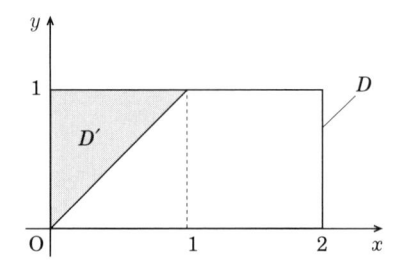

図 5.7 $D=\{\,(x,y)\mid 0\leq x\leq 2,\ 0\leq y\leq 1\,\}$, $D'=\{\,(x,y)\mid 0\leq x\leq y,\ 0\leq y\leq 1\,\}$.

めるか. 実は今がた述べたことがヒントとなる.

 有界な一般領域 D における 2 重積分は，D を含むような長方形領域 $\widetilde{D}$ を考え，

$$\widetilde{f}(x,y)=\begin{cases} f(x,y), & (x,y)\in D, \\ 0, & (x,y)\in \widetilde{D}-D\,^{6)} \end{cases}$$

とおいて

$$\iint_D f(x,y)dxdy=\iint_{\widetilde{D}} \widetilde{f}(x,y)dxdy$$

とすればよい．$f(x,y)$ が D で連続であっても，$\widetilde{f}(x,y)$ は D の境界で不連続となりうるが，D の境界が連続関数のグラフで表されるならば境界自体が面積ゼロになり (定理 5.2)，したがって $\widetilde{f}(x,y)$ は $\widetilde{D}$ で積分可能となる (定理 5.3).

 そこで (5.18) の計算で述べたことを一般化すると次のことがいえる.

 (1) $D=\{\,(x,y)\mid \phi_1(y)\leq x\leq \phi_2(y),\ a\leq y\leq b\,\}$，ただし $\phi_1(y)$ と $\phi_2(y)$ は $[a,b]$ で連続で $\phi_1(y)\leq \phi_2(y)$ とする．このとき

$$\iint_D f(x,y)dxdy=\int_a^b\left\{\int_{\phi_1(y)}^{\phi_2(y)} f(x,y)dx\right\}dy.$$

[6)] 長方形領域 $\widetilde{D}$ から領域 D を除いた部分.

(2) $D = \{ (x,y) \mid c \leq x \leq d,\ \psi_1(x) \leq y \leq \psi_2(x) \}$, ただし $\psi_1(x)$ と $\psi_2(x)$ は $[c,d]$ で連続で $\psi_1(x) \leq \psi_2(x)$ とする．このとき

$$\iint_D f(x,y)\,dxdy = \int_c^d \left\{ \int_{\psi_1(x)}^{\psi_2(x)} f(x,y)\,dy \right\} dx.$$

例 5.3 $D = \{ (x,y) \mid y \leq x \leq 1,\ 0 \leq y \leq 1 \}$ のとき $\iint_D \sqrt{x+y}\,dxdy$ を求めよ．

解 (1) を適用して

$$\int_0^1 \left\{ \int_y^1 \sqrt{x+y}\,dx \right\} dy = \int_0^1 \frac{2}{3}\left[(x+y)^{\frac{3}{2}}\right]_{x=y}^{x=1} dy$$
$$= \frac{2}{3}\int_0^1 \left((1+y)^{\frac{3}{2}} - (2y)^{\frac{3}{2}} \right) dx$$
$$= \frac{4}{15}\left[(1+y)^{\frac{5}{2}} - 2\sqrt{2}\,y^{\frac{5}{2}}\right]_0^1 = \frac{4}{15}(2\sqrt{2}-1).$$

問 5.4 m,n は $m>n$ を満たす整数として $D = \{ (x,y) \mid 0 \leq x \leq 1,\ x^m \leq y \leq x^n \}$ のとき $\iint_D xy\,dxdy$ を (2) から求めよ．

問 5.5 例 5.3 の D は $D = \{ (x,y) \mid 0 \leq x \leq 1,\ 0 \leq y \leq x \}$ とも表現される．このとき $\iint_D \sqrt{x+y}\,dxdy$ を (2) から求めよ．

次の節では "変数変換" により，一般領域における典型的な 2 重積分の多くが，長方形領域における 2 重積分に帰着されることをみていこう．

§5.3　2 重積分の変数変換

第 3 章で，積分変数を別の変数に変換することで，できなかった積分計算が可能になる，あるいは複雑な積分計算が簡単になることをみて (定理 3.13 (p.171)，3.5 節 (p.179〜))，それらを置換積分法といった．同じようなことが 2 重積分の場合にも考えられるのだが，このときは "置換積分" とは言わ

ず，単に"**変数変換**"とよんでいる．

かなめとなる公式は次の定理の (5.21) である．

定理 5.4 x-y 平面内の領域 D は，変換

$$\begin{cases} x=x(u,v) \\ y=y(u,v) \end{cases} \tag{5.19}$$

による u-v 平面内の領域 D' の像とし，この変換は D' から D への 1 対 1 の写像で，さらに D' 上で

$$\frac{\partial(x,y)}{\partial(u,v)} := \det \begin{pmatrix} \dfrac{\partial x}{\partial u} & \dfrac{\partial x}{\partial v} \\ \dfrac{\partial y}{\partial u} & \dfrac{\partial y}{\partial v} \end{pmatrix} \neq 0 \tag{5.20}$$

であると仮定する．このとき，

$$\iint_D f(x,y)\,dxdy = \iint_{D'} f(x(u,v),y(u,v)) \left| \frac{\partial(x,y)}{\partial(u,v)} \right| dudv. \tag{5.21}$$

注意 (5.20) の行列式を変換 (5.19) の**ヤコビ行列式** (Jacobian) とよぶ．(5.20) の条件は，D と D' 間の変換 (5.19) が局所的に 1 対 1 であることを保証する．しかし D' の境界上に限ってヤコビ行列式がゼロ，もしくはそこで大域的な 1 対 1 の対応がくずれる場合も (5.21) は成立する．定理の証明は，例えば文献 [4] (下), [11] をみられたい．

例 5.4 $D = \{\,(x,y) \mid 0 \leq x+y \leq 1,\ 0 \leq 2x-y \leq 2\,\}$ のとき，$\displaystyle\iint_D x\,dxdy$ を計算せよ[7]．

解
$$x+y=u, \quad 2x-y=v$$

とおけば，(x,y) が D を動くとき (u,v) は u-v 平面内の長方形領域 $D' = \{(u,v) \mid 0 \leq u \leq 1,\ 0 \leq v \leq 2\}$ を動く．このとき，

---

[7] D は x-y 平面内の 4 点 $(0,0), \left(\dfrac{1}{3}, \dfrac{2}{3}\right), (1,0), \left(\dfrac{2}{3}, \dfrac{-2}{3}\right)$ を頂点にもつ平行四辺形．

$$x = \frac{u+v}{3}, \quad y = \frac{2u-v}{3}$$

および

$$\frac{\partial(x,y)}{\partial(u,v)} = \det\begin{pmatrix} 1/3 & 1/3 \\ 2/3 & -1/3 \end{pmatrix} = \frac{-1}{3}$$

が成り立つ．したがって (5.21) より

$$\iint_D x\,dxdy = \iint_{D'} \frac{u+v}{3} \cdot \frac{1}{3}\,dudv = \frac{1}{9}\int_0^2\left\{\int_0^1 (u+v)\,du\right\}dv$$
$$= \frac{1}{9}\int_0^2 \left[\frac{u^2}{2} + vu\right]_{u=0}^{u=1} dv = \frac{1}{9}\int_0^2 \left(\frac{1}{2} + v\right)dv = \frac{1}{3}. \quad \blacksquare$$

問 5.6 $D = \left\{(x,y) \mid |x| + |y| \leq \dfrac{\pi}{2}\right\}$ のとき $\iint_D (x+y)^2 \cos(x-y)\,dxdy$ を求めよ．

定理 5.4 の典型的応用例が，極座標による変数変換である．平面上の点 (x,y) を (r,θ) を用いて表すと，

$$x = r\cos\theta, \quad y = r\sin\theta \quad (0 \leq r,\ 0 \leq \theta \leq 2\pi). \tag{5.22}$$

問 5.7 極座標変換に対するヤコビ行列式は，

$$\frac{\partial(x,y)}{\partial(r,\theta)} = r$$

となることを確かめよ．

したがって，(x,y) が D を動くとき (r,θ) が r-θ 平面内の領域 D' を動いたとするならば，公式 (5.21) は

$$\iint_D f(x,y)\,dxdy = \iint_{D'} f(r\cos\theta, r\sin\theta)\,r\,drd\theta. \tag{5.23}$$

例 5.5 極座標変換を用いて次の 2 重積分を計算せよ．

(1) $D = \{(x,y) \mid x^2 + y^2 \leq R^2\}$ $(R>0)$ のときの

$$\iint_D \sqrt{R^2-x^2-y^2}\,dxdy.$$

(これは半径 R の球の上側半分 (北半球) の体積である).

(2)　$D=\{\,(x,y) \mid x^2+y^2\leq R^2,\ x,\ y\geq 0\,\}$ $(R>0)$ のときの

$$\iint_D e^{-x^2-y^2}\,dxdy.$$

解　(1)　(x,y) が D を動くとき (r,θ) は r-θ 平面内の長方形領域

$$D'=\{(r,\theta)\mid 0\leq r\leq R,\ 0\leq \theta\leq 2\pi\}$$

を動く．したがって (5.23) から

$$\iint_D \sqrt{R^2-x^2-y^2}\,dxdy=\iint_{D'}\sqrt{R^2-r^2}\,r\,drd\theta$$
$$=\int_0^{2\pi}\left\{\int_0^R \sqrt{R^2-r^2}\,r\,dr\right\}d\theta=2\pi\left[\frac{-1}{3}(R^2-r^2)^{\frac{3}{2}}\right]_{r=0}^{r=R}=\frac{2\pi}{3}R^3.$$

確かにこれは，半径 R の球の体積 $\dfrac{4\pi}{3}R^3$ の半分である．

(2)　(x,y) が D を動くとき (r,θ) は r-θ 平面内の長方形領域

$$D'=\left\{(r,\theta)\mid 0\leq r\leq R,\ 0\leq \theta\leq \frac{\pi}{2}\right\}$$

を動くので

$$\iint_D e^{-x^2-y^2}\,dxdy=\iint_{D'} e^{-r^2}\,r\,drd\theta$$
$$=\int_0^{\frac{\pi}{2}}\left\{\int_0^R e^{-r^2}\,r\,dr\right\}d\theta=\frac{\pi}{2}\left[-\frac{e^{-r^2}}{2}\right]_{r=0}^{r=R}=\frac{\pi}{4}\left(1-e^{-R^2}\right).\quad\blacksquare$$

次に公式

$$\int_{-\infty}^{\infty} e^{-x^2}\,dx=\sqrt{\pi} \tag{5.24}$$

を導く．これは**ガウス積分**とも呼ばれ，正規分布の確率密度関数に使われる

など，数学の様々な場面でみかけるよく知られた積分である．しかし e^{-x^2} の1変数関数としての積分を求めるには，ある漸化式や挟みうちの原理を用いて複雑な計算をしなければならない (文献 [1] 第 3 章参照)．実は (5.24) は 2 重 (広義) 積分を経由して導くことができる．そこで，

$$\int_{-\infty}^{\infty} e^{-x^2}\,dx = 2\lim_{R\to+\infty}\int_0^R e^{-x^2}\,dx \tag{5.25}$$

に注意して長方形領域 $D_R = \{\,(x,y) \mid 0 \le x \le R, 0 \le y \le R\,\}$ における 2 重積分

$$\iint_{D_R} e^{-x^2-y^2}\,dxdy$$

を考える．この積分は指数法則から簡単に

$$\iint_{D_R} e^{-x^2-y^2}\,dxdy = \int_0^R \left\{\int_0^R e^{-x^2}\,dx\right\} e^{-y^2}\,dy$$
$$= \left(\int_0^R e^{-x^2}\,dx\right)\left(\int_0^R e^{-y^2}\,dy\right) = \left(\int_0^R e^{-x^2}\,dx\right)^2. \tag{5.26}$$

一方，半径を R とする 4 分の 1 円 $B_R = \{\,(x,y) \mid x^2+y^2 \le R^2,\ x,y \ge 0\,\}$ における $e^{-x^2-y^2}$ の 2 重積分は，例 5.5 の (2) より

$$I_R = \iint_{B_R} e^{-x^2-y^2}\,dxdy = \frac{\pi}{4}\left(1-e^{-R^2}\right).$$

さらに $B_{\sqrt{2}R} = \{\,(x,y) \mid x^2+y^2 \le (\sqrt{2}R)^2,\ x,y \ge 0\,\}$ における $e^{-x^2-y^2}$ の 2 重積分は，

$$I_{\sqrt{2}R} = \iint_{B_{\sqrt{2}R}} e^{-x^2-y^2}\,dxdy = \frac{\pi}{4}\left(1-e^{-2R^2}\right).$$

B_R と $B_{\sqrt{2}R}$ および先の D_R の x-y 平面での包含関係は

$$B_R \subset D_R \subset B_{\sqrt{2}R}.$$

被積分関数 $e^{-x^2-y^2}$ は常に正であるから，それぞれの領域における 2 重積

分の大小関係は
$$I_R < \iint_{D_R} e^{-x^2-y^2}\,dxdy < I_{\sqrt{2}R}.$$
すなわち,
$$\frac{\pi}{4}\bigl(1-e^{-R^2}\bigr) < \iint_{D_R} e^{-x^2-y^2}\,dxdy < \frac{\pi}{4}\bigl(1-e^{-2R^2}\bigr).$$
ここで $R \to +\infty$ とすれば，挟みうちの原理 (定理 1.9 (p.24)) より
$$\lim_{R\to+\infty} \iint_{D_R} e^{-x^2-y^2}\,dxdy = \frac{\pi}{4}.$$
ゆえに (5.26) から
$$\lim_{R\to+\infty} \int_0^R e^{-x^2}\,dx = \frac{\sqrt{\pi}}{2}.$$
したがって (5.24) は (5.25) より導かれる．

問 5.8 （**正規分布の確率密度関数**）　確率変数 X が平均 μ で標準偏差 σ の正規分布に従うとき，X が a 以上 b 以下となる確率は
$$P(a \leq X \leq b) = \int_a^b \frac{1}{\sqrt{2\pi}\sigma}\,e^{-\frac{1}{2}\left(\frac{x-\mu}{\sigma}\right)^2} dx$$
で与えられる．
$$P(-\infty < X < +\infty) = \int_{-\infty}^{\infty} \frac{1}{\sqrt{2\pi}\sigma}\,e^{-\frac{1}{2}\left(\frac{x-\mu}{\sigma}\right)^2} dx = 1$$
を示せ (これは**全事象の確率が 1** であることを意味する．$(x-\mu)/(\sqrt{2}\sigma) = x'$ とおいて置換積分をせよ).

さてここで 5.1 節でみた，薄板で作られた図形を糸に吊るす話にもどろう．「図形を細かく分割し，各小片のもつ力のモーメントの総和をとる」ことで，図形全体を回転させようとする力のモーメントを，積分の考え方に沿って求めていこう (図 5.3)．

まず水平方向を x 軸に，鉛直方向を y 軸にとり，図形を吊るした糸の延長

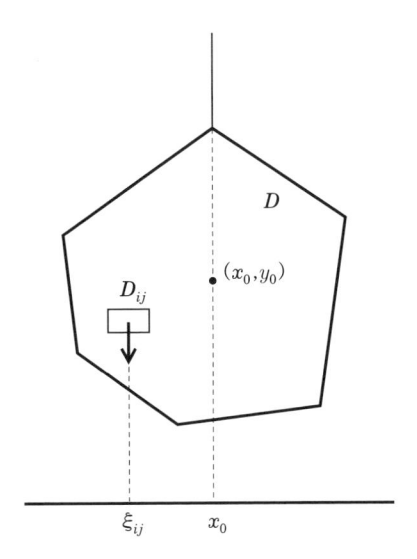

図 5.8 小片 D_{ij} には重力 $\rho g \cdot (x_i - x_{i-1})(y_j - y_{j-1})$ が鉛直下向きにはたらく.

線と x 軸との交点の座標を x_0 とおく．図形自身の占める領域を D とかき，糸の延長線上にある図形内の一点 O を (x_0, y_0) とおく（図 5.8）．次に 5.2 節のはじめのようにこの図形を，(5.3) の細かい長方形 D_{ij} に格子状に切り刻む．(5.4) にならい D_{ij} 内の 1 点を $\boldsymbol{r}_{ij} = (\xi_{ij}, \eta_{ij})$ とする．図形は密度一定の薄い板でできているとして，その密度を ρ とおこう．このとき D_{ij} の質量は $\rho \cdot (x_i - x_{i-1})(y_j - y_{j-1})$ だから，D_{ij} には重力 $\rho g \cdot (x_i - x_{i-1})(y_j - y_{j-1})$ が鉛直下向きにはたらく．そこで，この重力が $\boldsymbol{r}_{ij}$ にはたらいていると考えれば，図形を (x_0, y_0) のまわりに反時計回りにまわそうとする D_{ij} からの力のモーメントは，糸の延長線までの水平距離 $x_0 - \xi_{ij}$ を乗じることで $\rho g \cdot (x_0 - \xi_{ij})(x_i - x_{i-1})(y_j - y_{j-1})$ となる[8]．

この力のモーメントの総和を，すべての D_{ij} にわたってとると

---

[8] ξ_{ij} が x_0 の左側にあれば，反時計回りの力のモーメントとなるので正に，ξ_{ij} が x_0 の右側にあれば，時計回りの力のモーメントとなるので負に勘定していくことになる．

$$\sum_{i=1}^{n}\sum_{j=1}^{m}\rho g\cdot(x_0-\xi_{ij})(x_i-x_{i-1})(y_j-y_{j-1}) \tag{5.27}$$

となる[9]．ここで $m,n\to\infty$ とすれば，(5.27) は，図形を無限に細かく切り刻んでできた各小片がもつ (x_0,y_0) まわりの力のモーメントの総和となり，図形全体のもつ力のモーメントに近づくであろう．

したがって図形全体のもつ (x_0,y_0) まわりの力のモーメントは

$$\lim_{m,n\to\infty}\sum_{i=1}^{n}\sum_{j=1}^{m}\rho g\cdot(x_0-\xi_{ij})(x_i-x_{i-1})(y_j-y_{j-1}).$$

この式と 2 重積分の定義式 (5.6) とを見比べれば (5.6) で $f(x,y)=\rho g\cdot(x_0-x)$ とおいたものが上式である．したがってこの図形全体のもつ (x_0,y_0) のまわりの力のモーメントは，D における 2 重積分

$$\iint_D \rho g\cdot(x_0-x)dxdy = \rho g\iint_D (x_0-x)dxdy \tag{5.28}$$

で与えられる．

さて，ぶら下げた図形はつり合っているのであった．そこでこの図形全体のもつ力のモーメント (5.28) をゼロとおくことにより，

$$\iint_D (x_0-x)dxdy = x_0\iint_D dxdy - \iint_D x\,dxdy = 0.$$

ゆえに

$$x_0 = \frac{\iint_D x\,dxdy}{\iint_D dxdy}. \tag{5.29}$$

これが，糸の垂れている位置 (x 座標) と図形との関係式である．

次に糸をつける端点を変えて図形を吊るそう．糸を動かすかわりに，(x_0,y_0)

---

[9] ここで D 自身は長方形でないので，D の境界近くで切り刻んだできた小片は長方形とはならない．しかし 5.2 節の最後に述べたように，D の外側では $\rho=0$ とおいて長方形の小片 D_{ij} を考えればよい．ρ は D の境界で不連続となるが，境界自身は平面内で面積ゼロであるから，ρ の不連続性は以下の積分の議論には影響しない．

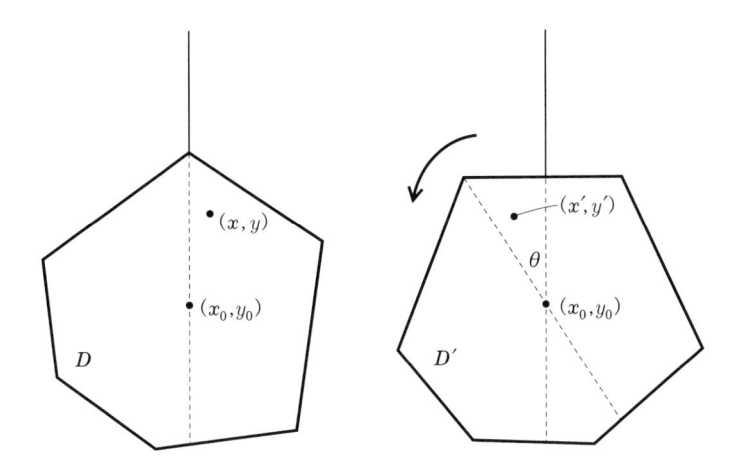

図 5.9 (x_0, y_0) を中心に図形を反時計回りに θ だけ回転.

を中心に図形を反時計回りに θ だけ回転させたとする．そして前と同様に，$x = x_0$ の位置にある糸に吊るしてつり合ったと仮定する (図 5.9)．このような (x_0, y_0) は存在するであろうか．

回転した図形の占める領域を D' とかくと，D における点 (x, y) と D' における点 (x', y') との間には

$$\begin{pmatrix} x' \\ y' \end{pmatrix} = \begin{pmatrix} \cos\theta & -\sin\theta \\ \sin\theta & \cos\theta \end{pmatrix} \begin{pmatrix} x - x_0 \\ y - y_0 \end{pmatrix} + \begin{pmatrix} x_0 \\ y_0 \end{pmatrix} \tag{5.30}$$

の関係式が成り立つ．D' にある図形全体のもつ (x_0, y_0) まわりの力のモーメントは，(5.28) と同様に $\rho g \iint_{D'} (x_0 - x') dx' dy'$ となる．つり合いの条件から

$$\iint_{D'} (x_0 - x') dx' dy' = 0. \tag{5.31}$$

ここで左辺の 2 重積分を，定理 5.4 を使って D における 2 重積分になおしてみよう．(5.30) から

$$\frac{\partial(x',y')}{\partial(x,y)} = \det\begin{pmatrix} \cos\theta & -\sin\theta \\ \sin\theta & \cos\theta \end{pmatrix} = \cos^2\theta + \sin^2\theta = 1.$$

したがって (5.31) は

$$\iint_D \Bigl(-\cos\theta(x-x_0) + \sin\theta(y-y_0)\Bigr)dxdy$$
$$= \cos\theta \iint_D (x_0-x)dxdy - \sin\theta \iint_D (y_0-y)dxdy = 0.$$

ゆえに (x_0, y_0) を

$$\iint_D (x_0-x)dxdy = 0, \quad \iint_D (y_0-y)dxdy = 0 \qquad (5.32)$$

を満たすようにとれば，図形を (x_0,y_0) のまわりにあらゆる角度で回転しても，$x=x_0$ の位置にある糸に吊るした図形はつり合う．このことは，図形の端のどんな場所に糸をつけて吊るしても，糸からの延長線は必ず (5.32) で定まる一点 (x_0,y_0) を通ることを示している．

(5.32) を (x_0,y_0) について解けば

$$(x_0,y_0) = \left(\frac{\iint_D x\,dxdy}{\iint_D dxdy}, \frac{\iint_D y\,dxdy}{\iint_D dxdy} \right). \qquad (5.33)$$

x_0 は先に求めた (5.29) と一致する．

(5.33) を図形の**重心** (**質量中心**) とよぶ．5.5 節においては，空間のなかでの物体の重心を再考する．

例 5.6 $D=\{(x,y) \mid x^2+y^2 \leq R^2, y \geq 0\}$ $(R>0)$ を占める密度一定の半径 R の半円の重心座標を求めよ．

解 極座標変換 (5.22) を用いる．(x,y) が D を動くとき (r,θ) は r-θ 平面内の長方形領域 $D'=\{(r,\theta) \mid 0 \leq r \leq R, 0 \leq \theta \leq \pi\}$ を動くので，(5.33) の各成分の分子は公式 (5.23) から

$$\iint_D x\,dxdy = \iint_{D'} r^2\cos\theta\,drd\theta = \int_0^\pi \left\{\int_0^R r^2\cos\theta\,dr\right\}d\theta$$

$$= \Big[\sin\theta\Big]_0^\pi \int_0^R r^2\,dr = 0,$$

$$\iint_D y\,dxdy = \iint_{D'} r^2\sin\theta\,drd\theta = \int_0^\pi \left\{\int_0^R r^2\sin\theta\,dr\right\}d\theta$$

$$= \Big[-\cos\theta\Big]_0^\pi \left[\frac{r^3}{3}\right]_0^R = \frac{2}{3}R^3.$$

一方,

$$\iint_D dxdy = \iint_{D'} r\,drd\theta = \pi\left[\frac{r^2}{2}\right]_0^R = \frac{\pi}{2}R^2 \qquad (これは\,D\,の面積).$$

したがって (5.33) から

$$(x_0,y_0) = \left(0, \frac{4}{3\pi}R\right). \qquad\blacksquare$$

§5.4　立体の重さ (3重積分)

いま対象とする物体 B は, x-y-z 空間内の領域 D を占めていて, 各点 (x,y,z) で密度 $\rho(x,y,z)$ をもつとする. このような物体 B の質量 (重さ) を求めよう[10].

簡単のため, B は図 5.10 のような各辺の長さが $a,b,c\,(>0)$ の直方体として, 原点を O, P=$(a,0,0)$, Q=$(0,b,0)$, R=$(0,0,c)$ とおく. このとき B の占める領域 D は,

---

[10] もちろんここで考える B は, 場所ごとに密度が変化しているような"均一でない"物体である. 連続体の一点 (x,y,z) での密度とは, 正確には点 (x,y,z) の近傍領域における質量平均の極限, すなわち

$$\frac{近傍領域の質量}{近傍領域の体積}$$

の, 近傍領域を一点 (x,y,z) に近づけたときの極限を意味するが, そこまで厳密に考えなくとも, 点 (x,y,z) の十分小さい近傍領域における上の質量平均を $\rho(x,y,z)$ としてさしつかえない.

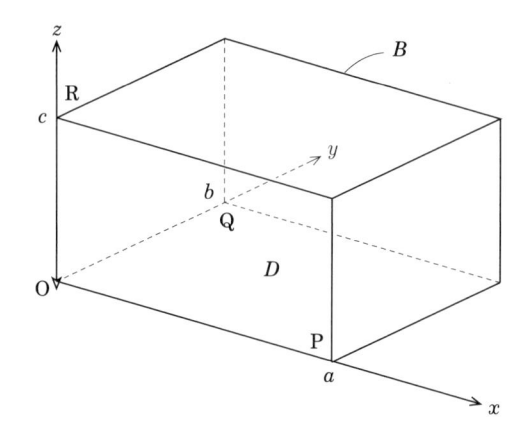

図 **5.10** 各辺の長さが a,b,c の直方体.

$$D=\{\ (x,y,z)\ |\ 0\leq x\leq a,\ 0\leq y\leq b,\ 0\leq z\leq c\ \}.$$

(x,y,z) での B の密度が $\rho(x,y,z)$ のとき,前節までの積分の考え方を用いて B の質量を求めたい.

まず n,m,l を十分大きい整数として,辺 OP, OQ, OR をそれぞれ n,m,l 等分した点を x_i,y_j,z_k とおく:

$$x_i=\frac{a}{n}i \quad (i=0,1,2,\cdots,n), \quad y_j=\frac{b}{m}j \quad (j=0,1,2,\cdots,m),$$
$$z_k=\frac{c}{l}k \quad (k=0,1,2,\cdots,l). \tag{5.34}$$

小領域 D_{ijk} を

$$D_{ijk}=\{\ (x,y,z)\ |\ x_{i-1}\leq x\leq x_i,\ y_{j-1}\leq y\leq y_j,\ z_{k-1}\leq z\leq z_k\ \} \tag{5.35}$$

で定める. x,y,z 軸上それぞれの n,m,l 等分点を通り,各軸に垂直な平面で D を格子状に分割してできた $n\times m\times l$ 個の小さな直方体領域が D_{ijk} である (図 5.11). D_{ijk} の体積は

$$|D_{ijk}|=(x_i-x_{i-1})(y_j-y_{j-1})(z_k-z_{k-1}) \tag{5.36}$$

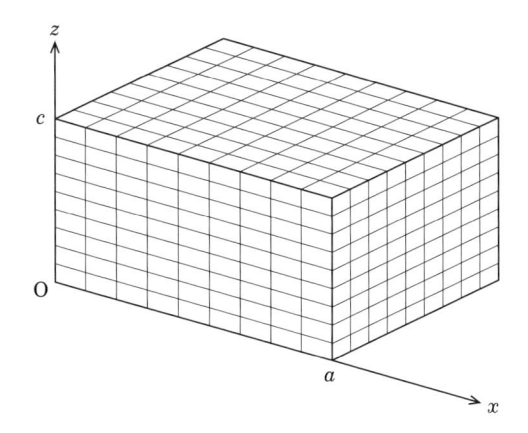

図 5.11 直方体領域 D を格子状の小領域 D_{ijk} に分割する (図では $n=m=l=9$). 各 D_{ijk} は質量 $\rho(\boldsymbol{r}_{ijk})|D_{ijk}|$ のレンガ B_{ijk} で満たされている.

である.

小領域 D_{ijk} 内の任意の一点として

$$\boldsymbol{r}_{ijk}=(\xi_{ijk},\eta_{ijk},\zeta_{ijk})\in D_{ijk} \tag{5.37}$$

をとり, D_{ijk} は質量 $\rho(\boldsymbol{r}_{ijk})|D_{ijk}|$ のレンガ B_{ijk} で満たされているとする. つまり D_{ijk} には, 均一の密度 $\rho(\boldsymbol{r}_{ijk})$ をもつレンガ B_{ijk} が置かれていると考える. レンガは全部で $m\times n\times l$ 個あるが, これらレンガの質量の総和はもちろん直方体 B の質量にはならない. しかしながら, n,m,l を大きくしていけば D はさらに細かい領域 D_{ijk} に分割され, レンガ B_{ijk} の個数もどんどん増えていく.

B_{ijk} の密度は, $\boldsymbol{r}_{ijk}$ での直方体 B の密度 $\rho(\boldsymbol{r}_{ijk})$ と一致する. よって D_{ijk} が細かくなればなるほど, D の中の多くの点で直方体 B の密度を実現するレンガが増えることになる. そこで B を, 無数の細かいレンガ B_{ijk} を合体させたもので近似していく. このときレンガ B_{ijk} の質量の総和もだんだんと, B の質量に近づいていくであろう.

レンガ B_{ijk} の質量の総和は

$$\sum_{k=1}^{l}\sum_{j=1}^{m}\sum_{i=1}^{n}\rho(\boldsymbol{r}_{ijk})|D_{ijk}| \tag{5.38}$$

で与えられる．したがって $n,m,l\to\infty$ とすれば，上式は直方体 B の質量へと近づいていくと考えてよい．

$n,m,l\to\infty$ としたときの (5.38) の極限値を，$\rho(x,y,z)$ の D における **3 重積分**とよび $\iiint_D \rho(x,y,z)dxdydz$ で表す．すなわち

$$\iiint_D \rho(x,y,z)dxdydz = \lim_{n,m,l\to\infty}\sum_{k=1}^{l}\sum_{j=1}^{m}\sum_{i=1}^{n}\rho(\boldsymbol{r}_{ijk})|D_{ijk}|. \tag{5.39}$$

ここでもし，D において $\rho(x,y,z)=1$ ならば，

$$\iiint_D 1\,dxdydz = \iiint_D dxdydz$$

は，D で密度が常に 1 の物体の質量，つまり D の体積を表すことに注意しよう．

5.2 節と同様に次のことがいえる．一般に $\rho(x,y,z)$ を D 上の有界な関数とするとき，(5.37) を満たす任意の $\boldsymbol{r}_{ijk}$ について (5.39) の右辺が一定の極限値をもつとき，$\rho(x,y,z)$ は D で**積分可能**という．3 変数関数 $\rho(x,y,z)$ が D で連続ならば，$\rho(x,y,z)$ は D で積分可能である．さらに $\rho(x,y,z)$ が D で有界で，たかだか体積ゼロの集合 K[11]を除いて連続であれば，$\rho(x,y,z)$ は D で積分可能である．

さて，5.2 節では 2 重積分に対して，1 変数関数の積分に帰着して計算する方法を示した ((5.9) 以下を参照)．ここでは同様に 3 重積分 (5.39) に対しても，1 変数関数の積分に帰着しながら計算していこう．

まず ξ_i, η_j, ζ_k を

$$x_{i-1}\leq \xi_i \leq x_i, \quad y_{j-1}\leq \eta_j \leq y_j, \quad z_{k-1}\leq \zeta_k \leq z_k$$

---

[11] p.277 で長方形 D_i $(i=1,2,\cdots,n)$ を直方体に，長方形の面積 $|D_i|$ を直方体 D_i の体積におきかえて (5.7) が成り立つような集合 K を x-y-z 空間で「体積ゼロ」の集合という．

となるようにとれば,$\boldsymbol{r}_{ijk}=(\xi_i,\eta_j,\zeta_k)$ は (5.37) を満たす.そこで (5.38) に戻り,(5.36) に注意して $\sum$ で和をとる順番を整理すれば,

$$\sum_{k=1}^{l}\sum_{j=1}^{m}\sum_{i=1}^{n}\rho(\boldsymbol{r}_{ijk})|D_{ijk}|$$
$$=\sum_{k=1}^{l}\sum_{j=1}^{m}\sum_{i=1}^{n}\rho(\xi_i,\eta_j,\zeta_k)(x_i-x_{i-1})(y_j-y_{j-1})(z_k-z_{k-1})$$
$$=\sum_{k=1}^{l}\left\{\sum_{j=1}^{m}\left\{\sum_{i=1}^{n}\rho(\xi_i,\eta_j,\zeta_k)(x_i-x_{i-1})\right\}(y_j-y_{j-1})\right\}(z_k-z_{k-1}). \quad (5.40)$$

そこで $n,m,l\to\infty$ としたときの (5.40) の挙動をみていこう.

まず (5.40) の最も内側の { } の中

$$\sum_{i=1}^{n}\rho(\xi_i,\eta_j,\zeta_k)(x_i-x_{i-1}) \quad (5.41)$$

に注目する.η_j,ζ_k を定数とみなし,1 変数関数

$$x \longrightarrow \rho(x,\eta_j,\zeta_k) \quad (5.42)$$

を考えると,(5.41) は

「区間 $[0,a]$ を分割してできた小区間 $[x_{i-1},\ x_i]$ $(i=1,2,\cdots,n)$ 上

の点 ξ_i での関数 (5.42) の値」×「小区間の幅」

の総和である.ゆえに $n\to\infty$ としたときの (5.41) の極限が,関数 (5.42) の区間 $[0,a]$ における定積分となる.すなわち,

$$\lim_{n\to\infty}\sum_{i=1}^{n}\rho(\xi_i,\eta_j,\zeta_k)(x_i-x_{i-1})=\int_{0}^{a}\rho(x,\eta_j,\zeta_k)dx.$$

したがって (5.40) は $n\to\infty$ のとき

$$\sum_{k=1}^{l}\left\{\sum_{j=1}^{m}\int_{0}^{a}\rho(x,\eta_j,\zeta_k)dx\ (y_j-y_{j-1})\right\}(z_k-z_{k-1}) \quad (5.43)$$

となる.同様に今度は (5.43) の { } の中

$$\sum_{j=1}^{m} \int_0^a \rho(x,\eta_j,\zeta_k)dx\,(y_j-y_{j-1}) \tag{5.44}$$

で $m\to\infty$ とすると，(5.44) は

$$1\text{変数関数}:\ y\ \longrightarrow\ \int_0^a \rho(x,y,\zeta_k)dx$$

の区間 $[0,b]$ における定積分となる．ゆえに (5.43) は，$m\to\infty$ のとき

$$\sum_{k=1}^{l}\left\{\int_0^b\left\{\int_0^a \rho(x,y,\zeta_k)dx\right\}dy\right\}(z_k-z_{k-1}). \tag{5.45}$$

となる．最後に (5.45) で $l\to\infty$ とすると，これは

$$1\text{変数関数}:\ z\ \longrightarrow\ \int_0^b\left\{\int_0^a \rho(x,y,z)dx\right\}dy$$

の区間 $[0,c]$ における定積分 $\int_0^c\left\{\int_0^b\left\{\int_0^a \rho(x,y,z)dx\right\}dy\right\}dz$ となる．こうして，3重積分の定義式 (5.39) から以下が成立することがわかった[12]：

$$\iiint_D \rho(x,y,z)dxdydz = \int_0^c\left\{\int_0^b\left\{\int_0^a \rho(x,y,z)dx\right\}dy\right\}dz. \tag{5.46}$$

これは3重積分 $\iiint_D \rho(x,y,z)dxdydz$ の計算方法も示している．まず関数 $\rho(x,y,z)$ を x の1変数関数とみなして区間 $[0,a]$ で積分し (このとき y,z は定数とみなす)，次に，$\int_0^a \rho(x,y,z)dx$ を y の1変数関数とみなして区間 $[0,b]$ で積分し (このときは z を定数とみなす)，最後に，z の1変数関数 $\int_0^b\left\{\int_0^a \rho(x,y,z)dx\right\}dy$ を区間 $[0,c]$ で積分し $\iiint_D \rho(x,y,z)dxdydz$ を得るというぐあいである．

このように，最も内側の { } から順次外側に向かって1変数の積分をしながら { } をはずし，計算を進めていけばよい．これを**累次積分**による3

---

[12] 以上は脚注4と同様に直感的な説明である．

重積分計算という．

以上は 5.2 節の累次積分による 2 重積分計算 (5.15) の，x-y-z 空間への自然な拡張であることに気づく[13]．

問 5.9 密度が中心からの距離の 2 乗に比例する立方体がある．比例定数を k，1 辺の長さを $2a$ としたときの，この立方体の質量を求めよ．

3 重積分においても**変数変換**が可能である．証明が省略するが，定理 5.4 に対応するのが次の定理である．

定理 5.5 x-y-z 空間内の領域 D は，変換
$$\begin{cases} x = x(u,v,w) \\ y = y(u,v,w) \\ z = z(u,v,w) \end{cases} \tag{5.47}$$

による u-v-w 空間内の領域 D' の像とし，この変換は D' から D への $1:1$ の写像で，さらに D' 上で

$$\frac{\partial(x,y,z)}{\partial(u,v,w)} = \det \begin{pmatrix} \frac{\partial x}{\partial u} & \frac{\partial x}{\partial v} & \frac{\partial x}{\partial w} \\ \frac{\partial y}{\partial u} & \frac{\partial y}{\partial v} & \frac{\partial y}{\partial w} \\ \frac{\partial z}{\partial u} & \frac{\partial z}{\partial v} & \frac{\partial z}{\partial w} \end{pmatrix} \neq 0 \tag{5.48}$$

を仮定する．このとき，

$$\iiint_D \rho(x,y,z)\,dxdydz$$
$$= \iiint_{D'} \rho\bigl(x(u,v,w), y(u,v,w), z(u,v,w)\bigr) \left|\frac{\partial(x,y,z)}{\partial(u,v,w)}\right| dudvdw. \tag{5.49}$$

注意 定理 5.4 の注意 (p.288) と同様に，(5.48) の行列式を変換 (5.47) の

---

[13] 2 重積分のときと同様に，積分していく変数の順序は変更可能である．例えば
$$\int_0^c \left\{ \int_0^b \left\{ \int_0^a \rho(x,y,z)\,dx \right\} dy \right\} dz = \int_0^c \left\{ \int_0^a \left\{ \int_0^b \rho(x,y,z)\,dy \right\} dx \right\} dz.$$

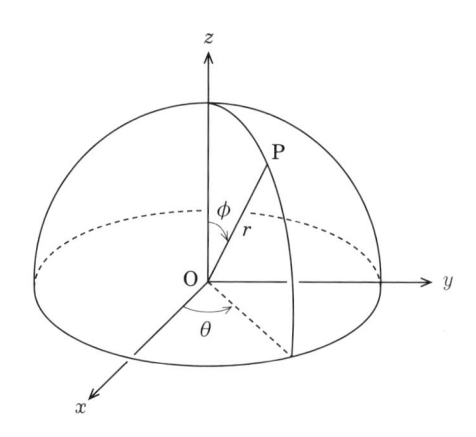

図 5.12　極座標.

ヤコビ行列式 (Jacobian) とよぶ．D' の境界上に限ってヤコビ行列式がゼロ，もしくはそこで大域的な 1 対 1 の対応がくずれる場合も (5.49) は成立する．

上の定理の重要な応用例が，極座標による変数変換である．図 5.12 での点 $P(x,y,z)$ を (r,ϕ,θ) を用いて表すと，

$$x = r\sin\phi\cos\theta, \quad y = r\sin\phi\sin\theta, \quad z = r\cos\phi \tag{5.50}$$

$(0 \leq r,\ 0 \leq \phi \leq \pi,\ 0 \leq \theta \leq 2\pi)$．

問 5.10　そこで，定理の (u,v,w) を (r,ϕ,θ) に置き換えたとき，ヤコビ行列式は

$$\frac{\partial(x,y,z)}{\partial(r,\phi,\theta)} = r^2 \sin\phi$$

となることを確かめよ．

問 5.11　a, b を $a < b$ なる正の定数として，球殻 $D = \{(x,y,z) \mid a \leq \sqrt{x^2+y^2+z^2} \leq b\}$ に対して $\iiint_D \dfrac{1}{\sqrt{x^2+y^2+z^2}} dxdydz$ を求めよ．

§5.5　粒子の系から連続体へ

たくさんの粒子からなる系を考える．1から順に粒子に番号を付け，i番目の粒子の質量をm_i，その位置ベクトルを$\boldsymbol{r}_i$とする．各粒子は力を受けるが，その力は，粒子同士で相互に及ぼしあう力(内力，すなわち押し合いへし合いする力)および系の外から受ける力(外力，例えば重力，電場から受ける力等)とからなる(図5.13(左))．

そこで，i番目の粒子が他の粒子から受けている内力と，i番目の粒子が系の外から受けている力との合力を$\boldsymbol{f}_i$で表す．このとき，このi番目の粒子については，ニュートンの運動方程式より

$$m_i \ddot{\boldsymbol{r}}_i = \boldsymbol{f}_i$$

が成り立つ．$\ddot{\boldsymbol{r}}_i$は$\boldsymbol{r}_i$の時間に対する2階微分，すなわち加速度ベクトルである．

系を構成する粒子すべてにわたって上式の和をとると，

$$\sum_i m_i \ddot{\boldsymbol{r}}_i = \sum_i \boldsymbol{f}_i = \boldsymbol{F}. \tag{5.51}$$

ここで$\boldsymbol{F}$は，$\boldsymbol{f}_i$すべての合力であるが，粒子同士で相互に及ぼしあう力は

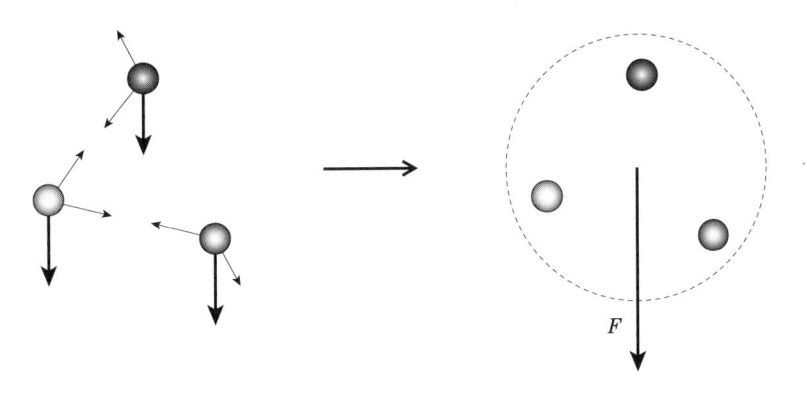

図 **5.13**　(左) 各粒子にはたらく内力(細いベクトル)と外力(太いベクトル)，(右) 粒子の系が受ける外力．

打ち消しあう．なぜなら，作用，反作用の法則により，例えば1番目の粒子が2番目の粒子に及ぼす力と，2番目の粒子が1番目の粒子に及ぼす力は，大きさ同じで向きが反対であるから，そのような力は f_1+f_2 において相殺する．

任意の二つの粒子についても同様なことがいえるから F は，この系が外から受ける外力の総和となる (図5.13 (右))．

さて，位置ベクトル R を

$$R=\frac{\sum_i m_i r_i}{\sum_i m_i} \tag{5.52}$$

で定めるとき，(5.51) は，

$$M\ddot{R}=F, \quad M=\sum_i m_i \tag{5.53}$$

と表現される．M はこの系の粒子の全質量である．系の全質量が位置ベクトル R できまる一点に集中してあると考えれば(5.53) は，系の外から受ける力がその一点に働いたときのニュートンの運動方程式とみることができる．

(5.52) の R できまる一点をこの系の**重心** (**質量中心**) という．系の内部にある個々の粒子の運動は複雑であるが，重心の運動は一つの質点に対する力学の問題に帰着することが示された．

この節では，対象がこれまでのバラバラの粒子の集まりではなく，粒子が連続的につまった，密度と大きさをもつ物体のときに，(5.52) の R に対応する公式を導く．現実にわれわれが手にする多くはそのような物体である．したがって，物体全体がどういう運動をするかを調べるときに，物体の重心を求めることが本質的になる．

バラバラの粒子で構成された系から粒子が連続的につまった物体に移行するとき，これまでの重積分の考え方が活きる．

今，対象とする粒子が連続的につまった物体 B は，x-y-z 空間内の領域 D

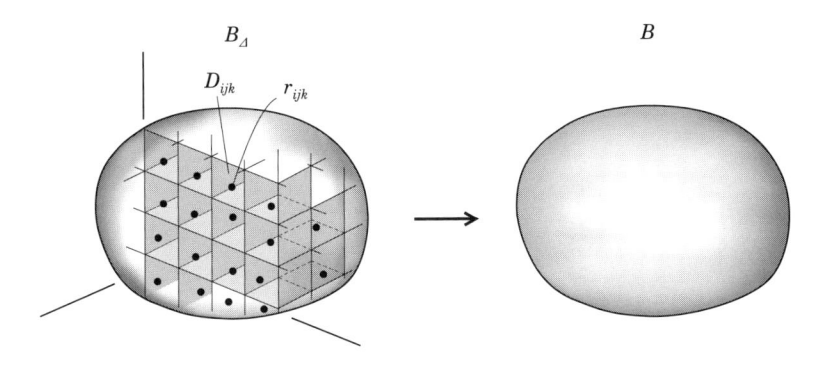

図 5.14 (左) 各点 r_{ijk} に質量 $\rho(r_{ijk})|D_{ijk}|$ の粒子が存在する系 B_Δ, (右) 粒子が連続的につまった物体 B.

をみたしていて，D の各点 (x,y,z) で密度 $\rho(x,y,z)$[14]をもつとする．このような物体の重心を求めるために，重積分を粒子からなる系に援用したい．

領域 D を (5.35) の小領域 D_{ijk} に分割し，(5.37) にならい D_{ijk} 内の 1 点を r_{ijk} とする．そこで，各点 r_{ijk} に質量 $\rho(r_{ijk})|D_{ijk}|$ の粒子が存在するような系を考える．各小領域内で物体は均一の密度 $\rho(r_{ijk})$ をもつとし，さらには，各小領域の質量が一点 r_{ijk} に集中してあると考えるのである．この系を B_Δ で表そう (図 5.14 (左))．

さて，n,m,l を大きくとって分割をどんどん細かくしてゆくと，小領域の数は増える一方，各小領域自身はますます細かくなり，系 B_Δ はだんだん粒子が連続的につまった物体 B へと近づいていき (図 5.14)，系 B_Δ の重心も物体 B の重心へと近づくであろう．このようなプロセスにおいて (5.52) の挙動を調べるわけだが，ここへきて重積分の考え方を用いることができる．

(5.52) を系 B_Δ に適用しよう．(5.52) の m_i には $\rho(r_{ijk})|D_{ijk}|$ が，r_i には r_{ijk} が対応するので，系 B_Δ の重心は

$$\frac{\sum\limits_{i,j,k} \rho(r_{ijk})|D_{ijk}| \, r_{ijk}}{\sum\limits_{i,j,k} \rho(r_{ijk})|D_{ijk}|}. \tag{5.54}$$

---

[14] 脚注 10 を参照．

ここで $m,n,l \to \infty$ としたときの極限を，3重積分の定義式 (5.39) と見比べて考察しよう．(5.54) の分母は (5.39) そのものであるから

$$\sum_{i,j,k} \rho(\boldsymbol{r}_{ijk})|D_{ijk}| \longrightarrow \iiint_D \rho(x,y,z)dxdydz.$$

これは物体 B の質量を表した．一方，(5.54) の分子はベクトルである．x 成分，y 成分，z 成分ごとにみると，それらは (5.39) の右辺において，$\rho(x,y,z)$ を $x\rho(x,y,z), y\rho(x,y,z), z\rho(x,y,z)$ に置きかえて $(x,y,z)=\boldsymbol{r}_{ijk}$ としたものに他ならない．したがって

$$\sum_{i,j,k} \rho(\boldsymbol{r}_{ijk})|D_{ijk}|\,\boldsymbol{r}_{ijk} \longrightarrow \left(\iiint_D x\rho(x,y,z)dxdydz,\right.$$
$$\left.\iiint_D y\rho(x,y,z)dxdydz, \iiint_D z\rho(x,y,z)dxdydz\right).$$

以上より物体 B の重心の位置ベクトル $\boldsymbol{R}$ は，

$$\boldsymbol{R} = \left(\iiint_D x\rho(x,y,z)\,dxdydz, \iiint_D y\rho(x,y,z)dxdydz,\right.$$
$$\left.\iiint_D z\rho(x,y,z)dxdydz\right) \Big/ \iiint_D \rho(x,y,z)dxdydz \qquad (5.55)$$

と表される．

重心とは，質量に関する平均位置といえる．密度 $\rho(x,y,z)$ が一定のとき，重心がその物体の"中心"であることは容易に想像できる．例えば，密度一定の球の重心はその球の中心である．次の例では，z 軸方向に対称性をもたない物体の重心を考えよう．

例 5.7 半径 R, 密度一定の北半球 B の重心座標を求めよ（ただし B の占める x-y-z 空間内の領域 D は $\{(x,y,z) \mid x^2+y^2+z^2 \leq R^2, z \geq 0\}$ とする．図 5.15 (左) 参照）．

解 x 方向，y 方向に関しては対称であるから，求める重心の x 座標，y 座

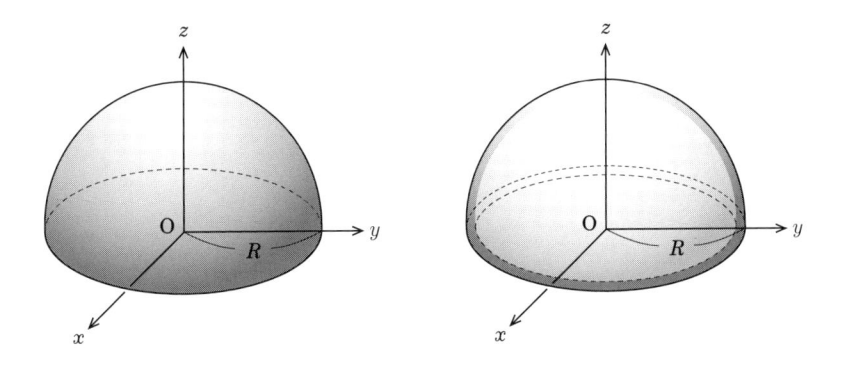

図 5.15 半径 R の北半球 (左) とドーム型屋根 (右).

標はそれぞれ 0 であることは想像できるが，(5.55) から重心の x,y,z 座標すべてを求めよう．一定の密度を ρ_0 とおく．極座標表示 (5.50) を用いると，北半球 B が占める領域は，

$$D' = \left\{ (r,\phi,\theta) \mid 0 \leq r \leq R,\ 0 \leq \phi \leq \frac{\pi}{2},\ 0 \leq \theta \leq 2\pi \right\}.$$

極座標変換のヤコビ行列式は $r^2 \sin\phi$ となること (問 5.10 (p.304)) を思い出すと，(5.55) の各成分の分母は公式 (5.49) から，

$$\begin{aligned}
\rho_0 \iiint_D dxdydz &= \rho_0 \iiint_{D'} r^2 \sin\phi\, d\phi d\theta dr \\
&= \rho_0 \int_0^R \left\{ \int_0^{2\pi} \left\{ \int_0^{\frac{\pi}{2}} r^2 \sin\phi\, d\phi \right\} d\theta \right\} dr \\
&= \rho_0 \int_0^R r^2\, dr \cdot \int_0^{2\pi} d\theta \cdot \int_0^{\frac{\pi}{2}} \sin\phi\, d\phi \\
&= \rho_0 \frac{2}{3}\pi R^3 \qquad (\text{これは半球の体積} \times \rho_0).
\end{aligned}$$

一方，x 成分の分子は

$$\rho_0 \iiint_D x\, dxdydz = \rho_0 \int_0^R \left\{ \int_0^{2\pi} \left\{ \int_0^{\frac{\pi}{2}} r^3 \sin^2\phi \cos\theta\, d\phi \right\} d\theta \right\} dr.$$

ところが $\int_0^{2\pi} \cos\theta\, d\theta = 0$ からこれはゼロ．同様に y 成分の分子

$$\rho_0 \iiint_D y\, dxdydz = \rho_0 \int_0^R \left\{ \int_0^{2\pi} \left\{ \int_0^{\frac{\pi}{2}} r^3 \sin^2\phi \sin\theta\, d\phi \right\} d\theta \right\} dr$$

も $\int_0^{2\pi} \sin\theta\, d\theta = 0$ からゼロとなる．次に z 成分の分子を計算すると，

$$\begin{aligned}\rho_0 \iiint_D z\, dxdydz &= \rho_0 \int_0^R \left\{ \int_0^{2\pi} \left\{ \int_0^{\frac{\pi}{2}} r^3 \sin\phi \cos\phi\, d\phi \right\} d\theta \right\} dr \\ &= \rho_0 \int_0^R r^3\, dr \cdot \int_0^{2\pi} d\theta \cdot \int_0^{\frac{\pi}{2}} \sin\phi \cos\phi\, d\phi \\ &= \rho_0 \frac{1}{4}\pi R^4.\end{aligned}$$

ここで

$$\int_0^{\frac{\pi}{2}} \sin\phi \cos\phi\, d\phi = \frac{1}{2} \int_0^{\frac{\pi}{2}} \sin 2\phi\, d\phi = -\frac{1}{4}\Big[\cos 2\phi\Big]_0^{\frac{\pi}{2}} = \frac{1}{2} \tag{5.56}$$

を用いた．したがって求める重心の座標は，(5.55) から

$$\boldsymbol{R} = \left(0,\, 0,\, \frac{3}{8}R\right). \quad \blacksquare$$

❀' **例 5.8** 外側の半径が R，厚さが d で密度一定の半球殻 S の重心座標を求めよ (S の占める x-y-z 空間内の領域 D は $\{(x,y,z) \mid (R-d)^2 \leq x^2+y^2+z^2 \leq R^2, z \geq 0\}$ とする)．次に，厚さ d を限りなくゼロに近づけたとき，重心はどのような点に近づくであろうか (ドーム型屋根の重心に対応．図 5.15 (右) 参照)．

解 x 方向，y 方向に関しては対称であるから，重心の x 座標，y 座標はそれぞれ 0 である．一定の密度を ρ_s とおく．極座標表示 (5.50) を用いると，半球殻 S が占める領域は，

$$D' = \left\{ (r, \phi, \theta) \mid R-d \leq r \leq R,\, 0 \leq \phi \leq \frac{\pi}{2},\, 0 \leq \theta \leq 2\pi \right\}.$$

再び,極座標変換のヤコビ行列式が $r^2 \sin\phi$ となることを使うと,(5.55) の分母は公式 (5.49) から,

$$\rho_s \iiint_D dxdydz = \rho_s \iiint_{D'} r^2 \sin\phi \, d\phi d\theta dr$$
$$= \rho_s \int_{R-d}^{R} \left\{ \int_0^{2\pi} \left\{ \int_0^{\frac{\pi}{2}} r^2 \sin\phi \, d\phi \right\} d\theta \right\} dr$$
$$= \rho_s \frac{2}{3}\pi(R^3 - (R-d)^3).$$

一方,z 成分の分子は (5.56) を用いて,

$$\rho_s \iiint_D z \, dxdydz = \rho_s \int_{R-d}^{R} \left\{ \int_0^{2\pi} \left\{ \int_0^{\frac{\pi}{2}} r^3 \sin\phi \cos\phi \, d\phi \right\} d\theta \right\} dr$$
$$= \rho_s \frac{1}{4}\pi(R^4 - (R-d)^4).$$

したがって重心の z 座標は,

$$\frac{3}{8} \frac{R^4 - (R-d)^4}{R^3 - (R-d)^3}. \tag{5.57}$$

次に d を限りなく 0 に近づけたとき,(5.57) は $\frac{0}{0}$ の不定形である.そこで,分子分母それぞれを因数分解し,共通因子 d で約分すると,

$$\lim_{d \to +0} \frac{3}{8} \frac{R^4 - (R-d)^4}{R^3 - (R-d)^3} = \lim_{d \to +0} \frac{3}{8} \frac{(R^2 + (R-d)^2)(2R-d)}{R^2 + (R-d)R + (R-d)^2}$$
$$= \frac{3}{8} \frac{2R^2 \cdot 2R}{3R^2} = \frac{R}{2}.$$

したがって非常に薄い殻でできたドーム型屋根の重心の座標は,

$$\left(0, 0, \frac{R}{2}\right). \quad \blacksquare$$

§5.6 ポテンシャルエネルギー

重さ 10 kg の荷物をもって配達人が，高さ 10 メートルの階段をのぼり階上の住民に届け物をしたと考えよう．この荷物には 10 kg×g = 10 kg × 9.8 m/s^2 = 98 N (ニュートン) の重力が鉛直下向きにはたらくので (g は重力加速度)，配達人は重力に抗して 98 N の鉛直上向きの力を荷物に与えながら鉛直上向き方向に 10 メートル移動している．これを物理的にみると，配達人は荷物に対して，

$$98 \text{ N} \times 10 \text{ m} = 980 \text{ J}^{15)}$$

の仕事をしたことになる．一方荷物の方は，配達人によって 980 J の仕事を受け，980 J のエネルギーを蓄えたとみることができる．つまり荷物は，階下にあるときよりも 980 J 多くエネルギーを有している．このように，力の場 (ここでは重力場) において，物体が存在する位置によってすでに物体そのものに蓄えられているとみなすエネルギーを，**位置エネルギー**もしくは**ポテンシャルエネルギー**とよんでいる．その場所にあるがゆえのエネルギーである (図 5.16 (左))．

一般に質量 m の物体が高さ h にあるとき，物体のもつポテンシャルエネ

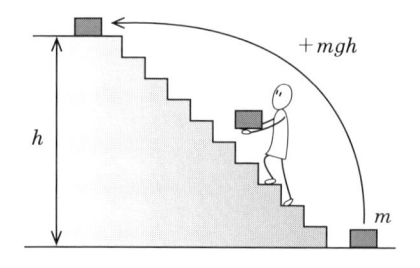

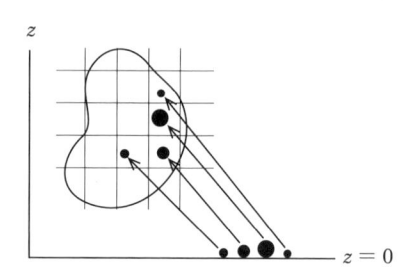

図 5.16 (左) 質量 m の物体を高さ h だけもち上げるのに必要な仕事量 = ポテンシャルエネルギーの増加分．(右) 系 B_Δ の各粒子は $z=0$ からもち上げたものと考える．

[15)] ジュール．仕事の単位 (N·m)．1 J=0.239 cal (カロリー)．

ルギーは mgh となる．ただし $h=0$ をポテンシャルエネルギーの基準面 (ポテンシャルエネルギーがゼロとなる位置) とした．ここまでは物体を質点とみなしての話であるが，では物体が大きさと密度をもっているときに，その物体全体のポテンシャルエネルギーはどのように求めたらよいか．

そこで x-y-z 空間内の領域 D に，各点 (x,y,z) で密度 $\rho(x,y,z)$ をもつような物体 B が存在したとしよう．z 軸を鉛直上向きにとり，ポテンシャルエネルギーの基準面を平面 $z=0$ におく．重力加速度 g は一定とする[16]．このとき物体 B のポテンシャルエネルギー U を求めたい．

領域 D を (5.35) の小領域 D_{ijk} に分割し，(5.37) のように D_{ijk} 内の 1 点を $\boldsymbol{r}_{ijk}$ とする．次に，各点 $\boldsymbol{r}_{ijk}$ に質量 $\rho(\boldsymbol{r}_{ijk})|D_{ijk}|$ の粒子が存在するような系を考える．この系を B_Δ で表そう．分割を細かくすれば，系 B_Δ はしだいに粒子が連続的につまった物体 B へと近づいていく．ここまでは，5.5 節と同じである．

そこで系 B_Δ を構成する粒子一つ一つのポテンシャルエネルギーを求め，次にその総和をとって系 B_Δ 全体のポテンシャルエネルギー U_Δ を求める．分割を細かくすれば，U_Δ もしだいに物体 B のポテンシャルエネルギー U に近づくであろう．

$\boldsymbol{r}_{ijk}$ の z 成分を z_{ijk} とかけば，$\boldsymbol{r}_{ijk}$ にある質量 $\rho(\boldsymbol{r}_{ijk})|D_{ijk}|$ の粒子がもつポテンシャルエネルギーは $\rho(\boldsymbol{r}_{ijk})|D_{ijk}|\,gz_{ijk}$ である．ゆえにそれらの総和をとれば

$$U_\Delta = \sum_{i,j,k} z_{ijk}\,\rho(\boldsymbol{r}_{ijk})g\,|D_{ijk}|.$$

---

[16] 一般に重力加速度は，地球表面からの高度が増えるに従い減少していく．このことは，4.7 節の万有引力 (4.46) による重力場において，高度 h の位置にある質量 m の物体にはたらく重力は $mg = G\dfrac{mM_e}{(R_e+h)^2}$ (M_e は地球の質量，R_e は地球の半径，h は地球表面からの高度)，したがって $g = G\dfrac{M_e}{(R_e+h)^2}$ となることからわかる．しかし今は，地球表面からの高度 h が地球の半径にくらべて十分小さいとして，g は一定 $\left(= G\dfrac{M_e}{R_e^2}\right)$ とみなす．

つまり系 B_Δ の粒子一つ一つは，$z=0$ からもち上げたものと考えれば，その際に必要な仕事量の総和が U_Δ である（図 5.16 (右)）．ここで $m,n,l \to \infty$ として分割を細かくしていったときの U_Δ の極限を，3 重積分の定義式 (5.39) と見比べて考察しよう．あきらかに (5.39) の右辺で，$\rho(x,y,z)$ を $z\rho(x,y,z)g$ に置きかえたものになっている．したがって，

$$U_\Delta = \sum_{i,j,k} z_{ijk}\, \rho(\boldsymbol{r}_{ijk}) g\, |D_{ijk}| \longrightarrow \iiint_D z\rho(x,y,z) g\, dxdydz.$$

ゆえに領域 D の各点 (x,y,z) で密度 $\rho(x,y,z)$ をもつ物体 B のポテンシャルエネルギー U は

$$U = g \iiint_D z\rho(x,y,z)\, dxdydz. \tag{5.58}$$

これは重心座標の公式 (5.55) の z 成分に，B の質量と重力加速度 g とを乗じたものである．すなわち (5.58) は，B の全質量が B の重心に集中してあると考えたときの，その質点のポテンシャルエネルギーである．

例 5.9 （富士山をつくる仕事量）　山は噴火や地殻変動といった地球の活動により形成されたものである．富士山を底面の半径 18,900 メートル，高さ 3,800 メートル，密度 3,200 kg/m^3 の直円錐とみなして，はじめ海抜 0 メートルの平原であったところに富士山が形成されたとするならば，その際に地球が要した仕事量は何 J（ジュール）か．ただし重力加速度は 9.8 m/s^2 で一定とする．

解　細かなブロック 1 個ずつを海抜 0 メートルからもち上げて富士山をつくったと考えれば（途方もない仕事！），その際に必要な仕事量の総和が求めるものであり，富士山全体のポテンシャルエネルギーでもある．

まず x-y-z 空間において，原点中心で半径 R の x-y 平面内の円を底面にもつ直円錐を考える．直円錐の高さを H，よって頂点を $(0,0,H)$ とおく．この直円錐のポテンシャルエネルギー U を (5.58) から計算しよう．ただし直円錐の密度 ρ，重力加速度 g は一定とする．高さ z の水平面でこの直円錐を

切ったときの切り口は半径 $R(1-z/H)$ の円となるから，直円錐の占める領域 D は

$$D = \left\{ (x,y,z) \,\middle|\, 0 \leq \sqrt{x^2+y^2} \leq R\left(1-\frac{z}{H}\right), 0 \leq z \leq H \right\}$$

と表される．変数 x,y については極座標変換 $x=r\cos\theta, y=r\sin\theta$ を用いると D は，r-θ-z 空間内の領域

$$D' = \left\{ (r,\theta,z) \,\middle|\, 0 \leq r \leq R\left(1-\frac{z}{H}\right), 0 \leq \theta \leq 2\pi, 0 \leq z \leq H \right\}$$

に移される．定理 5.5 を用いよう．

$$\frac{\partial(x,y,z)}{\partial(r,\theta,z)} = r$$

であるから

$$\begin{aligned}
U &= \rho g \iiint_D z\,dxdydz = g\rho \iiint_{D'} zr\,drd\theta dz \\
&= \rho g \int_0^H \left\{ \int_0^{2\pi} \left\{ \int_0^{R\left(1-\frac{z}{H}\right)} zr\,dr \right\} d\theta \right\} dz = 2\pi \rho g \int_0^H z \left[\frac{r^2}{2}\right]_0^{R\left(1-\frac{z}{H}\right)} dz \\
&= \pi \rho g R^2 \int_0^H z\left(1-\frac{z}{H}\right)^2 dz = \pi \rho g R^2 \int_0^H \left(z - \frac{2}{H}z^2 + \frac{z^3}{H^2} \right) dz \\
&= \pi \rho g R^2 \frac{H^2}{12}
\end{aligned}$$

さて，問題としていた富士山をつくるのに必要な仕事量を求めよう．$g = 9.8 \text{ m/s}^2$, $\rho = 3200 \text{ kg/m}^3$, $R = 18900 \text{ m}$, $H = 3800 \text{ m}$ を代入し

$$U = 3.14 \times 3.2 \times 10^3 \times 9.8 \times (1.89 \times 10^4)^2 \times \frac{(3.8 \times 10^3)^2}{12}$$

$$\cong 4.23 \times 10^{19} \text{ J （ジュール）．} \blacksquare$$

これまで重力加速度 g は一定とした．しかし脚注 16 で述べたように，一般に g は地球の中心からの距離に依存する．したがって物体にはたらく重力も地球表面からの高度に依存する．そこで万有引力による重力場において，各点で密度 $\rho(x,y,z)$ をもつ物体 B のポテンシャルエネルギー U を求めるこ

図 **5.17** 質量 M_e の地球と質量 m の物体.

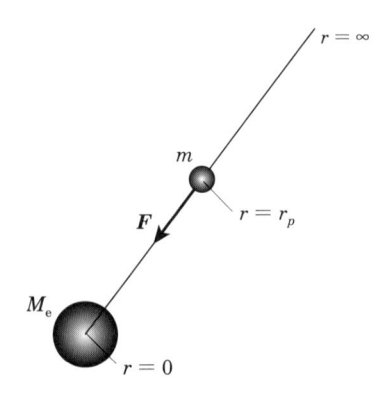

とにしよう.

地球の質量を M_e として地球の中心を $\boldsymbol{r}_0 = (x_0, y_0, z_0)$ におく. 物体 B は地球から離れたところにあって, x-y-z 空間内の領域 D を占めているとする. 前と同様に領域 D を細かな小領域 D_{ijk} に分割し, D_{ijk} の中の 1 点 $\boldsymbol{r}_{ijk}$ に質量 $\rho(\boldsymbol{r}_{ijk})|D_{ijk}|$ の粒子が存在するような系 B_Δ を考えよう. そこで万有引力による重力場において, 各粒子のポテンシャルエネルギーを求める必要がある.

まず, 質量 m の物体が地球の中心から距離 r_p の位置にあるとして, この物体のポテンシャルエネルギー U_p を求めよう (図 5.17). $\boldsymbol{r}_0$ から物体までの直線を無限遠方にまで延長し, これを r 軸とする. ポテンシャルエネルギーの基準点は, 万有引力の場においては $r = \infty$ の位置に置くのが慣例である. そこでこの物体を無限遠方から $r = r_p$ まで動かしたときの仕事量を考える. 質量 m の物体が点 r にあるとき, 万有引力の法則により地球からは大きさ

$$F(r) = G \frac{mM_\mathrm{e}}{r^2} \tag{5.59}$$

の引力がはたらく[17].

---

[17] 4.7 節の (4.46) で $M = M_\mathrm{e}$ とおく.

5.6 ポテンシャルエネルギー

十分大きい R をとり，r 軸上の区間 $[r_p, R]$ を

$$r_p = r_0 < r_1 < r_2 < \cdots < r_{n-1} < r_n = R$$

と n 等分し，さらに ξ_i を $r_{i-1} \leq \xi_i \leq r_i$ を満たすようにとる $(i=1,2,\cdots,n)$. そこで $i=1,2,\cdots,n$ として，この物体が区間 $[r_{i-1}, r_i]$ にあるときは，地球から一定の引力 $F(\xi_i)$ がはたらいているとする．このとき物体を $r=r_i$ から $r=r_{i-1}$ まで移動するのに必要な仕事量は $-F(\xi_i)(r_i - r_{i-1})$，したがって物体を $r=R$ から $r=r_p$ まで移動するのに必要な仕事量は，それらの総和

$$-\sum_{i=1}^{n} F(\xi_i)(r_i - r_{i-1}) = -\sum_{i=1}^{n} G\frac{mM_e}{\xi_i^2}(r_i - r_{i-1}) \tag{5.60}$$

となる．ここで仕事量の前にマイナスがつくのは地球からの力が引力，すなわち r 軸上で負の方向を向いているからである．$n \to \infty$ とすれば，区間 $[r_p, R]$ はより細かく分割され，(5.60) はしだいに，物体にはたらく力が連続的に変化する，つまり各 r で物体にはたらく引力が (5.59) で与えられるときに物体を $r=R$ から $r=r_p$ まで移動するのに必要な仕事量に近づくであろう．3.2 節の (3.7) (p.152) と見比べると，x を r にして $f = -G\dfrac{mM_e}{r^2}$ としたものが (5.60) である．ゆえに $n \to \infty$ のとき，定積分の定義から

$$-\sum_{i=1}^{n} G\frac{mM_e}{\xi_i^2}(r_i - r_{i-1}) \quad \longrightarrow \quad -\int_{r_p}^{R} G\frac{mM_e}{r^2} dr.$$

したがって質量 m の物体を，万有引力による重力場において $r=R$ から $r=r_p$ まで移動するのに必要な仕事量は

$$-\int_{r_p}^{R} G\frac{mM_e}{r^2} dr = \left[G\frac{mM_e}{r}\right]_{r_p}^{R} = GmM_e\left(\frac{1}{R} - \frac{1}{r_p}\right).$$

ここで $R \to \infty$ とすれば，この物体を無限遠方から $r=r_p$ まで移動するのに必要な仕事量，すなわちこの物体のポテンシャルエネルギー

$$U_p = -\frac{GmM_e}{r_p} \tag{5.61}$$

が得られる．

ここにきて，密度 $\rho(x,y,z)$ をもつ物体 B のポテンシャルエネルギーを求める話にもどることができる．$\boldsymbol{r}_{ijk}$ にある質量 $\rho(\boldsymbol{r}_{ijk})|D_{ijk}|$ の粒子のポテンシャルエネルギーは，(5.61) から

$$-G\,\frac{\rho(\boldsymbol{r}_{ijk})|D_{ijk}|M_{\mathrm{e}}}{|\boldsymbol{r}_{ijk}-\boldsymbol{r}_0|}.$$

分母の $|\boldsymbol{r}_{ijk}-\boldsymbol{r}_0|$ はベクトル $\boldsymbol{r}_{ijk}-\boldsymbol{r}_0$ の長さ，すなわち点 $\boldsymbol{r}_{ijk}$ の $\boldsymbol{r}_0=(x_0,y_0,z_0)$ までの距離である．したがって各 $\boldsymbol{r}_{ijk}$ に質量 $\rho(\boldsymbol{r}_{ijk})|D_{ijk}|$ の粒子が存在するような系 B_Δ 全体のポテンシャルエネルギー U_Δ は，

$$U_\Delta = -\sum_{i,j,k} G\,\frac{\rho(\boldsymbol{r}_{ijk})|D_{ijk}|M_{\mathrm{e}}}{|\boldsymbol{r}_{ijk}-\boldsymbol{r}_0|}.$$

ここで再び $m,n,l\to\infty$ として分割を細かくすれば，系 B_Δ は物体 B に近づき，ゆえに U_Δ も物体 B 自身のポテンシャルエネルギー U に近づくであろう．$m,n,l\to\infty$ としたときの U_Δ の極限を，3 重積分の定義式 (5.39) と見比べると，(5.39) の右辺で $\rho(x,y,z)$ を $-GM_{\mathrm{e}}\dfrac{\rho(x,y,z)}{\sqrt{(x-x_0)^2+(y-y_0)^2+(z-z_0)^2}}$ に置きかえたものになっている．したがって

$$\begin{aligned}U_\Delta &= -\sum_{i,j,k} G\,\frac{\rho(\boldsymbol{r}_{ijk})|D_{ijk}|M_{\mathrm{e}}}{|\boldsymbol{r}_{ijk}-\boldsymbol{r}_0|} \\ &\longrightarrow\ -GM_{\mathrm{e}}\iiint_D \frac{\rho(x,y,z)}{\sqrt{(x-x_0)^2+(y-y_0)^2+(z-z_0)^2}}\,dxdydz.\end{aligned}$$

ゆえに質量 M_{e} の地球が $\boldsymbol{r}_0=(x_0,y_0,z_0)$ にあるときの万有引力による重力場において，物体 B のポテンシャルエネルギー U は

$$U = -GM_{\mathrm{e}}\iiint_D \frac{\rho(x,y,z)}{\sqrt{(x-x_0)^2+(y-y_0)^2+(z-z_0)^2}}\,dxdydz. \qquad (5.62)$$

注意 万有引力による重力場においては，(5.62) は，B の全質量が B の重心に集中してあると考えたときの，その質点のポテンシャルエネルギーとは

ならないことに注意せよ．

質量 M_e の地球と物体 B 間の相互にはたらく万有引力の大きさは作用反作用の法則より等しい．そこで (5.62) を導いた議論の見方を変えれば，物体 B が $\bm{r}_0 = (x_0, y_0, z_0)$ から離れた領域 D に密度 $\rho(x,y,z)$ をもって存在するとき，$\bm{r}_0$ にある質量 M_e の質点は，B による万有引力の場でポテンシャルエネルギー (5.62) をもつという解釈もできる．

問 5.12 物体 B は原点中心，半径 R の球 $D : \{ (x,y,z) \mid x^2+y^2+z^2 \leq R^2 \}$ を占めていて，一定の密度 ρ_0 をもつとする．B による万有引力の場において，$(0,0,z_0)$ にある質量 M_e の質点がもつポテンシャルエネルギー U を求めよ ($z_0 > R$ とする)．

■ 演習問題

1. 楕円体 $\dfrac{x^2}{a^2} + \dfrac{y^2}{b^2} + \dfrac{z^2}{c^2} \leq 1$ $(a,b,c > 0)$ の上側半分の体積

$$\iint_D c\sqrt{1 - \frac{x^2}{a^2} - \frac{y^2}{b^2}}\, dxdy$$

を求めよ．ここで D は x-y 平面内の楕円領域 $\left\{ (x,y) \mid \dfrac{x^2}{a^2} + \dfrac{y^2}{b^2} \leq 1 \right\}$ である．

2. x-y 平面内の 3 点 $(x_1,y_1), (x_2,y_2), (x_3,y_3)$ を頂点にもつ密度一定の三角形の重心座標を求めよ (よく知られている三角形の重心座標の公式 $\bm{R} = \left(\dfrac{x_1+x_2+x_3}{3}, \dfrac{y_1+y_2+y_3}{3} \right)$ を (5.33) から導出せよ)．

3. 地球は，表面の地殻から中心に向かうに従い，マントル，核と密度が増大する．そこで，密度 ρ が中心からの距離 r の一次関数として図 5.18 のように表されているとき，例 5.7 における北半球 B の重心の座標を R, M, m を用いて表せ．

4. 原点中心，半径 R の x-y 平面内の円を底面とし，頂点が $(0,0,H)$ の密度一定の

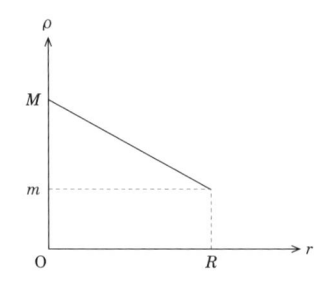

図 **5.18** 密度 ρ と中心からの距離 r.

直円錐の重心座標を求めよ.

5. 質量 m の質点の慣性モーメントは,回転軸までの垂直距離を r とおくと mr^2 で与えられる.そこで質量 M 半径 R の球の中心軸まわりの慣性モーメント I を求めよ.ただし球の密度は一定とする.

6. 物体 B は原点中心,半径 R の球 $D:\{\,(x,y,z)\mid x^2+y^2+z^2\leq R^2\,\}$ を占めていて,B の各点での密度 ρ は原点までの距離のみに依存するものとする.すなわち $\rho=\rho(\sqrt{x^2+y^2+z^2})$.この B による万有引力の場において,$(0,0,z_0)$ にある質量 M_e の質点 P がもつポテンシャルエネルギー U を求めよ (ただし $z_0>R$ とする).この U は,B の全質量が B の重心に集中してあると考えたときの,質点 P のポテンシャルエネルギーに等しいことを示せ.

付　録

§**A.1**　ボルツァーノ–ワイヤストラスの定理 (定理 **1.14**) の証明

$\{a_n\}$ は有界な無限数列であるから,

$$a \leq a_n \leq b \quad (n=1,2,\cdots) \quad (a,b\text{ は定数})$$

としてよい．いま $n=1,2,\cdots$ について

$$\alpha_n = \sup\{a_n, a_{n+1}, \cdots\} = \sup_{k \geq n} a_k$$

と定めると，$\{\alpha_n\}$ は単調減少で下に有界:

$$a \leq \cdots \leq \alpha_n \leq \cdots \leq \alpha_2 \leq \alpha_1.$$

したがって極限 $\alpha = \lim_{n\to\infty} \alpha_n \geq a$ が存在する．$\varepsilon > 0$ を任意に，自然数 N を適当に選ぶと

$$\alpha < \alpha_N < \alpha + \varepsilon$$

が成り立つ．α_N が $\{a_N, a_{N+1}, \cdots\}$ の上限であることから任意の $\varepsilon > 0$ について，$\alpha - \varepsilon \leq \alpha_N - \varepsilon < a_m$ となる $a_m (N \leq m)$ が存在する．一方 a_m は α_N 以下，したがって $\alpha + \varepsilon$ 未満である．そこで $\varepsilon = 1$ に対応する m を m_1 とすると

$$\alpha - 1 < a_{m_1} < \alpha + 1.$$

一般に $a_{m_{k-1}}$ までがこのような手段で選ばれたとき $\varepsilon = \dfrac{1}{k}$ に対応する m を m_k とすれば

$$\alpha - \frac{1}{k} < \alpha_{m_k} < \alpha + \frac{1}{k}$$

が成り立つ. したがって $\lim_{k \to \infty} a_{m_k} = \alpha$ であり $\{a_{m_k}\}_{k=1,2,\cdots}$ が求める部分列である.

注意 あきらかに $\beta_n = \inf\{a_n, a_{n+1}, \cdots\} = \inf_{k \geq n} a_k$ から出発しても収束部分列 $\{a_{m'_k}\}$ が構成できる ($\lim_{n \to \infty} \beta_n = \beta$).

$$\alpha = \limsup_{n \to \infty} a_n, \quad \beta = \liminf_{n \to \infty} a_n$$

と表し, それぞれ $\{a_n\}$ の上極限, 下極限とよぶ. $\beta_n \leq \alpha_n$ より, 一般には次式が成り立つ.

$$\liminf_{n \to \infty} a_n \leq \limsup_{n \to \infty} a_n$$

$\liminf_{n \to \infty} a_n = \limsup_{n \to \infty} a_n$ が成り立てば $\lim_{n \to \infty} a_n$ が存在して α に等しいことが示される. ∎

§A.2　コーシーの判定法 (定理 3.18) の証明

必要条件　$\alpha = \lim_{x \to \infty} F(x)$ が存在するから, 定義により任意の $\varepsilon > 0$ に対し, 十分大きい $L > 0$ をとれば

$$x \geq L \implies |\alpha - F(x)| < \frac{\varepsilon}{2}.$$

したがって $x, x' > L$ ならば $|F(x') - F(x)| < \varepsilon$ が成り立つ. 実際,

$$|F(x') - F(x)| \leq |F(x') - \alpha| + |F(x) - \alpha| < \varepsilon.$$

十分条件　任意の $\varepsilon > 0$ に対して

$$x, x' > L \implies |F(x') - F(x)| < \varepsilon \quad \text{ならば} \quad \lim_{x \to \infty} F(x) \text{ が存在する}$$

という命題を示す.

いま $[a,+\infty)$ に含まれる点列 $\{x_n\}$ が $x_n \to +\infty$ $(n \to \infty)$ とする. よって N を十分大きい自然数にとれば $x_n > L$ $(n \geq N)$ となるから, $x_0(>L)$ を一つ固定すると, 命題の仮定より $|F(x_0) - F(x_n)| < \varepsilon$ $(n \geq N)$ が成立する. これは

$$|F(x_n)| < |F(x_0)| + \varepsilon \qquad (n \geq N)$$

より数列 $\{F(x_n)\}_{n \geq N}$ は有界であることを意味しているので, ボルツァーノ–ワイヤストラスの定理から $\{x_n\}_{n \geq N}$ のある部分列 $\{x_{n_k}\}$ で $F(x_{n_k})$ は $k \to \infty$ のときある極限値 α をもつ. この α について, $x > L$ ならば

$$|F(x) - \alpha| \leq |F(x) - F(x_{n_k})| + |F(x_{n_k}) - \alpha| < \varepsilon + \varepsilon = 2\varepsilon. \qquad \blacksquare$$

§A.3　定理 1.19 の証明

$I = [a, b]$ とする. $f(x)$ は I 上の連続関数であるが, 一様連続ではないとして矛盾を導こう. 一様連続を否定すると

「ある $\varepsilon_0 > 0$ を与えると, どんな $\delta > 0$ を選んでもある $x, x' \in [a, b]$ の組があって $|x - x'| < \delta$ かつ $|f(x) - f(x')| \geq \varepsilon_0$」

という命題が正しいことになる. それならば特に $\delta = \dfrac{1}{n}$ と選んで, 対する x, x' の組を x_n, x'_n とかくと

$$|x_n - x'_n| < \delta \quad \text{かつ} \quad |f(x_n) - f(x'_n)| \geq \varepsilon_0 \qquad (n = 1, 2, \cdots)$$

でなくてはならない. $\{x_n\} \subset [a, b]$ であるからボルツァーノ–ワイヤストラスの定理から, $\{x_n\}$ は収束部分列 $\{x_{n_k}\}$ $(k = 1, 2, \cdots)$ を含む (その極限を x_0 とすると $x_0 \in [a, b]$). このとき

$$|x_{n_k} - x'_{n_k}| < \frac{1}{n_k}, \quad |f(x_{n_k}) - f(x'_{n_k})| \geq \varepsilon_0$$

であるが

$$|x'_{n_k}-x_0|\leq |x_{n_k}-x'_{n_k}|+|x_{n_k}-x_0|<\frac{1}{n_k}+|x_{n_k}-x_0|\to 0 \qquad (k\to\infty)$$

より $\lim_{k\to\infty} x'_{n_k}=x_0$. したがって f の連続性から

$$\lim_{k\to\infty}|f(x_{n_k})-f(x'_{n_k})|=0$$

これは $|f(x_{n_k})-f(x'_{n_k})|\geq \varepsilon_0$ と相容れない．よって，$f(x)$ は $[a,b]$ 上で一様連続である．■

§A.4　微分と積分の公式

表 A.1　微分公式

	$f(x)$	$f'(x)$		$f(x)$	$f'(x)$
1	x^α	$\alpha x^{\alpha-1}$	10	$\sec x$	$\tan x \sec x$
2	e^x	e^x	11	$\operatorname{cosec} x$	$-\cot x \operatorname{cosec} x$
3	a^x	$a^x \log a$	12	$\sin^{-1} x$	$\dfrac{1}{\sqrt{1-x^2}}$
4	$\log |x|$	$\dfrac{1}{x}$	13	$\cos^{-1} x$	$-\dfrac{1}{\sqrt{1-x^2}}$
5	$\log_a |x|$	$\dfrac{1}{x\log a}$	14	$\tan^{-1} x$	$\dfrac{1}{1+x^2}$
6	$\sin x$	$\cos x$	15	$\cot^{-1} x$	$-\dfrac{1}{1+x^2}$
7	$\cos x$	$-\sin x$	16	$\sec^{-1} x$	$\dfrac{1}{|x|\sqrt{x^2-1}}$
8	$\tan x$	$\sec^2 x$	17	$\operatorname{cosec}^{-1} x$	$-\dfrac{1}{|x|\sqrt{x^2-1}}$
9	$\cot x$	$-\operatorname{cosec}^2 x$			

表 A.2　積分公式

	$f(x)$		$F(x) = \int f(x)dx$
1	x^α	$(\alpha \neq -1)$	$\dfrac{x^{\alpha+1}}{\alpha+1}$
2	$\dfrac{1}{x}$		$\log|x|$
3	$\dfrac{1}{a^2+x^2}$	$(\alpha \neq 0)$	$\dfrac{1}{a}\tan^{-1}\dfrac{x}{a}$
4	$\dfrac{1}{a^2-x^2}$	$(\alpha \neq 0)$	$\dfrac{1}{2a}\log\left|\dfrac{a+x}{a-x}\right|$
5	$\dfrac{1}{\sqrt{a^2-x^2}}$	$(\alpha > 0)$	$\sin^{-1}\dfrac{x}{a}$
6	$\sqrt{a^2-x^2}$	$(\alpha > 0)$	$\dfrac{1}{2}x\sqrt{a^2-x^2}+\dfrac{a^2}{2}\sin^{-1}\dfrac{x}{a}$
7	$\dfrac{1}{\sqrt{x^2+a^2}}$	$(\alpha > 0)$	$\log(x+\sqrt{x^2+a^2})$
8	$\dfrac{1}{\sqrt{x^2-a^2}}$	$(\alpha > 0)$	$\log|x+\sqrt{x^2-a^2}|$
9	$\sqrt{x^2+a^2}$	$(\alpha > 0)$	$\dfrac{1}{2}x\sqrt{x^2+a^2}+\dfrac{a^2}{2}\log(x+\sqrt{x^2+a^2})$
10	$\sqrt{x^2-a^2}$	$(\alpha > 0)$	$\dfrac{1}{2}x\sqrt{x^2-a^2}+\dfrac{a^2}{2}\log|x+\sqrt{x^2-a^2}|$
11	e^x		e^x
12	a^x		$\dfrac{1}{\log a}a^x$
13	$\sin x$		$-\cos x$
14	$\cos x$		$\sin x$
15	$\tan x$		$-\log|\cos x|$
16	$\cot x$		$\log|\sin x|$
17	$\sec x$		$\log\left|\tan\left(\dfrac{x}{2}+\dfrac{\pi}{4}\right)\right|$
18	$\operatorname{cosec} x$		$\log\left|\tan\dfrac{x}{2}\right|$
19	$\sec^2 x$		$\tan x$
20	$\operatorname{cosec}^2 x$		$-\cot x$
21	$(f(x))^\alpha f'(x)$	$(\alpha \neq -1)$	$\dfrac{1}{\alpha+1}(f(x))^{\alpha+1}$
22	$\dfrac{f'(x)}{f(x)}$		$\log|f(x)|$

問・演習問題の略解

■ 第1章　問

問 1.1 $\varepsilon > 0$ を与えたとき $\left|\dfrac{c}{n}-0\right|=\dfrac{|c|}{n}<\varepsilon$ をみたす $n > \dfrac{|c|}{\varepsilon}=10^5|c|$ の整数の一つを N とすればよい．

問 1.2 $\dfrac{n-1}{2}>100$ より $n>201$．$N=202$ 以上の整数．

問 1.3 $\{a_{k_n}\}$ を $\{a_n\}$ の部分列，$\lim\limits_{n\to\infty}a_n=\alpha$ とすると，任意の $\varepsilon>0$ について $N\leq n\Rightarrow |a_n-\alpha|<\varepsilon$ が成立する．よって $k_n\geq N$ をみたす k_n の一つを k_{n_0} とすれば $k_n\geq k_{n_0}\Rightarrow |a_{k_n}-\alpha|<\varepsilon$．

問 1.4 (1) $\lim\limits_{x\to -3}\dfrac{(x+3)(x-4)}{x+3}=-7$　(2) $\lim\limits_{x\to 1}\dfrac{\sqrt{x}-1}{(\sqrt{x}-1)(\sqrt{x^2}+\sqrt{x}+1)}=\dfrac{1}{3}$

(3) $\lim\limits_{x\to 0}\dfrac{(x-1)^2-(x^2-x+1)}{x(x-1-\sqrt{x^2-x+1})}=\dfrac{1}{2}$

問 1.5 (1) $\dfrac{x^2}{1-\tan x}$ は $x=0$ で連続．ゆえに $x=0$ を代入して 0．

(2) $-|x|\leq \left|x\sin\dfrac{1}{x}\right|\leq |x|$，$\lim\limits_{x\to 0}|x|=0$ より $\lim\limits_{x\to 0}x\sin\dfrac{1}{x}=0$

(3) $\tan x\to -\infty$ $\left(x\to \dfrac{\pi}{2}+0\right)$．よって $\lim\limits_{x\to \pi/2+0}e^{\tan x}(=e^{-\infty})=0$

問 1.6 M は下に有界な数の集合とする．このとき

β が M の下限　$\Longleftrightarrow$　(i) β より小さい x は M に属さない．

(ii) 任意の $\varepsilon>0$ について $\beta\leq x<\beta+\varepsilon$ となる M の x がある．

問 1.7 $f(x)=\dfrac{1}{x^2}$　$(0<x\leq 1)$

問 1.8 $f(x)=1-x$　$(0\leq x<1)$

■ 第1章　演習問題

1. $f(x)=x+1$．定義域 $\{x\neq \pm 1\}$．

(1) $\lim_{x \to 1+0} f(x) = \lim_{x \to 1-0} f(x) = 2$, $\lim_{x \to -1+0} f(x) = \lim_{x \to -1-0} f(x) = 0$

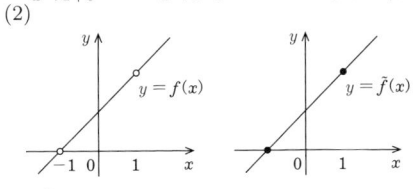

(2)

(3) $\tilde{f}(x) = x+1 \quad (-\infty < x < \infty)$

2. x が任意の無理数 $(x \in [a,b])$ であるとする．$\{r_n\}$ を x に収束する有理数にとると，f, g が連続だから $\lim_{n \to \infty} f(r_n) = f(x)$, $\lim_{n \to \infty} g(r_n) = g(x)$. 仮定から $f(r_n) = g(r_n)$ $(n = 1, 2, \cdots)$. $n \to \infty$ として $f(x) = g(x)$.

3. $f(0) + f(0) = f(0+0) = f(0)$ より $f(0) = 0$. 任意の x について $f(0) = f(x+(-x)) = f(x) + f(-x)$. よって $f(-x) = -f(x)$. p を正の整数とすると，$f(1)$ を k として

$$k = f(1) = f\left(\underbrace{\frac{1}{p} + \cdots + \frac{1}{p}}_{p \text{ 個}}\right) = f\left(\frac{1}{p}\right) + \cdots + f\left(\frac{1}{p}\right) = pf\left(\frac{1}{p}\right).$$

よって $f\left(\dfrac{1}{p}\right) = k \cdot \dfrac{1}{p}$.

q を別の正の整数とすると

$$f\left(\frac{q}{p}\right) = f\left(\underbrace{\frac{1}{p} + \cdots + \frac{1}{p}}_{q \text{ 個}}\right) = qf\left(\frac{1}{p}\right) = k\frac{q}{p}.$$

したがって正の有理数 r について $f(r) = kr$ が成り立つ．$f(-r) = -f(r) = -kr$. よって任意の有理数 r について $f(r) = kr$. ゆえに $f(x) = kx$, $x \in (-\infty, \infty)$.

4. (1) $\displaystyle\lim_{x \to \pm 0} \frac{\sqrt{1+x+x^2} + x - 1}{|x|} = \lim_{x \to \pm 0} \frac{3x}{|x|(\sqrt{1+x+x^2} - (x-1)^2)} = \frac{3}{2} \lim_{x \to \pm 0} \frac{x}{|x|}$.

$\displaystyle\lim_{x \to +0}$ のときは $\dfrac{3}{2}$, $\displaystyle\lim_{x \to -0}$ のときは $-\dfrac{3}{2}$.

(2) $\displaystyle\lim_{x \to 0} \frac{\sqrt[3]{1+x} - \sqrt[3]{1-x}}{x} = \lim_{x \to 0} \frac{(\sqrt[3]{1+x})^3 - (\sqrt[3]{1-x})^3}{x((\sqrt[3]{1+x})^2 + \sqrt[3]{(1+x)(1-x)} + (\sqrt[3]{1-x})^2)} = \frac{2}{3}$

5. (1) $a_n \leq \sup_n a_n$, $b_n \leq \sup_n b_n$. ゆえに $a_n + b_n \leq \sup_n a_n + \sup_n b_n$. したがって $\sup_n (a_n + b_n) \leq \sup_n a_n + \sup_n b_n$. (2) 省略．

(3) $a_n + \alpha \leq \sup_n a_n + \alpha$. 右辺は $\{a_n + \alpha\}$ の上界．よって

$$\sup_n (a_n + \alpha) \leq \sup_n a_n + \alpha. \quad \cdots (\mathcal{T})$$

また $a_n + \alpha \leq \sup_n(a_n + \alpha)$ より $a_n \leq \sup_n(a_n + \alpha) - \alpha$. 右辺は a_n の上界だから $\sup_n a_n \leq \sup_n(a_n + \alpha) - \alpha$. よって
$$\sup_n a_n + \alpha \leq \sup_n(a_n + \alpha). \quad \cdots (\text{イ})$$
（ア）と（イ）より $\sup_n(a_n + \alpha) = \sup_n a_n + \alpha$. （4）省略

■ 第 2 章　問

問 2.1 $\displaystyle\lim_{h \to 0} \frac{1/f(x_0+h) - 1/f(x_0)}{h} = \lim_{h \to 0} -\frac{f(x_0+h) - f(x_0)}{h} \lim_{h \to 0} \frac{1}{f(x_0+h)f(x_0)}$
$= -\dfrac{f'(x_0)}{f(x_0)^2}$

問 2.2 $\dfrac{d}{dx} f^{-1}(f(x)) = (f^{-1})'(f(x)) f'(x) = 1$, ゆえに $(f^{-1})'(f(x)) = \dfrac{1}{f'(x)}$

問 2.3 $\dfrac{f'(3)g(3) - f(3)g'(3)}{g^2(3)} = \dfrac{-12-20}{4} = -8$, $f'(g(3))g'(3) = f'(2)5 = -15$

問 2.4 $\displaystyle\lim_{x \to a} \frac{f(x) - f(a)}{x - a} \frac{x - a}{\sqrt{x} - \sqrt{a}} = \lim_{x \to a} \frac{f(x) - f(a)}{x - a} \cdot \left(\lim_{x \to a} \frac{\sqrt{x} - \sqrt{a}}{x - a}\right)^{-1} = f'(a) \dfrac{1}{\frac{1}{2\sqrt{a}}}$
$= 2\sqrt{a} f'(a)$, $a = 0$ のとき，求める極限値 $= 0$.

問 2.5 $F'(x) = f'(xf(xf(x)))(f(xf(x)) + xf'(xf(x))(f(x) + xf'(x)))$, ゆえに $F'(1) = f'(f(f(1)))(f(f(1)) + f'(f(1))(f(1) + f'(1))) = f'(3)(3 + 5(2+4)) = 6 \cdot 33 = 198$

問 2.6 (1) $g'(0) = 0$, 接線は $y = 1$　(2) $h'(x) = \dfrac{-2}{(2x-1)^2}$, 接線は $y = -\dfrac{2}{9}x - \dfrac{5}{9}$

(3) $y' = 18x^2 + 5 \geq 5 > 4$ より．　(4) $y' = \dfrac{1}{\cos^2 x}$, 接線は $y = 4x + \sqrt{3} - \dfrac{4}{3}\pi$.

問 2.7 $x > 0$ ならば $\dfrac{d}{dx} \log x = \dfrac{1}{x}$, $x < 0$ ならば $\dfrac{d}{dx} \log(-x) = \dfrac{1}{-x} \cdot (-x)' = \dfrac{1}{x}$

問 2.8 (1) $100(1-x)(2x-x^2)^{49}$　(2) $-x(1-x^2)^{-1/2}$　(3) $-3\theta^2 \sin(3+\theta^3)$

(4) $(\cos x - x \sin x)e^{x \cos x}$　(5) $\dfrac{-1}{3x^2} \cos \dfrac{1}{3x}$　(6) $2x3^x + x^2 3^x \log_e 3$　(7) $-s^{-2} \cos \dfrac{1}{s}$

(8) $\dfrac{2 \sin x \cos^2 x + \sin^3 x}{\cos^2 x}$　(9) $\dfrac{3 - 3 \cos 3v}{2}(3v - \sin 3v)^{-1/2}$

(10) $\dfrac{1}{2} \sin x \cos x (1 + \sin^2 x)^{-3/4}$　(11) $\dfrac{-\sin x}{1 + \cos x}$　(12) $\dfrac{1}{\sqrt{1-t^2}}(\cos^{-1} t - \sin^{-1} t)$

(13) $\dfrac{1}{\sqrt{1-x^2}} e^{\sin^{-1} x}$　(14) $x^{1/x} x^{-2}(1 - \log x)$　(15) $(\sin x)^x (\log(\sin x) + x \cot x)$

問 2.9 $f(4) = 16 + a$, $\displaystyle\lim_{x \to 4+0} f(x) = 2b + 1$, 連続性より $16 + a = 2b + 1$. 一方，定義に従って計算すると $f'_-(4) = 8$, $f'_+(4) = \dfrac{b}{4}$. 微分可能性より $b = 32$. ゆえに $a = 49$.

問 2.10 $400 \cdot (450.268)^3 e^{1.12507 \times 3} = 1.069276567 \times 10^{12}$ より約 1.07×10^{12} 個. 次に, $(450.268)^t e^{1.12507 \times t} = 2$ を満たす t を求めると, $t(\log 450.268 + 1.12507) = \log 2$ より $t = 0.0958058769$. よって約 0.096 時間.

問 2.11 1. $y(t) = ae^{kt}$ とおくと, $y(0) = a = 10500$, $y(2) = 10500e^{2k} = 23000$ より $k = 0.3921$, ゆえに $y(t) = 10500e^{0.3921t}$ 2. $y(6) = 10500e^{0.3921 \cdot 6} = 110385.111$ より約 110385 3. $10500e^{0.3921t} \geq 130000$ より約 6.42 時間後   問 2.12 省略

問 2.13 $y(0) = 2850$, $y(1/2) = 6975$, $y(1) = 17067$, $y(2) = 102137$, $y(3) = 608645$, $y(4) = 3538005$, $y(5) = 18011243$, $y(6) = 56817622$, $y(7) = 88739600$

問 2.14 $\lim_{t \to \infty} \dfrac{17000}{1 + 16999 e^{-0.3165t}} = 17000$(人), $p(30.777) = 8500.$(人).

問 2.15 (1) $p'(t) = \dfrac{abce^{-ct}}{(1+be^{-ct})^2}$, $p''(t) = \dfrac{abc^2 e^{-ct}(be^{-ct}-1)}{(1+be^{-ct})^3}$, $t_0 = \dfrac{1}{c} \log_e b$, $p(t_0) = \dfrac{a}{2}$

(2) $y(0) = \dfrac{a}{1+b} = 3.34$, $y(20) = \dfrac{a}{1+0.5712 \cdot b} = 4.86$, これらより $b = 2.695$, $a = 12.34$. ゆえに $y(t) = \dfrac{12.34}{1+2.695 e^{-0.028t}}$. 2010 年の終わり頃には $y(46) \fallingdotseq 7.08$ ($\times 10$ 億人) 程度と予想される.

問 2.16 (1) $\lim_{x \to -3} \dfrac{2x-1}{1} = -7$ (2) $\lim_{x \to 1} \dfrac{3x^2}{2x} = \dfrac{3}{2}$ (3) $\lim_{x \to 9} \dfrac{2x}{\frac{1}{2}x - \frac{1}{2}} = 108$

(4) $\lim_{x \to 0} \dfrac{\pi \frac{1}{\cos^2 \pi x}}{\frac{1}{1+x}} = \pi$ (5) ∞ (6) $\lim_{\theta \to \pi/3} \dfrac{-\sin \theta}{1} = -\dfrac{\sqrt{3}}{2}$

問 2.17 (1) $m'(x) = \dfrac{m_0}{2c^2} \left(1 - \dfrac{x}{c^2}\right)^{-3/2}$ (2) $m(x) - m_0 = \dfrac{m_0}{2c^2} \left(1 - \dfrac{k}{c^2}\right)^{-3/2} x$, k は $0 < k < x$ を満たすある実数. (3) $\lim_{\varepsilon \to 0} \dfrac{m(x) - m_0}{x} = \lim_{k \to 0} \dfrac{m_0}{2c^2} \left(1 - \dfrac{k}{c^2}\right)^{-3/2} = \dfrac{m_0}{2c^2}$

問 2.18 略解 $k \geq 1$ のとき $\dfrac{d^k}{dx^k} \log(1+x) = (-1)^{k-1}(k-1)!(1+x)^{-k}$, $\dfrac{d^k}{dx^k}(1+x)^\alpha = \alpha(\alpha-1)\cdots(\alpha-k+1)(1+x)^{\alpha-k}$ より.

問 2.19 (1) $f'(x) = 3x^2 - 4x + 1 = 0$, $x = 1$(極小), $\dfrac{1}{3}$(極大) (2) $f'(x) = \sqrt{1-x^2} + x \dfrac{-x}{\sqrt{1-x^2}} = \dfrac{1-2x^2}{\sqrt{1-x^2}} = 0$, $x = -\dfrac{1}{\sqrt{2}}$(極小), $\dfrac{1}{\sqrt{2}}$(極大) (3) $f'(x) = 1 - 2\cos x = 0$, $x = \dfrac{\pi}{3}$(極小), $\dfrac{5\pi}{3}$(極大) (4) $f'(x) = \cos x + \sin x = \sqrt{2} \sin\left(x + \dfrac{\pi}{4}\right) = 0$, $x = -\dfrac{\pi}{4}$(極小)

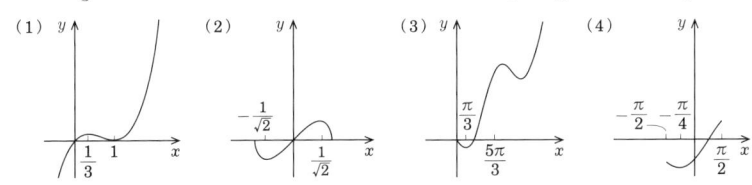

■ 第2章　演習問題

1. (1) $\dfrac{dV(t)}{dt}$ は体積の変化速度を表し，右辺は仮定よりそれが表面積の値 $4\pi r^2(t)$ に比例していることから．体積は蒸発により減少しているため，変化速度は負の値をとることに注意する．

(2) $V(t)=\dfrac{4}{3}\pi r^3(t)$ だから，両辺を時間 t について微分すると，$\dfrac{dV(t)}{dt}=\dfrac{4}{3}\pi\dfrac{dr^3(t)}{dt}=4\pi r^2(t)\dfrac{dr(t)}{dt}$，これに (1) を用いる．

2. (1) 仮定 (I) より，細胞の重さ $x(t)$ の増加速度 $\dfrac{dx(t)}{dt}$ が $r^2(t)$ に比例することから．

(2) 仮定 (II) より $x(t)=\beta r^3(t)$ が成り立つ．この両辺を t で微分すれば，$\dfrac{dx(t)}{dt}=\beta\dfrac{dr^3(t)}{dt}=3\beta r^2(t)\dfrac{dr(t)}{dt}$ を得る．(1) の結果と合わせれば $\alpha r^2 = 3\beta r^2\dfrac{dr}{dt}$，すなわち $\dfrac{dr}{dt}=\dfrac{\alpha}{3\beta}$ が成り立つ．

3. (1) $\dfrac{80}{160}=0.5, \dfrac{40}{80}=0.5, \dfrac{10}{40}=0.25.$ 1 時間あたりの比は各々 $\dfrac{\sqrt{2}}{2}$ である．

(2) $C(t)=160\cdot(\sqrt{2}/2)^t=160\cdot(\sqrt{2}/2)^t\fallingdotseq 160\cdot 10^{-0.15t}$．与えられた量が半分になるのにかかる時間を t_0 とおくと，$10^{-0.15t}=0.5$．これより $-0.15t=\log_{10}0.5$，ゆえに $t\approx 2$(時間)．　(3) 省略

4. (2.86) の両辺について微分し，(2.85) を考慮すれば $\dfrac{dh(t)}{dt}=cm\dfrac{d\theta(t)}{dt}=-ja\theta(t)$ が成り立つ．結局 $\dfrac{d\theta(t)}{dt}=\dfrac{-ja}{cm}\theta(t)$ を得る．ゆえに，$k=\dfrac{ja}{cm}>0$ とおけば θ 関する微分方程式 $\dfrac{d\theta(t)}{dt}=k\theta(t)$ が導かれる[1]．

5. これらがほぼ直線上に並ぶことから $N'(t)/N'(0)$ は指数関数であるとしてよい．直線の傾きは，$\dfrac{\log_{10}0.015-\log_{10}0.857}{521.9-20.8}\fallingdotseq-3.5\times 10^{-3}$ であるから，$N'(t)/N'(0)=10^{-3.5\times 10^{-3}\cdot t}=e^{-3.5\times 10^{-3}\cdot t\log 10}\fallingdotseq e^{-0.008t}$ と書ける．

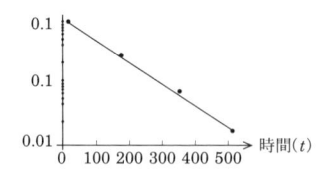

---

[1] これはニュートンの法則によれば「熱せられた物体とその周辺との温度差 θ は，温度差に比例する速度で減少する」ことを意味する．

■ 第 3 章　問

問 3.1　省略

問 3.2　$\dfrac{d}{dx}\displaystyle\int_x^a f(t)dt = -\dfrac{d}{dx}\int_a^x f(t)dt = -f(x)$

問 3.3　$\dfrac{d}{dt}\displaystyle\int_{\psi(t)}^{\phi(t)} f(x)dx = \dfrac{d}{dt}\int_a^{\phi(t)} f(x)dx + \dfrac{d}{dt}\int_{\psi(t)}^{a} f(x)dx = f(\phi(t))\phi'(t) - f(\psi(t))\psi'(t)$

問 3.4　$f(\cos x)(-\sin x) - f(\sin x)\cos x$

問 3.5　(1) $1+2x^3 = t$ とおくと，$=\displaystyle\int_1^3 x^2 t^5 \dfrac{1}{6x^2}dt = \dfrac{1}{6}\int_1^3 t^5 dt = \dfrac{1}{36}[t^6]_1^3 = \dfrac{182}{9}$

(2) $\left[\dfrac{1}{2}\sin(x^2)\right]_0^{\sqrt{\pi}} = 0$　(3) $\left[\dfrac{2}{3}x(x-1)^{3/2}\right]_1^2 - \displaystyle\int_1^2 \dfrac{2}{3}(x-1)^{3/2}dx = \dfrac{4}{3} - \dfrac{4}{15}\left[(x-1)^{5/2}\right]_1^2$

$= \dfrac{16}{15}$　(4) $\left[-\dfrac{1}{3}(a^2-x^2)^{3/2}\right]_0^a = \dfrac{1}{3}a^3$　(5) $\dfrac{a^2\pi}{4}$

(6) $x = a\cos\theta$ とおくと，$a^4\displaystyle\int_0^{\pi/2}\cos^2\theta\sin^2\theta d\theta = I_4/3$　(7) $[-\log(\cos x)]_0^{\pi/4} = \log\sqrt{2}$

問 3.6　$\dfrac{1}{x^2(x+1)} = -\dfrac{1}{x} + \dfrac{1}{x^2} + \dfrac{1}{x+1}$．よって $\displaystyle\int\dfrac{dx}{x^2(x+1)} = -\log|x| + \log|x+1| - \dfrac{1}{x}$

問 3.7　$t - x = \sqrt{x^2+1}$ とおくと $= \displaystyle\int\dfrac{2(t^2+2t-1)}{(t^2+1)^2}dt = 2\int\dfrac{1}{t^2+1}dt + 4\int\dfrac{t}{(t^2+1)^2}dt$

$-4\displaystyle\int\dfrac{1}{(t^2+1)^2}dt = -\dfrac{2t+2}{t^2+1} = \dfrac{x-1}{\sqrt{1+x^2}} - 1$

問 3.8　省略

問 3.9　(1) $\dfrac{1}{2}\displaystyle\int\dfrac{1}{1+x} + \dfrac{1}{1-x}dx = \dfrac{1}{2}(\log|1+x| - \log|1-x|)$

(2) $\dfrac{1}{2}\displaystyle\int\left(\dfrac{1}{1-x^2} + \dfrac{1}{1+x^2}\right)dx = \dfrac{1}{2}\int\left(\dfrac{1}{2(1-x)} + \dfrac{1}{2(1+x)} + \dfrac{1}{1+x^2}\right)dx = \dfrac{1}{4}(\log|1+x| -$

$\log|1-x|) + \dfrac{1}{2}\tan^{-1}x$　(3) $\log|\sin x|$　(4) $-\log|\cos x|$　(5) $\dfrac{1}{2}\log|1+2\sin x|$　(6) $e^x +$

$1 = y$ とおくと $= \displaystyle\int\dfrac{y-2}{y}\dfrac{dy}{e^x} = \int\dfrac{y-2}{y(y-1)}dy = \int\left(\dfrac{2}{y} - \dfrac{1}{y-1}\right)dy = 2\log|y| - \log|y-1| =$

$\log(e^x+1)^2 - x$　(7) $\dfrac{1}{2}\left(x^2\log x - \displaystyle\int xdx\right) = \dfrac{x^2}{2}(\log x - 1/2)$　(8) $-x^{-1}\log x + \displaystyle\int x^{-2}dx =$

$-\dfrac{\log x}{x} - x^{-1}$　(9) $-2x(1-x)^{1/2} + 2\displaystyle\int(1-x)^{1/2}dx = -2x(1-x)^{1/2} - \dfrac{4}{3}(1-x)^{3/2} =$

$\dfrac{-2}{3}(1-x)^{1/2}(x+2)$

問 3.10　部分積分より $\displaystyle\int_0^\infty te^{-\lambda t}dt = \lim_{M\to\infty}\int_0^M te^{-\lambda t}dt = \lim_{M\to\infty}\left(\left[\dfrac{t}{-\lambda}e^{-\lambda t}\right]_0^M\right.$

$$-\int_0^M 1 \times \frac{1}{-\lambda} e^{-\lambda t} dt\Big) = \lim_{M\to\infty} \frac{M}{-\lambda} e^{-\lambda M} - \lim_{M\to\infty} \left[\frac{1}{\lambda^2} e^{-\lambda t}\right]_0^M = -\lim_{M\to\infty} -\frac{M}{\lambda} e^{-\lambda M} + \frac{1}{\lambda^2} = \frac{1}{\lambda^2}$$

だから，$\tau = \frac{1}{\lambda}$ が成り立つ．

問 3.11 (1) $(-1)^n n!$ (2) $n!$ (3) $\lim_{a\to\pi/2-0}[-\log(\cos x)]_0^a = -\lim_{a\to\pi/2-0}\log(\cos a) = \infty$．

問 3.12 省略

問 3.13 ポアズイユのモデルを変形して $r = \sqrt{R^2 - \frac{4\eta l v}{P}}$ ($0 \leq v \leq R^2 \frac{P}{4\eta l}$)，これをグラフに描くと下左図のようになり，曲線にそって r が大きくなるに従い速度 v も小さくなっていくことがわかる．実際この曲線が放物線であることは，例えば r 軸と v 軸を入れ替えてできる下右図をみればこの曲線が放物線の一部であることが容易にわかる．

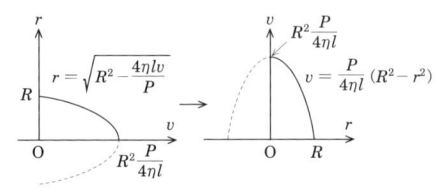

r は血管の中心軸からの距離を表すので，これを用いて血管の中心軸を通る断面において血流を速度ベクトルを用いて表せば，次の図のようになる．

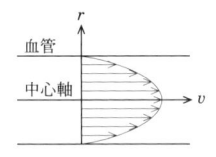

■ 第 3 章　演習問題

1. (1) $\log \frac{N'(t)}{N'(0)}$ の値が，原点を通る傾き $-\lambda$ の直線上にあることより $\log \frac{N'(t)}{N'(0)} = -\lambda t$，よって $N'(t) = N'(0) e^{-\lambda t}$ である．ゆえに $N(t) = \int N'(0) e^{-\lambda t} dt = -N'(0) \frac{e^{-\lambda t}}{\lambda} + C$ が得られる．時間が無限に近づけばすべての原子は崩壊してしまうから $0 = \lim_{t\to\infty} N(t) = \lim_{t\to\infty} -N'(0) \frac{e^{-\lambda t}}{\lambda} + C = C$．ゆえに，$N(t) = -N'(0) \frac{e^{-\lambda t}}{\lambda}$．$t = 0$ とおくと $N(0) = N_0 = -\frac{N'(0)}{\lambda}$ より，$N(t) = N_0 e^{-\lambda t}$．(2),(3) 省略

2. (1) t 時間後に残っている原子核の個数は $N(t) = N_0 e^{-\lambda t}$ であるから，半減期の定義

$\dfrac{N_0}{2}=N_0 e^{-\lambda \tau_{1/2}}$ より，$\tau_{1/2}=\dfrac{1}{\lambda}\log 2$. ゆえに，問 3.10 より半減期と平均寿命 τ の関係は $\tau_{1/2}=\tau\log 2$.

(2) 半減期を h とおくと $e^{-\frac{\log_e 2}{h}}6=\dfrac{1080}{3600}=0.3$ より $-\dfrac{\log_e 2}{h}6=\log_e 0.3$. ゆえに $h=$ 約 3.45 (時間).

3. $\cos(\pi(t-5)/12)$ が最小；$t=17$ のとき最大値 $a+b$，$\cos(\pi(t-5)/12)$ が最大；$t=5$ のとき最小値 $a-b$. 一日の基礎代謝量 $=\displaystyle\int_0^{24}(85-0.18\cos(\pi(t-5)/12)dt=[85t-\dfrac{0.18\cdot 12}{\pi}\sin(\pi(t-5)/12)]_0^{24}=85\cdot 24=2040$.

4. $\sin((2\pi/5)t)$ が最大；$t=1.25$ のとき最大値 c，時刻 t において肺に残っている吸入された空気量 $=\displaystyle\int_0^t c\sin((2\pi/5)s)ds=\left[-\dfrac{5c}{2\pi}\cos\left(\dfrac{2\pi}{5}t\right)\right]_0^t=\dfrac{5c}{2\pi}-\dfrac{5c}{2\pi}\cos\left(\dfrac{2\pi}{5}t\right)$.

5. $\theta(t)=Ce^{-kt}$ だから，$\theta(0)=C=100$，$\theta(20)=100e^{-20k}=80$，すなわち $e^{-20k}=0.8$. 以上より $\theta(40)=100e^{-40k}=100(e^{-20k})^2=100\cdot 0.64=64$.

6. 両辺を s について $[a,t]$ ($a\leq t$, a:正定数) 上で積分すると $\displaystyle\int_a^t \dfrac{dR}{ds}ds=\int_a^t \dfrac{k}{s}ds$. 右辺 $=\displaystyle\int_{R(a)}^{R(t)}dR=R(t)-R(a)$ より $R(t)=k\log t+A$，ここで定数 $A=-k\log a+R(a)$.

7. $\dfrac{d}{dr}\left(r\dfrac{dv}{dr}\right)=-rC$ の両辺を r について不定積分し，C_1 を積分定数とすると $r\dfrac{dv}{dr}=-\dfrac{r^2}{2}C+C_1$，さらに，$r$ で両辺を割りふたたび不定積分により，C_2 を積分定数として $v(r)=-\dfrac{r^2}{4}C+C_1\log r+C_2$ を得る．流体の速度は有限，すなわち $v(0)=C_2+C_1\displaystyle\lim_{r\to 0}\log r$ が有限だから，$C_1=0$ とおく．また，流体が管に接する部分の速度は 0, すなわち $v(R)=0$ より $C_2=\dfrac{R^2}{4}C$ とおくと $v(r)=-\dfrac{r^2}{4}C+\dfrac{R^2}{4}C=\dfrac{C}{4}(R^2-r^2)$. $C=\dfrac{P}{\eta l}$ とおけばポアズイユのモデルと一致する．

8. (1) 増殖と崩壊の微分方程式の初期値問題を解くと $C(t)=C_0 e^{-kt}$.

(2) 時刻 nt_0 まで，投与された薬の残量を各投与回ごとに示すと，1 回目投与した薬の残余量：$C_0 e^{-knt_0}$，2 回目投与した薬の残余量：$C_0 e^{-k(n-1)t_0}$，$\cdots$，n 回目に投与した薬の残余量：$C_0 e^{-kt_0}$，$n+1$ 回目に投与したばかりなので薬の残余量は C_0. これらの総和 $=C_0(1+e^{-kt_0}+e^{-2kt_0}+\cdots +e^{-nkt_0})=C_0\dfrac{1-e^{-(n+1)kt_0}}{1-e^{-kt_0}}$ が時刻 nt_0 における薬の総残余量を表す．$e^{-(n+1)kt_0}\to 0$ $(n\to\infty)$ だから，薬の残余量は投与回数を増やしていけば，

n に依存しない量すなわち飽和量 $C_s = C_0 \dfrac{1}{1-e^{-kt_0}}$ に近づく[2]．

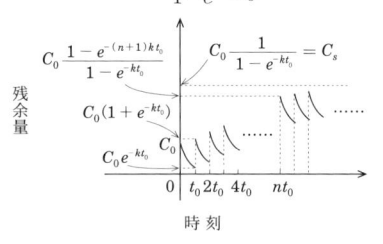

■ 第4章　問

問 4.1 $\Longrightarrow$ は $x \to a$, $y \to b$ ならば $(x-a)^2 \to 0$, $(y-b)^2 \to 0$ より．$\Longleftarrow$ は不等式 $|x-a| \leq \sqrt{(x-a)^2+(y-b)^2}$, $|y-b| \leq \sqrt{(x-a)^2+(y-b)^2}$ より．

問 4.2 (1) $f_x = -6(1-2xy)^2 y$, $f_y = -6(1-2xy)^2 x$　(2) $f_x = -2x \sin(x^2-y^2)$, $f_y = 2y \sin(x^2-y^2)$　(3) $f_x = \dfrac{x}{\sqrt{x^2+y^2}}$, $f_y = \dfrac{y}{\sqrt{x^2+y^2}}$

問 4.3 (1) $\dfrac{\partial f_x}{\partial y} = \dfrac{\partial f_y}{\partial x} = 6y$　(2) $\dfrac{\partial f_x}{\partial y} = \dfrac{\partial f_y}{\partial x} = -\dfrac{1}{y^2}$

問 4.4 (1) $f_{xx} = 24(1-2xy)y^2$, $f_{xy} = f_{yx} = -6(1-2xy)(1-6xy)$, $f_{yy} = 24(1-2xy)x^2$
(2) $f_{xx} = -2\sin(x^2-y^2) - 4x^2 \cos(x^2-y^2)$, $f_{xy} = f_{yx} = 4xy \cos(x^2-y^2)$, $f_{yy} = 2\sin(x^2-y^2) - 4y^2 \cos(x^2-y^2)$
(3)　$f_{xx} = \dfrac{y^2}{(x^2+y^2)\sqrt{x^2+y^2}}$, $f_{xy} = f_{yx} = \dfrac{-xy}{(x^2+y^2)\sqrt{x^2+y^2}}$, $f_{yy} = \dfrac{x^2}{(x^2+y^2)\sqrt{x^2+y^2}}$

問 4.5 (1) $z_x = 2xy \cos(x^2 y)$, $z_y = x^2 \cos(x^2 y)$ および $dx/dt = 1$, $dy/dt = 2(t-1)$ から $\dfrac{dz}{dt} = \cos(x^2 y)(2xy \cdot 1 + x^2 \cdot 2(t-1)) = 4t(t^2-1)\cos(t^2-1)^2$．一方 $z(t) = f(x(t), y(t)) = \sin((t+1)^2(t-1)^2)$ より直接 $\dfrac{dz}{dt}$ を計算しても同じ結果を得る．
(2) 同様にして $\dfrac{dz}{dt} = 4\cos(2t) + 3\sin(2t)$．

問 4.6 (4.6) から $\dfrac{dz}{dt} = z_x x'(t) + z_y y'(t) = y\, x'(t) + x\, y'(t) = f'g + fg'$．一方 $\dfrac{dz}{dt} = (fg)'$．

問 4.7 (1) $z_x = 2x$, $z_y = 2y$ および $\dfrac{\partial x}{\partial t} = 1$, $\dfrac{\partial y}{\partial t} = 2$, $\dfrac{\partial x}{\partial s} = 2$, $\dfrac{\partial y}{\partial s} = 1$ から $\dfrac{\partial z}{\partial t} = 2x \cdot 1 +$

---

[2] このようにして薬を服用しても，無限に体に蓄積していくわけではなく，次第に濃度の増加の仕方は鈍化してゆき，定常状態に達し，その後飽和量を中心に最高血中濃度と最小血中濃度との間を上下に変動するようになる．質の高い医療を行うには定常状態が有効血中濃度の範囲内に収まるように，服用量と投与間隔を適切に決める必要がある．

$2y \cdot 2 = 10t + 8s$, $\dfrac{\partial z}{\partial s} = 2x \cdot 2 + 2y \cdot 1 = 8t + 10s$. 一方 $z(t,s) = (t+2s)^2 + (2t+s)^2 = 5t^2 + 8ts + 5s^2$ より直接 $\dfrac{\partial z}{\partial t}, \dfrac{\partial z}{\partial s}$ を計算しても同じ結果を得る.

(2) 同様な考え方で $\dfrac{\partial z}{\partial t} = \dfrac{s^2}{(t+s)^2}$, $\dfrac{\partial z}{\partial s} = \dfrac{t^2}{(t+s)^2}$.

問 4.8 $z_x(1,1) = \dfrac{3}{4}$, $z_y(1,1) = \dfrac{5}{4}$ と (4.13) から $\dfrac{3}{4} \cdot \dfrac{\sqrt{3}}{2} + \dfrac{5}{4} \cdot \dfrac{1}{2} = \dfrac{3\sqrt{3}+5}{8}$.

問 4.9 (4.13) と (4.17) から $a\cos\alpha + b\sin\alpha = 0$ となる方向. すなわち図 4.8 の左でベクトル $\overrightarrow{\mathrm{OH}}$ と直交する方向を真下にみながら進むとき.

問 4.10 $z = 2ax - 2by - c$

問 4.11 $\left(\dfrac{\partial V}{\partial p}\right)_T = -\dfrac{nRT}{p^2}$, $\left(\dfrac{\partial p}{\partial T}\right)_V = \dfrac{nR}{V}$, $\left(\dfrac{\partial T}{\partial V}\right)_p = \dfrac{p}{nR}$ の積をつくり, 再び (4.28) を使う.

問 4.12 (1) $\boldsymbol{F} = -G\dfrac{mM}{r^3}\boldsymbol{r}$ (2) $U(x,y,z) = -G\dfrac{mM}{r}$

問 4.13 いずれのポテンシャルも $\dfrac{1}{r}$ の定数倍なので $U(x,y,z) = \dfrac{1}{r} = \dfrac{1}{\sqrt{x^2+y^2+z^2}} = (x^2+y^2+z^2)^{-1/2}$ とおいて, これがラプラス方程式を満たすことを示せばよい. $U_x = -(x^2+y^2+z^2)^{-3/2}x$ より $U_{xx} = 3(x^2+y^2+z^2)^{-5/2}x^2 - (x^2+y^2+z^2)^{-3/2}$. U_{yy}, U_{zz} も同様に計算し最後に総和をとる.

問 4.14 省略

問 4.15 $\alpha = 45°$. このとき放物線 (4.65) は包絡線 (4.68) に $x = \dfrac{v_0^2}{g}$ で $-45°$ の傾きで接する. 後半は $\dfrac{v_0^2}{g} : \dfrac{v_0^2}{2g} = 2 : 1$.

問 4.16 (1) 双曲線 $xy = \dfrac{5}{2}$ (直線群の式は $10x + \alpha^2 y - 10\alpha = 0$).   (2) 放物線 $y = \dfrac{x^2}{4}$ (直線群の式は $y = \alpha(x - \alpha)$).

■ 第 4 章　演習問題

1. $f_x = \dfrac{x}{x^2+y^2}$ から $f_{xx} = \dfrac{-x^2+y^2}{(x^2+y^2)^2}$. 同様に $f_{yy} = \dfrac{x^2-y^2}{(x^2+y^2)^2}$. ゆえに $f_{xx} + f_{yy} = 0$.

2. (1) 例 4.3 の解 (1) に続けて,

$$\dfrac{\partial^2 z}{\partial r^2} = \cos\theta \dfrac{\partial}{\partial r}\left(\dfrac{\partial f}{\partial x}\right) + \sin\theta \dfrac{\partial}{\partial r}\left(\dfrac{\partial f}{\partial y}\right)$$

$$= \cos\theta\left(\cos\theta\dfrac{\partial^2 f}{\partial x^2} + \sin\theta\dfrac{\partial^2 f}{\partial x \partial y}\right) + \sin\theta\left(\cos\theta\dfrac{\partial^2 f}{\partial x \partial y} + \sin\theta\dfrac{\partial^2 f}{\partial^2 y}\right)$$

$$= \cos^2\theta \frac{\partial^2 f}{\partial x^2} + 2\cos\theta\sin\theta \frac{\partial^2 f}{\partial x \partial y} + \sin^2\theta \frac{\partial^2 f}{\partial y^2}.$$

ここで下線部に合成関数の微分の公式を適用した．一方 $\frac{\partial^2 z}{\partial \theta^2}$ については，積に関する微分の公式を適用してから合成関数の微分の公式を用い

$$\frac{\partial^2 z}{\partial \theta^2} = -r\cos\theta \frac{\partial f}{\partial x} - r\sin\theta \underline{\frac{\partial}{\partial \theta}\left(\frac{\partial f}{\partial x}\right)} - r\sin\theta \frac{\partial f}{\partial y} + r\cos\theta \underline{\frac{\partial}{\partial \theta}\left(\frac{\partial f}{\partial y}\right)}$$

$$= -r\cos\theta \frac{\partial f}{\partial x} - r^2\sin\theta \left(-\sin\theta \frac{\partial^2 f}{\partial x^2} + \cos\theta \frac{\partial^2 f}{\partial x \partial y}\right)$$

$$\quad - r\sin\theta \frac{\partial f}{\partial y} + r^2\cos\theta \left(-\sin\theta \frac{\partial^2 f}{\partial x \partial y} + \cos\theta \frac{\partial^2 f}{\partial^2 y}\right)$$

$$= r^2\left(\sin^2\theta \frac{\partial^2 f}{\partial x^2} - 2\cos\theta\sin\theta \frac{\partial^2 f}{\partial x \partial y} + \cos^2\theta \frac{\partial^2 f}{\partial y^2}\right) - r\left(\cos\theta \frac{\partial f}{\partial x} + \sin\theta \frac{\partial f}{\partial y}\right).$$

(2) 以上の結果と例 4.3 (1) の $\frac{\partial z}{\partial r}$ を左辺に代入すれば右辺が導出できる．

3. (1) $\frac{\partial u}{\partial t} = -cf'(x-ct), \frac{\partial u}{\partial x} = f'(x-ct)$ より．

(2) $x-ct = y_1$ とおき，y_1 とは別にもう一つの独立変数，例えば $y_2 = x+ct$ を導入する ($y_2 = x, t$ 等 (5.20) のヤコビ行列式 $\frac{\partial(y_1, y_2)}{\partial(x, t)}$ がゼロにならないような y_2 であればなんでもよい）．そこで $\frac{\partial u}{\partial x} = \frac{\partial u}{\partial y_1} + \frac{\partial u}{\partial y_2}, \frac{\partial u}{\partial t} = c\left(-\frac{\partial u}{\partial y_1} + \frac{\partial u}{\partial y_2}\right)$ を $\frac{\partial u}{\partial t} + c\frac{\partial u}{\partial x} = 0$ に代入すると $\frac{\partial u}{\partial y_2} = 0$. これは u が独立変数 y_1, y_2 のうち y_1 のみに依存することを示している．

4. (1) $\left(\frac{x_0}{a^2}, \frac{y_0}{b^2}, \frac{z_0}{c^2}\right)$. (2) $\frac{x_0}{a^2}(x-x_0) + \frac{y_0}{b^2}(y-y_0) + \frac{z_0}{c^2}(z-z_0) = 0$ より．

5. (1) $f(x,y) = x^2 y$ とおけば (a,b) のまわりでの 1 次近似式は $f_x = 2xy, f_y = x^2$ から $x^2 y \approx a^2 b + 2ab(x-a) + a^2(y-b)$. $(x,y) = (1.02, 2.97), (a,b) = (1,3)$ を代入して $(1.02)^2 \times 2.97 \approx 3 + 6 \times 0.02 + 1 \times (-0.03) = 3.09$. 一方真の値は 3.089988.

(2) $f(x,y) = (xe^y)^3$ とおけば $f_x = 3x^2 e^{3y}, f_y = 3x^3 e^{3y}$ から $(xe^y)^3 \approx (ae^b)^3 + 3a^2 e^{3b}(x-a) + 3a^3 e^{3b}(y-b)$. $(x,y) = (1.99, -0.01), (a,b) = (2,0)$ を代入して $(1.99 \times e^{-0.01})^3 \approx 8 + 12 \times (-0.01) + 24 \times (-0.01) = 7.64$. 一方真の値は $7.64769210\cdots$.

6. (1) $f(x,y) = f(a,b) + f_x(a,b)(x-a) + f_y(a,b)(y-b) + \frac{1}{2}f_{xx}(\xi,\eta)(x-a)^2 + f_{xy}(\xi,\eta)(x-a)(y-b) + \frac{1}{2}f_{yy}(\xi,\eta)(y-b)^2$. ここで $\xi = a + (x-a)\theta, \eta = b + (y-b)\theta$ $(0 < \theta < 1)$.

(2) $f(x,y) = \sum_{k=0}^{n-1} \frac{1}{k!}\left((x-a)\frac{\partial}{\partial x} + (y-b)\frac{\partial}{\partial y}\right)^k f(a,b) + \frac{1}{n!}\left((x-a)\frac{\partial}{\partial x} + (y-b)\frac{\partial}{\partial y}\right)^n f(\xi,\eta)$.

ここで
$$\left((x-a)\frac{\partial}{\partial x}+(y-b)\frac{\partial}{\partial y}\right)^m f(a,b) = \sum_{j=0}^{m} \begin{pmatrix} m \\ j \end{pmatrix} \frac{\partial^m f}{\partial x^j \partial y^{m-j}}(a,b)\ (x-a)^j(y-b)^{m-j}.$$

■ 第5章　問

問 5.1 $x_i = \dfrac{1}{n}i,\ y_j = \dfrac{2}{m}j,\ \boldsymbol{r}_{ij} = \left(\dfrac{1}{n}i, \dfrac{2}{m}j\right)\ (i=0,1,2,\cdots,n,\ j=0,1,2,\cdots,m)$ とおけば

$$\sum_{i=1}^{n}\sum_{j=1}^{m}\left(\frac{1}{n^2}i^2 - \frac{2}{mn}ij + \frac{8}{m^3}j^3\right)\frac{2}{mn} = \frac{(n+1)(2n+1)}{3n^2} - \frac{(n+1)(m+1)}{nm} + \frac{4(m+1)^2}{m^2}$$

$$\longrightarrow \frac{2}{3} - 1 + 4 = \frac{11}{3}\quad (n,m\to +\infty).$$

問 5.2 $\displaystyle\int_a^{2a}\left\{\int_a^{2a}\frac{1}{(x+2y)^2}dx\right\}dy = \int_a^{2a}\left[\frac{-1}{x+2y}\right]_{x=a}^{x=2a}dy = \int_a^{2a}\left(\frac{1}{a+2y}-\frac{1}{2(a+y)}\right)dy$
$= \dfrac{1}{2}\Big[\log(a+2y)-\log(a+y)\Big]_a^{2a} = \dfrac{1}{2}\log\dfrac{10}{9}.$

問 5.3 $\displaystyle\int_0^2\left\{\int_0^1(x+y^2+1)dy\right\}dx = \int_0^2\left[xy+\frac{y^3}{3}+y\right]_{y=0}^{y=1}dx = \int_0^2\left(x+\frac{4}{3}\right)dx = \frac{14}{3}.$

問 5.4 $\displaystyle\int_0^1\left\{\int_{x^m}^{x^n}xy\,dy\right\}dx = \int_0^1\left[x\cdot\frac{y^2}{2}\right]_{y=x^m}^{y=x^n}dx = \frac{1}{2}\int_0^1(x^{2n+1}-x^{2m+1})dx$
$= \dfrac{1}{4}\left(\dfrac{1}{n+1}-\dfrac{1}{m+1}\right) = \dfrac{m-n}{4(m+1)(n+1)}.$

問 5.5 $\displaystyle\int_0^1\left\{\int_0^x\sqrt{x+y}\,dy\right\}dx = \frac{2}{3}\int_0^1\left[(x+y)^{\frac{3}{2}}\right]_{y=0}^{y=x}dx = \frac{2}{3}(2\sqrt{2}-1)\int_0^1 x^{\frac{3}{2}}dx = \frac{4}{15}(2\sqrt{2}-1).$

問 5.6 $u=x-y, v=x+y$ とおけば $D' = \left\{(u,v)\mid -\dfrac{\pi}{2}\leq u\leq\dfrac{\pi}{2},\ -\dfrac{\pi}{2}\leq v\leq\dfrac{\pi}{2}\right\}$ かつ
$\dfrac{\partial(x,y)}{\partial(u,v)} = \dfrac{1}{2}$ より $\dfrac{1}{2}\displaystyle\int_{-\frac{\pi}{2}}^{\frac{\pi}{2}}v^2\left\{\int_{-\frac{\pi}{2}}^{\frac{\pi}{2}}\cos u\,du\right\}dv = 2\left[\dfrac{v^3}{3}\right]_0^{\frac{\pi}{2}}\left[\sin u\right]_0^{\frac{\pi}{2}} = \dfrac{\pi^3}{12}.$

問 5.7 $\dfrac{\partial(x,y)}{\partial(r,\theta)} = \det\begin{pmatrix}\cos\theta & -r\sin\theta \\ \sin\theta & r\cos\theta\end{pmatrix}.$

問 5.8 $dx = \sqrt{2}\sigma dx'$ と (5.24) から $P(-\infty<X<+\infty) = \dfrac{1}{\sqrt{\pi}}\displaystyle\int_{-\infty}^{\infty}e^{-x'^2}dx' = 1.$

問 5.9 立方体の中心を原点におく.
$$\int_{-a}^{a}\left\{\int_{-a}^{a}\left\{\int_{-a}^{a}k(x^2+y^2+z^2)dx\right\}dy\right\}dz$$

$$=k\int_{-a}^{a}\left\{\int_{-a}^{a}\left[\frac{x^3}{3}+xy^2+xz^2\right]_{x=-a}^{x=a}dy\right\}dz$$
$$=2k\int_{-a}^{a}\left\{\int_{-a}^{a}\left(\frac{a^3}{3}+ay^2+az^2\right)dy\right\}dz=4k\int_{-a}^{a}\left(\frac{2a^4}{3}+a^2z^2\right)dz=8ka^5.$$

問 5.10
$$\frac{\partial(x,y,z)}{\partial(r,\phi,\theta)}=\det\begin{pmatrix}\sin\phi\cos\theta & r\cos\phi\cos\theta & -r\sin\phi\sin\theta \\ \sin\phi\sin\theta & r\cos\phi\sin\theta & r\sin\phi\cos\theta \\ \cos\phi & -r\sin\phi & 0\end{pmatrix}$$
$$=r^2\sin\phi\det\begin{pmatrix}\sin\phi\cos\theta & \cos\phi\cos\theta & -\sin\theta \\ \sin\phi\sin\theta & \cos\phi\sin\theta & \cos\theta \\ \cos\phi & -\sin\phi & 0\end{pmatrix}$$
$$=r^2\sin\phi\left(\cos\phi\det\begin{pmatrix}\cos\phi\cos\theta & -\sin\theta \\ \cos\phi\sin\theta & \cos\theta\end{pmatrix}+\sin\phi\det\begin{pmatrix}\sin\phi\cos\theta & -\sin\theta \\ \sin\phi\sin\theta & \cos\theta\end{pmatrix}\right)$$

として計算を続ける (最後の変形は第 3 行に関する行列式の展開).

問 5.11 (5.50) の極座標変換を用いて $D'=\{(r,\phi,\theta)|a\leq r\leq b,\ 0\leq\phi\leq\pi,\ 0\leq\theta\leq 2\pi\}$ および前問の $\frac{\partial(x,y,z)}{\partial(r,\theta,\phi)}=r^2\sin\phi$ から求める積分は公式 (5.49) から $\iiint_{D'}\frac{1}{r}\cdot r^2\sin\phi\, dr\, d\phi\, d\theta=2\pi\int_a^b r\, dr\cdot\int_0^\pi\sin\phi\ d\phi=2\pi(b^2-a^2).$

問 5.12 $x_0=y_0=0$ とおき極座標表示 (5.50) をもちいると (5.62) から

$$U=-GM_e\rho_0\int_0^{2\pi}\left\{\int_0^R\left\{\int_0^\pi\frac{r^2\sin\phi}{\sqrt{r^2+z_0^2-2rz_0\cos\phi}}d\phi\right\}dr\right\}d\theta$$
$$=-GM_e\rho_0 2\pi\int_0^R\left(\sqrt{r^2+z_0^2+2rz_0}-\sqrt{r^2+z_0^2-2rz_0}\right)\frac{r}{z_0}dr$$
$$=-GM_e\rho_0\frac{4\pi}{z_0}\int_0^R r^2\, dr=-GM_e\frac{M}{z_0}.$$

ここで $M=\rho_0\frac{4}{3}\pi R^3$ は B の質量.

■ 第 5 章 演習問題

1. $x=ar\cos\theta, y=br\sin\theta$ とおくと (x,y) が D を動くとき (r,θ) は $D'=\{(r,\theta)|0\leq r\leq 1, 0\leq\theta\leq 2\pi\}$ を動く. このとき $\frac{\partial(x,y)}{\partial(r,\theta)}=abr$ より求める体積は $abc\iint_{D'}\sqrt{1-r^2}\, r\, dr\, d\theta=2\pi abc\left[\frac{-1}{3}(1-r^2)^{\frac{3}{2}}\right]_0^1=\frac{2\pi}{3}abc.$

339

2. 2点 $(x_1,y_1),(x_2,y_2)$ を結ぶ線分を $1{-}t{:}t$ に内分する点を A とおき，A と (x_3,y_3) を結ぶ線分を $1{-}s{:}s$ に内分する点を P$=(x,y)$ とおく．このとき $x=x(t,s)=stx_1+s(1-t)x_2+(1-s)x_3$, $y=y(t,s)=sty_1+s(1-t)y_2+(1-s)y_3$. (t,s) が $D'=\{(t,s)|0\leq t\leq 1, 0\leq s\leq 1\}$ を動くとき点 P は三角形 D の内部と周上を動く．$\dfrac{\partial(x,y)}{\partial(t,s)}=s\cdot\det\begin{pmatrix}x_2-x_3 & x_1-x_2 \\ y_2-y_3 & y_1-y_2\end{pmatrix}=2sS$ (ここで S は三角形の面積) より $\iint_D dxdy=2S\iint_{D'}s\,dtds=S$, $\iint_D x\,dxdy=2S\iint_{D'}s\cdot x(t,s)dtds=\dfrac{1}{3}S(x_1+x_2+x_3)$. 同様に $\iint_D y\,dxdy=\dfrac{1}{3}S(y_1+y_2+y_3)$. したがって (5.33) より題意を得る．

3. 対称性から重心の x 座標と y 座標は 0 である．D, D' として例 5.7 と同じものをとり $\rho=\rho(r)=M-\dfrac{M-m}{R}r$ として (5.55) を計算する．

$$\iiint_D \rho(x,y,z)\,dxdydz=\int_0^R \rho(r)r^2\,dr\cdot\int_0^{2\pi}d\theta\cdot\int_0^{\frac{\pi}{2}}\sin\phi d\phi=\frac{1}{6}(M+3m)\pi R^3.\quad\text{また}$$

$$\iiint_D z\rho(x,y,z)\,dxdydz=\int_0^R \rho(r)r^3\,dr\cdot\int_0^{2\pi}d\theta\cdot\int_0^{\frac{\pi}{2}}\cos\phi\sin\phi\,d\phi=\frac{1}{20}(M+4m)\pi R^4$$

により $\boldsymbol{R}=\left(0,0,\dfrac{3(M+4m)}{10(M+3m)}R\right)$.

4. これも対称性から重心の x 座標と y 座標は 0 である．D, D' としては例 5.9 と同じものをとり，直円錐の一定密度を ρ とおく．重心座標 (5.55) の z 成分とポテンシャルエネルギー (5.58) の関係から例 5.9 の解 U に対して $\rho\iiint_D z\,dxdydz=\dfrac{U}{g}=\pi\rho R^2\dfrac{H^2}{12}$. 一方

$$\rho\iiint_D dxdydz=\rho\iiint_{D'}r\,drd\theta dz=\rho\int_0^H\left\{\int_0^{2\pi}\left\{\int_0^{R(1-\frac{z}{H})}r\,dr\right\}d\theta\right\}dz$$
$$=\pi\rho R^2\int_0^H\left(1-\dfrac{z}{H}\right)^2 dz=\pi\rho R^2\dfrac{H}{3}.$$

ゆえに $\boldsymbol{R}=\left(0,0,\dfrac{H}{4}\right)$.

5. 球の中心を原点におき，中心軸を z 軸にとる．この球を小領域 D_{ijk} に分割し，その中の一点 $\boldsymbol{r}_{ijk}=(x_{ijk},y_{ijk},z_{ijk})$ に質量 $\rho|D_{ijk}|$ の粒子が存在するような系で近似する．粒子の z 軸までの垂直距離は $\sqrt{x_{ijk}^2+y_{ijk}^2}$ なので，各粒子の慣性モーメントは $\rho|D_{ijk}|(x_{ijk}^2+y_{ijk}^2)$. これらの総和をとり，分割を細かくしたときの系の慣性モーメントを求めると (5.39) から $I=\iiint_{x^2+y^2+z^2\leq R^2}\rho(x^2+y^2)\,dxdydz$. ここで $x=r\cos\theta, y=r\sin\theta$ とおくと球の

占める領域は $D'=\{(r,\theta,z)|0\leq r\leq\sqrt{R^2-z^2},\ 0\leq\theta\leq 2\pi,\ -R\leq z\leq R\}$. また $\dfrac{\partial(x,y,z)}{\partial(r,\theta,z)}=r$. ゆえに $I=\rho\displaystyle\int_{-R}^{R}\left\{\int_{0}^{2\pi}\left\{\int_{0}^{\sqrt{R^2-z^2}}r^3 dr\right\}d\theta\right\}dz=\dfrac{\pi\rho}{2}\int_{-R}^{R}(R^2-z^2)^2 dz=\dfrac{8}{15}\pi\rho R^5$. 一方全質量は $M=\dfrac{4}{3}\pi\rho R^3$. これより $I=\dfrac{2}{5}MR^2$.

6. 問 5.12 の略解と同様にして $U=-GM_e\dfrac{4\pi}{z_0}\displaystyle\int_{0}^{R}\rho(r)r^2 dr$. ここで B の質量 $M=\displaystyle\int_{D}\rho(r)dxdydz=4\pi\int_{0}^{R}\rho(r)r^2 dr$ から $U=-GM_e\dfrac{M}{z_0}$.

参考文献

[1] 高木貞治著『解析概論』(改訂第 3 版)，岩波書店 (1983)
[2] 垣田高夫，笠原晧司，広瀬 健，森 毅著『微分積分』(現代応用数学の基礎)，日本評論社 (1993)
[3] 吉田耕作著『19 世紀の数学 解析学 I』(数学の歴史 IX 現代数学はどのようにつくられたか)，共立出版 (1986)
[4] 入江昭二，垣田高夫，杉山昌平，宮寺 功著『微分積分 (上)(下)』，内田老鶴圃 (1988)
[5] 溝畑 茂著『数学解析 (上)(下)』，朝倉書店 (2000)
[6] 『解析学ポ・ト・フ』(数学セミナーリーディングス)，日本評論社 (1991)
[7] 小出昭一郎著『力学』(物理テキストシリーズ)，岩波書店 (1987)
[8] D. バージェス，M. ボリー著，垣田高夫，大町比佐栄訳『微分方程式で数学モデルを作ろう』，日本評論社 (1990)
[9] R. ハーバーマン著，稲垣宣生訳『生態系の微分方程式』，現代数学社 (1992)
[10] 垣田高夫，柴田良弘著『ベクトル解析から流体へ』，日本評論社 (2007)
[11] 笠原晧司著『微分積分学』，サイエンス社 (1974)
[12] E. ハイラー，G. ヴァンナー著，蟹江幸博訳『解析教程 (上)』，シュプリンガー・ジャパン (2006)
[13] 恒藤敏彦著『弾性体と流体』，岩波書店 (1983)
[14] J. ウォーカー著，戸田盛和，田中 裕訳『ハテ・なぜだろうの物理学 I』，培風館 (1979)
[15] 中村堅一，植松健一，近桂一郎著『物理学』，共立出版 (1977)
[16] 入来正躬，外山敬介編『生理学 2』，文光堂 (1986)
[17] 小幡邦彦，外山敬介，高田明和，熊田 衛，小西真人著『新生理学』，文光堂 (2000)
[18] 堀 清記編『TEXT 生理学』，南山堂 (1999)
[19] 中馬一郎，高田明和編『血液の生理学』(新生理科学体系 第 15 巻)，医学書院

(1990)

[20] 『美術手帖』, vol.62, No.944, 美術出版社 (2010)
[21] 佐藤雅彦, ユーフラテス編著『日常にひそむ数理曲線』, 小学館 (2010)
[22] V. V. アメリキン著, 坂本 實訳『常微分方程式モデル入門』, 森北出版 (1996)
[23] A. J. ハーン著, 市村宗武監訳, 狩野 覚, 狩野秀子訳『解析入門 Part1, Part2』, シュプリンガー・ジャパン (2007)
[24] A. アインシュタイン, 内山龍雄訳・解説『相対性理論』, 岩波書店 (2005)
[25] P. ラックス, S. バーステイン, A. ラックス著, 竹之内 修監修, 中神恵子, 中神祥臣, 辻井芳樹, 林 一道訳『解析学概論——応用と数値計算とともに (上)』, 現代数学社 (1982)
[26] ファインマン, レイトン, サンズ著, 坪井忠二訳『ファインマン物理学 I 力学』, 岩波書店 (1986)
[27] 久保明達, 小林英敏著 "走化性を伴う腫瘍成長モデルとその数理", 『応用数理』日本応用数理学会, 19 巻, 4 号, 2009, 50-64
[28] 田沼一実 "whispering gallery waves における caustic", 『数学』日本数学会, 第 44 巻, 第 4 号, 1992 年, pp.360-363
[29] C. Seife, *Zero: the biography of a number*, Penguin books (2000)
[30] J. Marsden and A. Weinstein, *Calculus III*, Springer (1985)
[31] J. Marsden and A. Tromba, *Vector Calculus*, Freeman (2003)
[32] D.S. Jones and B.D. Sleeman, *Differential Equations and Mathematical Biology*, Chapman & Hall/CRC (2003)
[33] J. Stewart, *Calculus: concepts & contexts*, 4E, Brooks/COLE (2009)

索　引

● 数字・欧文

1段式ロケット	124
1階線形微分方程式	87
2階線形微分方程式	87
2重積分	276
2段式ロケット	124
2点間の距離	218
2変数関数	216
2変数関数の図形的意味	219
2変数関数の微分	222
3重積分	300
3重積分計算	303
3種類の偏導関数	244
3段式ロケット	130
3変数関数	244
C^1-級の関数	50
C^∞-級の関数	50
ε-δ 方式	11, 22, 38, 218
ε-開近傍	7
ε-閉近傍	7
gradient	248
I 上の連続関数	4
n 階導関数	50
n 階の偏導関数	224
θ ラジアン	66
(x,y,z) での温度	246
(x,y,z) での気圧	246

● あ行

アステロイド	262
位置エネルギー	312
位置ベクトル	177, 252, 254, 256, 305, 306
一様連続	44, 158, 175, 277
ウェーバー–フェヒナーの法則	215
上に有界	29
円弧	66, 139, 203
凹関数	108
凹凸の度合い	138

● か行

開区間	7
解析関数	50, 120
解析的	120
回転	252
角速度	66, 205
角変位	66
下限	29
傘の滴	65, 88
片対数グラフ	84
合併	149
関数	10
関数項級数	115
関数の収束	23
関数方程式	83
基礎代謝モデル	214
逆関数	59
逆関数の単調性	60
逆関数の微分可能性	62
逆関数の連続性	60

逆三角関数	*73*
逆三角関数の主値	*73*
急激に減少する関数	*103*
急激に増大する関数	*84*
狭義単調減少	*14, 18, 100, 133*
狭義単調増加	*14, 18, 97, 100, 133*
狭義の凹関数	*108*
狭義の凸関数	*108*
極限	*3*
極限値	*3*
極座標による変数変換	*289*
極小	*129*
極小値	*129, 131*
曲線の長さ	*31, 174*
極大	*129*
極大値	*129, 131*
極値	*129*
極値の判定	*136*
曲率	*141*
曲率円	*141*
曲率中心	*141*
曲率半径	*141*
クーロン力	*254*
グスタフ・フェヒナー	*215*
薬の血中濃度	*144*
薬の最適投与	*215*
区分的に連続	*148*
グラフ	*5*
クロソイド曲線	*203*
下界	*29*
血液流	*207*
原子核の平均寿命	*202*
原始関数	*160, 170*
減少の状態	*95*
高位の無限小	*46*
広義積分	*195*
広義積分可能	*195*
合成関数	*57*
合成関数の微分公式	*58, 72, 91, 254*
合成関数の偏微分法	*225*
勾配	*218, 224, 231, 248*
コーシーの判定法	*199, 200, 322*
コーシーの平均値の定理	*103*
コーヒーの温度変化	*145*
呼吸量モデル	*214*
弧長	*205*
細かい分割	*152*

● さ行

最終速度	*128*
最小上界	*29, 153, 155*
最大下界	*29, 153, 155*
最大・最小の原理	*39, 98*
細分	*152*
細胞の成長	*144*
細胞分裂の微分方程式	*86, 89*
ささやきの回廊 (whispering gallery)	*263*
三角関数の導関数	*72*
三角関数の不定積分	*188*
色素希釈法	*212*
指数関数	*17, 75*
自然対数の底 e	*14*
下に有界	*29*
実数の連続性	*29*
湿度	*246*
質量密度	*246*
シャルルの法則	*242*
重心 (質量中心)	*270, 296, 306*
集積体	*147*
集積体の断面	*149*
収束	*11, 196*

収束する	22	線形結合	88
収束部分列	38, 322	全微分	239
重力ポテンシャル	256	増加の状態	95
シュワルツの不等式	176	増殖現象	84
上界	29	増殖と崩壊	81
上限	29	増殖と崩壊の数学モデル	84
焦線	262	速度	124, 265
状態量	243	速度ベクトル	70, 228, 252, 253
初期条件	88		
初期値問題	84	●た行	
人口予測の微分方程式	93	第1平均値の定理	165
振動	21	第2平均値の定理	166
振動量	166	対数関数	75, 76
数列	10	対数期	81
数列の収束	11, 23	対数目盛	85
スカラー関数	256	体積ゼロ	300
スカラー場	252	短冊型長方形	149
図形の重心	270, 296	単調減少	14, 18, 97
スネルの実験	133	単調数列	14
正規分布の確率密度関数	292	単調増加	14, 18, 97
整級数	115	単調増加数列	14, 166
生体現象	206, 210	置換積分	171, 183
静電気力	254	中間値の定理	40, 133
静電場	254	稠密	16, 166
静電ポテンシャル	255	直線群の包絡線	257
積分可能	153, 155, 159, 276, 300	チンダル現象	114
積分関数	169	定義域	10
積分の線型性	161	抵抗	210
積分の単調性	162	定数係数1階線形微分方程式	88
積分の平均値の定理	164, 165	定数係数の微分方程式	87
接線	4, 48	定積分	153
接線ベクトル	69	定積分の諸性質	160
絶対収束	114, 200	定積分の定義	151
接平面	234, 235	停留点	234
接平面の方程式	235	テーラー級数	114, 119
接ベクトル	234	テーラー多項式	116

テーラー定理の系	135
テーラー展開	114, 119
テーラーの定理	117
点	246
電位	246, 255
電場	255
同位の無限小	46
等位面	248
導関数	49
等高線	218
等速円運動	88
凸関数	108

● な行

内積	231
内点	7, 38, 165, 167
内部	7
なめらかさ	171
ネフロイド	262

● は行

ハーゲン–ポアズイユの式	209
挟みうちの原理	291
挟みうちの原理 I	11
挟みうちの原理 II	24
発散	21, 196
発散数列	20
波動方程式	263
パラメタ曲線	31
半開区間	7
半減期	214
万有引力の場	256
光の屈折法則	133
微係数	48
被積分関数	169
微積分の基本公式	170
左極限値	6

左半接線	54
左微分係数	54, 111
左稜線関数	111
微分	51, 234, 239, 240
微分可能	48, 54, 240
微分係数	48, 54
微分する	49
微分方程式	84, 87
フェルマーの原理	131
ふくらみ型	3, 107
富士山のモデル	1
富士山モデル	9, 54, 111
物理現象	210, 241
不定積分	183
部分積分	171, 183
部分分数	90
部分分数展開	185
フレネル積分	201
不連続	148, 204
不連続関数	220
不連続点	148, 159, 194
分割	32, 152
分点	148
平均角速度	66
平均値の定理	98, 175
べき関数	19
べき級数	115
ベクトル	67, 246
ベクトル場	252
へこみ型	3, 107
ベルヌーイの剰余項	172
変曲点	3, 110, 111
変数係数1階非線形微分方程式	88
変数係数2階線形微分方程式	88
変数変換	194, 199, 288, 303
偏導関数	222, 244

垣田高夫 (かきた・たかお)
　　1928年　　岐阜県に生まれる.
　　1952年　　東京文理科大学数学科を卒業. Ph.D., 理学博士.
　　早稲田大学名誉教授. 2018年歿.
　　おもな著訳書『シュワルツ超関数入門』『ルベーグ積分しょーと・こーす』
　　　　　　　(ともに日本評論社), 『応用解析セミナー 微分方程式』(裳華
　　　　　　　房),『常微分方程式』『フーリエの方法』(ともに共著, 内田老
　　　　　　　鶴圃),『ベクトル解析から流体へ』(共著, 日本評論社),『微
　　　　　　　分方程式で数学モデルを作ろう』(共訳, 日本評論社)

久保明達 (くぼ・あきさと)
　　1955年　　高知県に生まれる.
　　1979年　　早稲田大学理工学部数学科卒業. 理学博士.
　　藤田保健衛生大学教授を経て, 現在, 藤田医科大学客員教授.

田沼一実 (たぬま・かずみ)
　　1962年　　東京都に生まれる.
　　1985年　　早稲田大学理工学部数学科卒業. 博士 (理学).
　　　　　　　愛媛大学, 大阪教育大学を経て
　　現在, 群馬大学大学院理工学府教授.
　　著書　　　"Stroh Formalism and Rayleigh Waves" (Springer)

現象から微積分を学ぼう

2011年6月20日　第1版第1刷発行
2023年6月30日　第1版第6刷発行

　　　　著　者　　　垣田高夫・久保明達・田沼一実
　　　　発行所　　　株式会社　日本評論社
　　　　　　　　　　〒170-8474 東京都豊島区南大塚3-12-4
　　　　　　　　　　電話　(03) 3987-8621 [販売]
　　　　　　　　　　　　　(03) 3987-8599 [編集]
　　　　印　刷　　　三美印刷
　　　　製　本　　　井上製本所
　　　　装　幀　　　Malpu Design(清水良洋・佐野佳子)

ⓒ Takao Kakita et al. 2011 Printed in Japan
ISBN978-4-535-78647-9

JCOPY 〈(社) 出版者著作権管理機構 委託出版物〉本書の無断複写は著作権法上での例外を除き禁じられています. 複写される場合は, そのつど事前に, (社) 出版者著作権管理機構 (電話 03-5244-5088, FAX 03-5244-5089, e-mail: info@jcopy.or.jp) の許諾を得てください. また, 本書を代行業者等の第三者に依頼してスキャニング等の行為によりデジタル化することは, 個人の家庭内の利用であっても, 一切認められておりません.

■日評ベーシック・シリーズ

微分積分 1変数と2変数
川平友規［著］ ◎本体2,300円＋税

直観的かつ定量的な意味づけを徹底。
例題や証明が省略せずていねいに書かれ、
自習書として使いやすい。

"お理工さん"の微分積分
西野友年［著］ ◎本体2,500円＋税

面白く読めて、楽しく学べる微分積分の本。
理学・工学に興味のある少年少女に贈る！

微分積分講義［改訂版］
三町勝久［著］ ◎本体2,500円＋税

確かな計算力と柔軟な思考力を数IV方式で学ぶ、
基礎講義の改訂版。
講義に即した解説や充実した補遺により、
理工系に必要な微積分の基本事項がこの一冊で学べる。

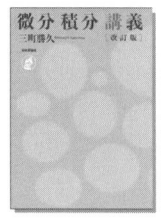

微分方程式で数学モデルを作ろう
デヴィッド・バージェス、モラグ・ボリー［著］
垣田髙夫・大町比佐栄［訳］ ◎本体3,500円＋税

入門と応用がこれ1冊でOK！
方程式のホントの使い途が誰にでも自然にわかる。

日本評論社 https://www.nippyo.co.jp/